演習で学ぶ生命科学

物理・化学・数理からみる生命科学入門

東京大学生命科学教科書編集委員会…編

羊土社
YODOSHA

【注意事項】本書の情報について ─────────────────────────────
　本書に記載されている内容は，発行時点における最新の情報に基づき，正確を期するよう，執筆者，監修・編者ならびに出版社はそれぞれ最善の努力を払っております．しかし科学・医学・医療の進歩により，定義や概念，技術の操作方法や診療の方針が変更となり，本書をご使用になる時点においては記載された内容が正確かつ完全ではなくなる場合がございます．
　また，本書に記載されている企業名や商品名，URL等の情報が予告なく変更される場合もございますのでご了承ください．

序
―『演習で学ぶ生命科学』の出版にあたって―

　生命科学は暗記物だから嫌いだ．中高生からだけでなく，大学生からもよく聞く言葉である．私たち教員としては，生物学はとても面白いのに，なかなかその面白さを伝えられないもどかしさがある．

　そこで，面白くかつためになる教科書づくりを目指し，「東京大学生命科学教科書編集委員会」を立ち上げ，2006年2月に最初の教科書『生命科学』を出版した．それ以来，『理系総合のための生命科学』『文系のための生命科学』と計3種の教科書を，対象の異なる学生に向けて発行し，学生からのフィードバックと生命科学の進展を考慮しながら，3年ごとに大幅改訂をしてきている（現在では『文系のための生命科学』の後継本として『現代生命科学』がある）．これらの教科書では，できるだけ構成にストーリー性をもたせたり，重要な点をまとめたり，最新の成果をコラムに入れたりしながら，学生が楽しんで生命科学を学べるように工夫した．この作戦は，生物にある程度のアフィニティーをもっている学生に対しては大変有効であった．しかし，残念なことに，物理・化学・数理を主として勉強してきた学生にとっては，こうした教科書では，依然として生命科学のハードルが高くみえたようである．そこで，物理・化学・数理の好きな学生が生物学を楽しく学ぶために，今回まったく新しいコンセプトの生命科学の教科書を作成することとした．

　当然ではあるが，生物は物理と化学の法則の下に生命活動を行なっている．また，現代生命科学では，数理科学や情報科学を用いて，ゲノムなどの大量のデータから生命現象を解析している．したがって，物理・化学・数理の基礎知識は生命科学の理解にも活きる．このことを出発点にしている．

　さて，本書であるが，その最大の特徴は，演習（例題・演習・宿題）と簡単な説明文から各章が構成されていることである．生命現象に関する知識の説明は最小限にして，問題を解きながら，理解を深めていくスタイルを基本とした．もし知識が足りないと感じれば自分で調べられるよう工夫した．これにより，読者は知らず知らずのうちに実践的な生命科学の知識が身につくことになる．また，さまざまな講義使用を想定して，全体を9章の構成にした．7回の授業に精選する（セメスターで学ぶ）ことも，宿題や付

録を含め13〜14回の授業にあてる（半年で学ぶ）こともできるだろう．

　生命の理解や解析技術はこの半世紀で急激に進んだ．今では，その理解をもとに生命を操作できる時代に入っている．こうした中で，単に生命科学の研究者だけでなく，文系の人にも生命科学の知識が必要となってきている．また，物理学，化学，工学，環境学，地球科学，宇宙科学などの自然科学においても，その理解や発展に生命科学の知識や原理の理解が求められるようになってきている．そのため，物理・化学・数理の好きな学生がその知識を活かして，生命現象を解くこと，生命を理解することがこれからの時代において強く求められている．活躍の場は大きい．

　本書は，暗記からではなく，定理や法則から生命科学を理解したいと思う学生に相応しい，これまでにないまったく新しい教科書だということができる．さあ，手を動かしながら生命に迫ってみませんか．

2016年早春

　　　　　　　　　　　　　　　　　　　　　　　　　　　　　　　　編者一同

演習で学ぶ 生命科学
物理・化学・数理からみる生命科学入門

目次

- ◆ 序
- ◆ 本書の使い方 ……………………………………………………………… 11

1章 物理・化学・数理的な生命のみかた

1. 生命理解へのアプローチ …………… 18
2. 生物の多様性と一様性 ……………… 18
3. 生物共通の性質 ……………………… 19
4. 生命を構成する物質 ………………… 20
5. 細胞の意義 …………………………… 21
6. 自由エネルギーの獲得と散逸 ……… 21
7. 自己複製 ……………………………… 23
8. 環境への応答と恒常性 ……………… 24
9. 生物の進化と系統 …………………… 26
10. 物質,駆動力,制御系からなる自己増殖系 …… 28

2章 生体分子 —細胞をつくりあげる物質群

1. 細胞を構成する有機化合物 ………… 30
2. タンパク質 …………………………… 30
3. 脂質 …………………………………… 34
4. 糖 ……………………………………… 37
5. 核酸 …………………………………… 38

演習
- 2-1 情報伝達物質と受容体の結合定数 ……… 39

宿題1　タンパク質の構造表示①：プリオンの構造をウェブ上で観察する ……………………………… 42

宿題2　タンパク質の構造表示②：プリオンの構造を立体構造ビューアで観察する ………………… 44

3章 細胞の構造と増殖

1. 細胞の構造と細胞小器官 …………………… 46
2. 細胞の分裂と増殖 …………………………… 48
3. 細胞内シグナル伝達 ………………………… 52
4. 細胞内輸送 …………………………………… 54

演習

3-1 生命の階層性 ……………………………… 55
 -2 細胞内の混み合い ……………………… 57
 -3 細胞内における生体分子の
　　拡散と輸送 ……………………………… 59

宿題3　細胞周期のシミュレーション ……………………………………………………………… 61

4章 生命活動の駆動力 —代謝と自由エネルギー

1. 生命活動と自由エネルギー ………………… 63
2. 自由エネルギーの保持物質としてのATPとNAD(P)H …………………………………… 68
3. 基本的な代謝系 ……………………………… 70
4. 酵素 …………………………………………… 71
5. 酵素活性の調節 ……………………………… 71

演習

4-1 酵素反応のキネティクス ……………… 73
 -2 「光のエネルギーの計算」基礎 … 76
 -3 一定の基質供給がある
　　酵素反応 ………………………………… 78

宿題4　酵素反応のシミュレーション ……………………………………………………………… 80

5章 遺伝情報

1. 情報分子としての核酸 ……………………… 82
2. 遺伝子とDNA ……………………………… 84
3. DNAの複製 ………………………………… 84
4. RNAへの転写 ……………………………… 88
5. 真核生物のmRNAプロセシング ………… 89
6. リボソームはタンパク質合成の場 ………… 91

演習

5-1 細胞分裂とテロメア …………………… 92
 -2 遺伝子発現量の測定 …………………… 94
 -3 塩基配列の情報量 ……………………… 97
 -4 遺伝子頻度 ……………………………… 100

宿題5　遺伝情報データベースの利用 ……………………………………………………………… 102

宿題6　DNAの構造と転写因子の結合 …………………………………………………………… 105

宿題7　調べてみよう①：エピジェネティクス …………………………………………………… 106

6章 システムとしての生命の特性

1. フィードバック回路の重要性 …………………… 107
2. 代謝経路と遺伝子発現制御におけるネットワーク …… 109
3. ホメオスタシス ……………………………………… 110
■ 各演習のねらい ……………………………………… 111

演習

6-1 転写制御のモデル 112
 -2 転写のフィードバック制御 114
 -3 ネットワークモチーフ 115
 -4 転写制御のベイズ推定 118
 -5 合成オペロンの進化 120

宿題8 調べてみよう②:負のフィードバック回路 …………………………………………………… 123

7章 生命のダイナミクスとパターン形成

1. 正のフィードバック回路 …………………………… 124
2. 要素の空間内移動を伴うシステム ……………… 125
3. 反応拡散系 …………………………………………… 126
4. 高次の形態パターンの形成 ……………………… 126
■ 各演習のねらい …………………………………… 127

演習

7-1 孔辺細胞と浸透圧 …………… 129
 -2 神経のシグナル伝達原理 …… 131
 -3 オーキシンの極性輸送と形態形成 …………… 134
 -4 Notch-Delta系による側方抑制 …………… 137
 -5 胚のパターン形成 ………… 140

宿題9 調べてみよう③:パターン形成がみられる生命現象 ……………………………………… 143

8章 マクロスケールのダイナミクス

1. 生物と環境:生物間相互作用と生物群集 ………… 147
2. 生態系の構造と動態 ……………………………… 155
3. 進化と系統 ………………………………………… 156

宿題10	調べてみよう④：生態効率10%の理由	163
宿題11	配列アラインメントと系統樹の作成	163
宿題12	最適成長スケジュール	165

9章 生命科学の新しい潮流 —大規模計測・システム・計算科学

1. 生命科学と大規模計測 ……………………… 169
2. 生命のシステム科学的理解 ………………… 171
3. 生命システムと計算科学 …………………… 172
4. 生物にヒントを得た計算手法 ……………… 174
5. 物理・化学・数理に根ざした生命の動的な理解に向けて ……………………………………… 176

| 宿題13 | 誕生，絶滅のようなシミュレーション | 177 |
| 宿題14 | ニューラルネットワークのシミュレーション | 178 |

付 録

付録A 発展問題 —多面的な生命理解につながる9題 …………… 182
付録B 微分方程式の数値計算 —ルンゲ-クッタ法 …………… 191
付録C 関連図書・参考文献 …………… 193

◆ 索 引 …………… 197

表紙
The Tree of Life – by Gustav Klimt, 1905
提供：Alamy/アフロ

問題一覧

章				問題タイトル	ページ数
2	生体分子	例題2-1		タンパク質の分子量と等電点	32
		-2		タンパク質の電気泳動パターンと分子量	33
		-3		生体膜を構成する脂質分子の個数	35
		演習2-1		情報伝達物質と受容体の結合定数	39
		宿題1	タンパク質の構造表示①	プリオンの構造をウェブ上で観察する	42
		宿題2	タンパク質の構造表示②	プリオンの構造を立体構造ビューアで観察する	44
3	細胞の構造と増殖	例題3-1		細胞小器官の形態と物理的性質	47
		-2		生物の増殖と競合	50
		演習3-1		生命の階層性	55
		-2		細胞内の混み合い	57
		-3		細胞内における生体分子の拡散と輸送	59
		宿題3		細胞周期のシミュレーション	61
4	生命活動の駆動力	例題4-1		ATPの自由エネルギー	65
		-2		代謝反応の自由エネルギーと平衡定数	66
		-3		酸化還元電位	69
		演習4-1		酵素反応のキネティクス	73
		-2		「光のエネルギーの計算」基礎	76
		-3		一定の基質供給がある酵素反応	78
		宿題4		酵素反応のシミュレーション	80
5	遺伝情報	例題5-1		PCRによる増幅	85
		-2		DNAの情報量と複製のエラー率	87
		-3		選択的スプライシングの推定	89
		演習5-1		細胞分裂とテロメア	92
		-2		遺伝子発現量の測定	94
		-3		塩基配列の情報量	97
		-4		遺伝子頻度	100
		宿題5		遺伝情報データベースの利用	102
		宿題6		DNAの構造と転写因子の結合	105
		宿題7	調べてみよう①	エピジェネティクス	106

章			問題タイトル	ページ数
6	システムとしての生命の特性	演習6-1	転写制御のモデル	112
		-2	転写のフィードバック制御	114
		-3	ネットワークモチーフ	116
		-4	転写制御のベイズ推定	118
		-5	合成オペロンの進化	120
		宿題8	調べてみよう② 負のフィードバック回路	123
7	生命のダイナミクスとパターン形成	演習7-1	孔辺細胞と浸透圧	129
		-2	神経のシグナル伝達原理	131
		-3	オーキシンの極性輸送と形態形成	134
		-4	Notch-Delta系による側方抑制	137
		-5	胚のパターン形成	140
		宿題9	調べてみよう③ パターン形成がみられる生命現象	143
8	マクロスケールのダイナミクス	例題8-1	ロジスティック方程式	148
		-2	ロトカ-ボルテラの種間競争式	151
		-3	ロトカ-ボルテラの被食-捕食式	153
		-4	最適成長スケジュール	156
		-5	遺伝的浮動のシミュレーション	158
		宿題10	調べてみよう④ 生態効率10%の理由	163
		宿題11	配列アラインメントと系統樹の作成	163
		宿題12	最適成長スケジュール	165
		宿題13	誕生,絶滅のようなシミュレーション	177
		宿題14	ニューラルネットワークのシミュレーション	178
付録A	発展問題	発展1	バイオマスのさまざまな利用	182
		2	バイオマスエネルギー生産	182
		3	光合成エネルギーの量子変換効率	183
		4	植物の葉序	185
		5	植物の根の成長	186
		6	遺伝様式といとこ婚	187
		7	ラクトースオペロンに関する歴史的実験の考察	188
		8	遺伝暗号表の情報量	189
		9	遺伝子発現ネットワーク	190

本書の使い方

　本書は，従来出版された生物学，生命科学の教科書とは，かなり趣を異にしている．そのため，本書を使って学習する学生のみなさんだけでなく，指導される教員の方々にも，本書の特徴を説明し，その効果的な利用法を予め説明しておくことにしたい．

基本的な問題意識

　生命現象を理論的に理解するにはどのようにしたらよいだろうか．数学における定理，物理学における数式で表される法則などがあれば，自然科学の究極的な真理に近づくことができる．生命現象にもこのような法則があるだろうか．生命現象も基本的には物理現象であるとすれば，物理学の法則だけあれば十分なのだろうか．しかし無生物と生物では，何かが違うのではないだろうか．原理的にはすべての物理現象が記述できるというシュレーディンガー方程式のように，それさえあればどんな生命現象でも解析可能になる解析方法はあるだろうか．

　現代生命科学は少しずつこうした領域に近づきつつあるように思われる．しかし，い

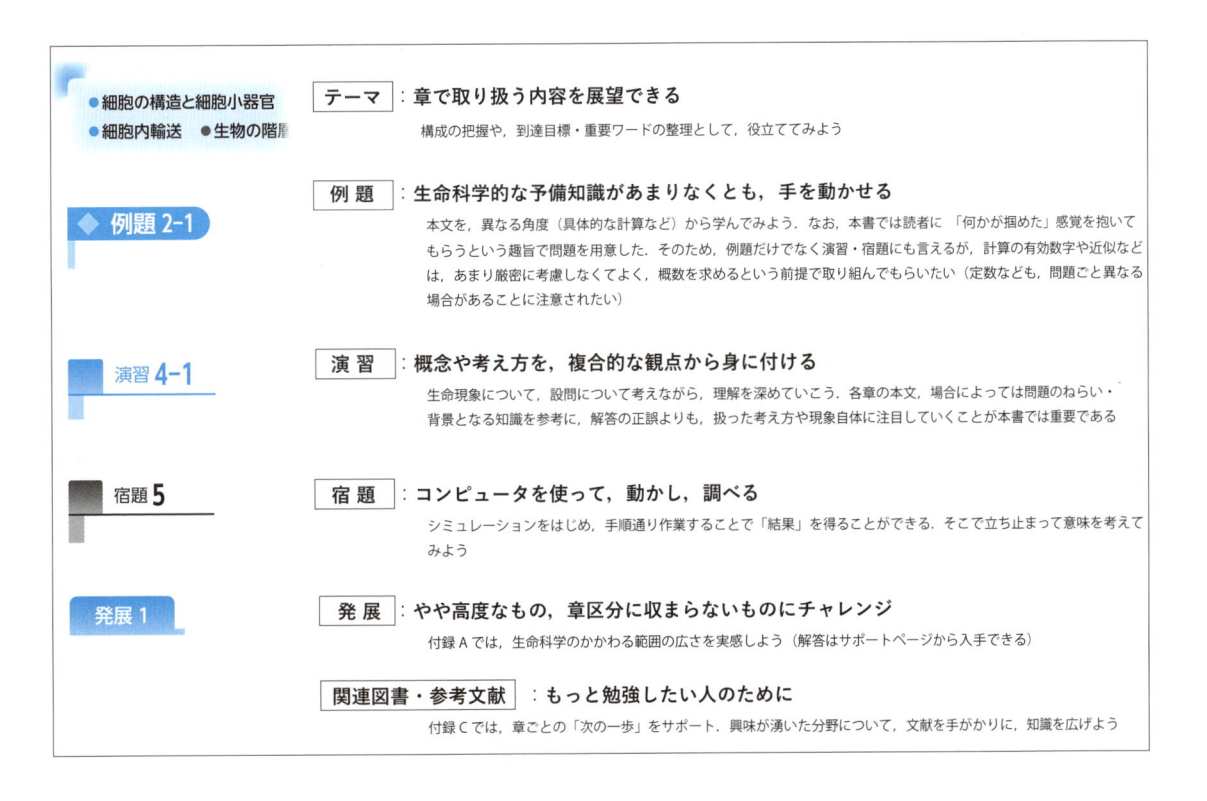

- ● 細胞の構造と細胞小器官
- ● 細胞内輸送　● 生物の階層

テーマ	章で取り扱う内容を展望できる
	構成の把握や，到達目標・重要ワードの整理として，役立ててみよう

◆ 例題 2-1

例 題	生命科学的な予備知識があまりなくとも，手を動かせる
	本文を，異なる角度（具体的な計算など）から学んでみよう．なお，本書では読者に「何かが掴めた」感覚を抱いてもらうという趣旨で問題を用意した．そのため，例題だけでなく演習・宿題にも言えるが，計算の有効数字や近似などは，あまり厳密に考慮しなくてよく，概数を求めるという前提で取り組んでもらいたい（定数なども，問題ごと異なる場合があることに注意されたい）

演習 4-1

演 習	概念や考え方を，複合的な観点から身に付ける
	生命現象について，設問について考えながら，理解を深めていこう．各章の本文，場合によっては問題のねらい・背景となる知識を参考に，解答の正誤よりも，扱った考え方や現象自体に注目していくことが本書では重要である

宿題 5

宿 題	コンピュータを使って，動かし，調べる
	シミュレーションをはじめ，手順通り作業することで「結果」を得ることができる．そこで立ち止まって意味を考えてみよう

発展 1

発 展	やや高度なもの，章区分に収まらないものにチャレンジ
	付録 A では，生命科学のかかわる範囲の広さを実感しよう（解答はサポートページから入手できる）

関連図書・参考文献	もっと勉強したい人のために
	付録 C では，章ごとの「次の一歩」をサポート．興味が湧いた分野について，文献を手がかりに，知識を広げよう

ますぐにこうした法則や方程式が目の前にあるわけではない．生命科学で使われる数式や解析手段は，物理学で使われるものとは少し違うかもしれない．少なくとも，ニュートンの運動方程式のように単純な微分方程式ですべてが解決できるなどということはないだろう．もちろん細胞の増殖など，比較的単純な微分方程式で表現できるものもある．しかし生命システムを記述するには，非常に高次の多数の微分方程式の集まりが必要になる．本書の最後の方には，多数の微分方程式を使った複雑系の解析が，ミクロな方では細胞内の現象にも，マクロな方では進化の解析にも，それぞれ有効な研究手段となってきていることが述べられている．しかしこうした方程式によって，「生きていること」とは何かという究極の疑問に答えられるのか，まだ半信半疑の人も多い．それでも生命現象が究極的には物理学や化学の言葉で記述できるようになるという確信をもたなければ，そうした道も拓けないだろう．

以上のような問題意識に基づいて，本書の使い方について簡単に説明したい．

これまで自然科学として主に物理・化学を勉強してきた学生のみなさんへ

生物学は暗記物で，理論がないと思われてきたかもしれない．高校や大学の物理分野の講義では，世の中のことはすべて物理学で理解でき，物理学が自然科学の基本であると主張し，学生に教えていることが多いのが現状である．そのため，みなさんの多くが，計算できないものは正当な科学ではないと思っているかもしれない．化学の分野でも，元素記号や化学式など，覚えなければならないものは多いが，やがてすべての化学は計算でできるようになるといわれてきた．分子動力学などと呼ばれる分野では，分子の挙動を計算で理解しようとする．

それは生物学（生命科学）でも同様である．生命現象を理解するのにも，タンパク質の分子動力学だけでなく，数理的な解析，システム的な方法が導入されている．複数の遺伝子がかかわる複雑な遺伝病の解析などでは，大規模データの統計的解析が行なわれている．細胞が示す挙動をすべて計算で理解できるようにする試みも進められている．生物を利用した物質生産では，代謝経路のどこを改変すれば効率が上がるのかをシミュレートするのが当然のこととなってきている．現代社会で必要とされる生命科学領域は非常に大きくなり，どんな分野の科学にも生命科学の理解が重要になってきている．生命科学自体も変化してきていて，覚える部分がないとはいえないものの，理論的に理解する可能性が大きく膨らんできていることは間違いない．

本書では，原理・原則を重視し，覚えることはできるだけ少なくした．重要事項はパ

ネルに集約したが，覚えるものではなくその都度参照するもの，と捉えてくれてよい．本文の中に例題を入れ，例題を解きながら，内容の理解を促すようにしている．本格的な計算問題が多いので，数学や物理に慣れているみなさんには馴染みやすいだろう．中身がよくわからなくても，とりあえず計算から取り組んでもらいたい．計算を行なう過程で，どんな前提があるのか，この計算によって何がわかるのか，などを少しずつ理解し，それによって，生命科学の理解へとつなげてもらいたい．他の生命科学の教科書のように，あらゆる事項を説明しているわけではないが，興味をもった事柄があれば，それぞれの事項の関連図書（付録C）をもとに，より深く学んでいってほしい．

これまでに生物学を勉強してきた学生のみなさんへ

　高校で生物を選択した学生のみなさんにも，本書は非常に役立つと期待している．大学レベルの一般的な生命科学教材では，分子レベルの知識が追加され，物質名や物質間の相互作用などについて，非常に細かい知識が展開されるだろう．しかし本書では，そういうこととは別のレベルの生命科学を目指している．現実の生物は，そうした多種多様な物質（遺伝子やタンパク質や生体物質など）が組織化され，大きな統合的なシステムとして機能している．その場合，1つ1つの物質が特定の機能をもつように思われることもあるかもしれない．例えば，「何々病の遺伝子」などという場合がそれである．しかし，1個の遺伝子がある病気や形質を指定しているわけではなく，それも生物体全体の組織構造の一部として，そう見えるだけである．20世紀の生命科学では個別の物質や遺伝子の記載が中心であった．21世紀に入り，ポストゲノム時代の生命科学では，生物をシステムとして理解することが重要になってきた．

　本書で目指すのは，個別の物質や個別の知識を超えて，生命システムをどのように理解するかというアプローチの基本を学ぶことである．本書の前半に関しては，比較的馴染みのあることが書かれていると思うが，本書の後半のシステム的な理解については，まったく新しい領域であるはずである．生命システムをどのように理解していくか，演習を解きながら，特に考え方に集中して学んでもらいたい．

指導される教員の方々へ

　実は本書の利用に関して，編集委員会が最も懸念しているのが，教員のみなさんに意図を正しくお伝えできるかという点である．大学の教養レベルの生命科学では，生体物

質，代謝経路，遺伝子と分子生物学，胚発生，生態・進化などが扱われており，それを教える教員も，生化学，分子生物学，発生学，生態・進化学などを専門とする研究者が多いと思われる．こうした分野の立派な教科書を見ると，覚えなければならない物質や事項，概念が詰め込まれており，基礎的な講義をする教員は，理念はともかく限られた講義時間の中では，そうしたものの一部だけでも教えようとすることになる．しかし知識はいまや爆発的に増加していて，それを追いかけていこうとすれば，きりがないのが現状である．むしろ知識はウェブでも調べられるようになり，間違いもあるとはいえ，教員自身も，注意しながら情報をアップデートしているのが実情であろう．そうした中で，生命科学の本当のコアは何かと考えたとき，前述の「生命とは何か」ということが浮かび上がってくるはずである．

　一方で現在の高校教育では，受験の便宜のため，理工系の学生は，理科として物理と化学の2科目しか学んできていないのが一般的である．生物を含む理科基礎を多くの学生が履修しているとはいうものの，生命科学の素養はごく限られているというべきである．

　本書では，理工系の学生にとって馴染みやすい数式から入って，生命科学へと導くというスタイルをとっている．本文はあまり長くなく，例題・演習をたどることにより，具体的な例から理解を促すスタイルである．特に，章末にある演習問題は，教室で教員が解き方をたどってみせることにより，学生の理解を深めるようにできている．宿題としたものは，自宅などでコンピュータを使って自習するのに適した課題で，教員が講義で実演してもよいし，学生に講義内実習として取り組ませても，あるいは文字通り自習課題として与えてもよい．発展問題（付録A）は，章のテーマの延長上にある多少高度な内容を扱っており，学生が完全に1人で解くことはできないかもしれないが，解答もサポートページに準備してあるので，自習課題として役立てていただきたい．

　なお，本書を講義で使う前には，教員のみなさんも，ぜひ一度問題に取り組むことをお勧めする．自分で手を動かすと不思議と世界が変わってくる．編集の途中でも，考えているうちに面白くなる，前からどこかおかしいと思っていた計算のポイントに本文を素直に読んでいて気づく，そのような出来事がいくつもあった．まずはやってみることで興味をそそるというスタイルは，教員にとっても学生にとっても，これまでの教室でただ説明をするというのとは，だいぶ違ったものになるはずである．指導にあたっては，学生からの反応をしっかりと受け止めていただき，場合によってはフィードバックいただきたい．いままでの生命科学の講義とは異なる反応が得られること，あるいはこれからの生命科学教育や研究が変わっていくことのきっかけになれば幸いである．

R環境を整える

数値計算を行なうためのソフトウエアとして一般的なものの1つにRがある．これは，オープンソースで，無料で利用できる．本書のいくつかの演習ではRを用いた．そのため，はじめに各自のコンピュータにインストールする方法を説明する．今回は微分方程式を解くパッケージdeSolveも導入しておくことがポイントである．

Rのダウンロード
① Rの公式サイト[*1]の左のメニューDownloadにある［CRAN］をクリックする．
② 適当な国のURL（例えば，日本の統計数理研究所のURL[*2]）をクリックする．
③ (Windowsの場合)［Download R for Windows］＞［base］＞［Download R x.x.x for Windows］とクリックしていく (x.x.xはバージョン)．
(MacOSXの場合)［Download R for (Mac) OS X］＞［R-x.x.x.pkg］とクリックしていく．

Rのインストール
① ダウンロードしたファイルをダブルクリックして開き，そこからはインストール・ウィザードの指示に従ってインストールする．言語は日本語（Japanese）を指定する．
② Rを起動したときに，文字化けしていれば，［編集］＞［GUIプリファレンス］（編集メニュー下のプルダウンメニューの［GUIプリファレンス］を選ぶという意味．以下同様）の画面に入って，日本語フォント設定して終了すれば，次回にRを起動したときに文字化けが解消されているはずである．

パッケージのインストール
① 微分方程式を解くパッケージdeSolveを使うためにはパッケージインストーラを開き，パッケージを検索という欄にdeSolveと記入して［一覧を取得］をクリックする．表示されたパッケージ名をクリックすることによりコンピュータにダウンロードされる[*3]．これは1回だけでよい．
② コンソールからの作業時にdeSolveを使うためには，パッケージマネージャを開き，deSolveにチェックを付けてロードする．スクリプトの最初で指定している場合に

[*1] https://www.r-project.org/
[*2] http://cran.ism.ac.jp/
[*3] http://www.isc.meiji.ac.jp/~mizutani/R/differentialeq/index.html 下部の「Slide &Tutorial: Differential Equations in R」がわかりやすい

は特に何もしなくてよい．

Rを使う際にはRコンソールウインドウに関数を定義するプログラム（スクリプト，ソースコード）を書き込んでからプログラムを実行する．ただし，スクリプト例に含まれる#より右側（行の終わりまで）はコメント（説明）であり，書かなくとも実行に支障はない．また本書で扱うスクリプトはサポートページから入手できる．

Rの使い方については，さまざまな書籍が出版されており，その他，例えばRjpWikiのサイト[*4]やR-Tips[*5]も便利である．また，Rの管理ソフトであるRStudio[*6]も使えるようになると便利である．

サポートページについて

サポートページには，発展問題（付録A）の解答や，演習と連動したスクリプト・データ（⬇マークのあるもの）を用意している．理解を深めるために，ダウンロードなど，ぜひご活用いただきたい．なお，発展問題の解答は問題下のQRコードを読み込むことでも確認できる．

サポートページへのアクセス方法

1. 羊土社ホームページ にアクセス（下記URL入力または「羊土社」で検索）
   http://www.yodosha.co.jp/

2. [羊土社 書籍・雑誌　特典・付録] ページに移動
   羊土社ホームページのトップページに入り口がございます

3. 書籍・雑誌購入特典等の利用・登録 欄に下記コードをご入力ください
   コード： buz - duol - dinv　　※すべて半角アルファベット小文字

4. 本書特典ページへのリンクが表示されます
   ※ 羊土社HP会員にご登録いただきますと，2回目以降のご利用の際はコード入力は不要です
   ※ 羊土社HP会員の詳細につきましては，羊土社HPをご覧ください

QRコードのご利用には，専用の「QRコードリーダー」が必要となります．お手数ですが各端末に対応するアプリケーションをご用意ください．
※QRコードは株式会社デンソーウェーブの登録商標です．

[*4] http://www.okada.jp.org/RWiki/?RjpWiki　Rに関する情報交換，Rの専門家が作成した関数などを書き込んだり，初心者の質問に対応するQ&Aなど：日本語のサイト
[*5] http://cse.naro.affrc.go.jp/takezawa/r-tips/r2.html
[*6] https://www.rstudio.com/

演習で学ぶ
生命科学

物理・化学・数理からみる生命科学入門

1章 物理・化学・数理的な生命のみかた

- 生命理解へのアプローチ
- 生物の多様性と一様性
- 生物共通の性質
- 生命を構成する物質
- 細胞の意義
- 自由エネルギーの獲得と散逸
- 自己複製
- 環境への応答と恒常性
- 生物の進化と系統
- 物質,駆動力,制御系からなる自己増殖系

生命を理解するためには,生物体を構成している物質や細胞・組織などの構造とそれらの相互作用を詳しく理解することが基本になるが,さらに「生きている」という動的平衡状態をシステム的に理解することも大切である.ともすると生物学は暗記物と思われ敬遠されがちだが,ここでは暗記ではなく理論による理解をめざして,物理・化学・数理的な生命の理解のしかたの全体像を提示する.

1 生命理解へのアプローチ

「生きている」という生命現象を理解するために,古来,人々はさまざまな努力をしてきた(図1-1).すでにギリシア時代には,身の回りにいる多くの生物の種類を記載し,それぞれの特徴を比較する観察が始まっていた.同時に,物理的世界の理解の上に,生物の理解,さらに人間の理解が可能になるという考え方が形成された.17世紀以降の近代自然科学の発展とともに,生物の科学も進歩を始めた.世界中の生物種を記載し分類体系をつくるという博物学が主流であったが,生物のはたらきを理解する生理学,生体物質を研究する有機化学や生化学も徐々に進歩してきた.しかし生命科学が飛躍的に進歩したのは,20世紀,それも後半のことである.

代謝経路が解明され,遺伝物質の構造が解明されると,分子生物学が大きく発展した.21世紀に入り,ゲノム解読が本格化し,あらゆる生物の遺伝情報が解読される時代となった.こうした研究の一方で,生命を物理学で理解しようとする生物物理学も生まれた.これからの生命科学は,自然科学のあらゆる分野の総合的な力を結集して,生命を理解する段階に入っている.

図1-1 「生きている」とはどういうことか

2 生物の多様性と一様性

昔から生物は,形態や生活様式の違いで分類されてきた.その典型的な例が動物で,骨格の変化(化石)を通じて,ウサギとネズミ,ゾウとジュゴンは同じ祖先から生まれた.ウマが身体の小さな種から現在のように大きな種まで一方向的に進化してきた(定向進化)などと論じられてきた.しかしこ

のような方法論では，肌の色や知能など骨格に現れない変化は見逃されてきた．

顔，肌の色，性格などはすべての人で異なるが，これは遺伝子中の塩基の違いによるところが大きい．たった1つの塩基が異なることによって形態や表現型（形質）が大きく変わることは，遺伝性疾患を例にとれば明らかである．ヒトでは，多指症，軟骨形成不全，色覚異常などがその例である．

しかし21世紀に入ってゲノム解析が進みデータが蓄積されると，生物の多様性はその生物がもつ遺伝子組成とその発現様式が決めていることが明らかになってきた（図1-2）．単なる遺伝子の有無だけでは決まらないところが興味深い．例えばヒトの一卵性双生児の遺伝子組成はまったく同じと考えられているが，人格や性格が同一であるとはいえず，一般に年齢とともに違いも大きくなるといわれている．これは，各自がもつ遺伝子の発現様式が環境要因によって異なるためで，1人がなんらかの感染症に罹患することによって抗体遺伝子の発現様式が変化して病気への抵抗性が変わることがある．また，遺伝子DNA以外の染色体タンパク質に起きる変化も，遺伝子発現のしかたを変化させてしまう．

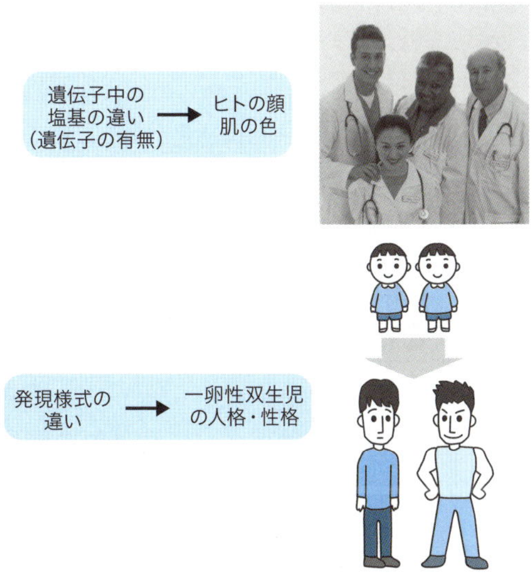

一方，いくら世界中の人の顔かたちが違っても，ヒトという種は生殖様式をみる限り1つである．進化学者マイアによる種の定義では，生殖により子どもを産むことができ，その子どもがさらに子孫を残すことができるものを同種としていた．微生物などまで含めて拡張した遺伝子による種の定義・分類では，遺伝子の変異の範囲が限定されているものを1つの種と考える．同じ多様という言葉で表現されても，種内での形質のバラエティーの範囲と，種間での形質の差ははっきりしており，遺伝子配列の違いが，種の定義に重要な意味をもつことになる．

図1-2　多様性が生じる理由
肌の色の多様性は遺伝子の有無，一卵性双生児の人格・性格の多様性は発現様式の違いから説明される．なお，DNAが保持する遺伝情報に基づいて生体物質が合成され形態が形成されることを，遺伝情報の発現と呼ぶ．

3 生物共通の性質

生物の多様性に対する種の一様性（共通性）のほかに，生物の一様性も考えられる．多様に見えるさまざまな生物に共通した特徴を考えてみよう．無生物と生物を分ける特徴といってもよい．生物と呼ばれるものには，一般に次のような特徴が存在する．

① 脂溶性の膜で囲まれた「細胞」と呼ばれる構造単位からできており，内部には，水と主に有機化合物が含まれている
② 環境から物質や光エネルギーの形で自由エネルギーを取り入れ，この自由エネルギーを消費しながら生存・成長する
③ ほぼ同じ形をした個体を複製する遺伝情報をもち，この情報は生命活動にも活用されて個体の特徴を生み出す

④環境からの刺激に応答し，恒常性を維持し，生存に有利になる反応を行なう

生物と無生物の違いとして4項目をあげた（図1-3）が，では，このうちの一部しかもたない「半生物」はあるのだろうか．これが不思議なところで，半生物は存在しない．これらの特徴が一括して生物に備わっていて，すべての特徴が無生物には存在しないのは，これらの4つの特徴が実は裏で関連しているからで，これには進化がかかわっている（1章 9 参照）．本書の各章でもこれらの特徴のそれぞれについて解説していくが，ここではまず，それぞれについて簡単に説明しておこう．

- 細胞からなる
- 自由エネルギーを利用して活動する
- 環境に応答して恒常性を維持する
- 遺伝情報を保持して増殖する

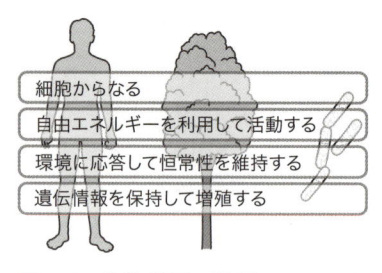

図1-3　生物共通の性質
詳しくは本文参照．

4　生命を構成する物質

◆生物体をつくる元素の特徴

地球上の生命は地球表面の水中で誕生し，長い歴史を経ても地球表面の近くで生活している．生物を構成する元素は2つの特徴をもつ（図1-4）．1つは限られた種類の軽い元素ということである．もう1つは，地殻の元素組成と比較したとき，地殻にはケイ素が多いが，生物には炭素が多いことである．炭素は，有機化合物というきわめて多様な化合物をつくることができる．

◆水と有機化合物を結ぶ水素結合の重要性

生物は多様な分子からできている．水は極性分子で，多くのイオンや極性分子を溶解させるという性質をもつ．脂質を除く生体分子は高分子化合物を含めて極性分子のため，水との親和性が高い．水は低分子であるにもかかわらず，水素結合で分子同士が結合しており，このため他の低分子化合物に比較して，融点や沸点，比熱が高いなどの特徴がある．このような性質が，地球表面の温度環境で安定な生命体を形成するうえでも，生命を維持するうえでも重要である．後に述べるタンパク質が適切な立体構造を維持するためにも，両親媒性の脂質分子が集合して生体膜をつくるにも，まわりに水が存在するという条件が必須である．

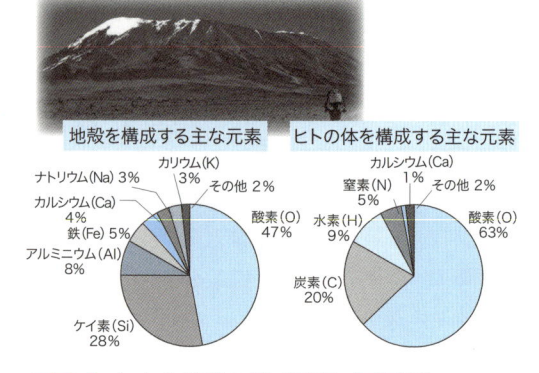

地殻を構成する主な元素
- ナトリウム(Na) 3%
- カリウム(K) 3%
- その他 2%
- カルシウム(Ca) 4%
- 鉄(Fe) 5%
- アルミニウム(Al) 8%
- ケイ素(Si) 28%
- 酸素(O) 47%

ヒトの体を構成する主な元素
- カルシウム(Ca) 1%
- 窒素(N) 5%
- その他 2%
- 水素(H) 9%
- 炭素(C) 20%
- 酸素(O) 63%

図1-4　ヒトと地殻の構成元素（重量%）
地球表面（地殻）の元素組成と生物の元素組成を重量比で示した．ここから2つの特徴が読みとれる．

細胞の水以外の分子のほとんどは有機化合物である．有機化合物は炭素を含む化合物のことであり，表1-1からわかるように，生物を構成する有機化合物の多くは高分子である．炭素を中心とした高分子は，単に多数の原子が集合したという以上の機能的な性質をもつことができ，生命の存立に重要な分子である．生物を構成する主な有機化合物は，タンパク質，核酸，脂質，糖の4種類である．このほかにも無機イオンやさまざまな微量生体分子が，細胞内の情報伝達に重要な役割を果たしている．生体分子については2章で紹介する．

表 1-1　細胞の構成成分（大腸菌）

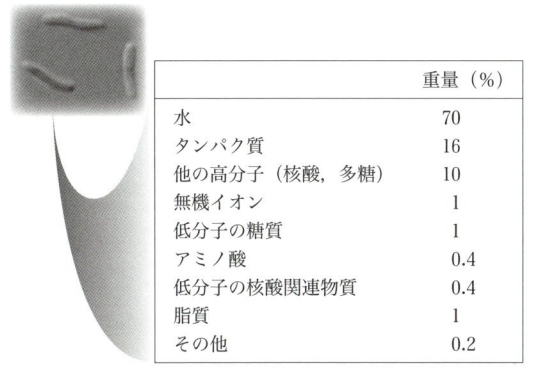

	重量（％）
水	70
タンパク質	16
他の高分子（核酸，多糖）	10
無機イオン	1
低分子の糖質	1
アミノ酸	0.4
低分子の核酸関連物質	0.4
脂質	1
その他	0.2

大腸菌を構成する化合物の組成を示したものである．他の生物の細胞もほぼ同様の組成であり，水がおよそ 70％を占める．

5　細胞の意義

　すべての生物は細胞からできていて，細胞が生命の単位になっている（特徴①）．今から約 38 億年前に最初に地球上に誕生したといわれる原始生命体（プロトセル）にも細胞膜があり，遺伝物質を内包し，代謝活動をし，自己増殖をしていたと考えられている．膜で囲まれていない雲のような生命体もありえたかもしれないが，想像するのは難しい．細胞のなかに生命活動に必要な物質群を閉じ込めておくことにより，化学反応速度が高められる．また，外部とは異なる適切な内部環境のもとで，最適な反応環境を保つこともできる．1 つの細胞の中では，さまざまな分子の間の相互作用によって，複雑な物質合成やその制御が可能になっている．細胞にかかわる基本的な話題は 3 章で扱う．

　現存する生物には単細胞生物も，植物や動物など複雑な構造をもった多細胞生物もいる．ヒトの成人は約 60 兆個の細胞からできているといわれる[*1]．この身体は均一の細胞ではなく，多くの異なる機能をもった特殊化された細胞からなる集まりである．この特殊化を細胞の分化と表現する．分化した細胞群が空間的に組織化されて 1 つの生命体になるためには，細胞間の相互作用が必要である．これら細胞内と細胞間の物質の相互作用ネットワークこそが，生命を成り立たせる根源であり，そのシステム的な理解が生命の理解の本質である（6〜8 章）．

6　自由エネルギーの獲得と散逸

◆酸化と還元で自由エネルギーを獲得する

　ロボットや機械を動かすには動力が必要である．同様にすべての生物には駆動力が必要である（特徴②）．それが自由エネルギーである．自由エネルギーは「仕事をすることができる」エネルギーである．生物が使う自由エネルギーは酸化と還元によって獲得する．

　初期の生物は，酸素を使わないで生活する嫌気性の単細胞生物であったが，現在でも海洋底の熱水噴気孔にいる化学合成細菌のように，噴出する硫酸塩などの酸化剤と水素やアンモニアのような還元剤に依存して，二酸化炭素からメタンや有機化合物の合成を行なっていたと推定されている．またその有機化合物を酸化して生活する生物もいただろう．その後，光エネルギーを利用して酸化剤

[*1]　ヒトの成人個体の細胞数の推定にはさまざまなものがあり，約 60 兆個とされることが多い．なお，新たな推定では，約 40 兆個程度の数字が得られている[1]．

と還元剤をつくりだす光合成生物が生まれ，二酸化炭素を還元して有機化合物を合成することができるようになった．これを光合成細菌と呼ぶ．その後，光エネルギーによる強力な酸化力により水を酸化して酸素を生み出すシアノバクテリアが地球上に現れ，大気中の酸素が徐々に増えていった（図 1-5）．酸素を使って有機化合物を酸化することによって生きる従属栄養生物も繁栄した．蓄積した酸素は，地上 10～50 km の成層圏で紫外線によってオゾンに変えられ，形成されたオゾン層が有害な紫外線を遮ることによって，結果的に生物が地上に進出することを可能にした．今から約 4～5 億年前に最初に地上に進出したのは，コケのような植物であったが，その後，さまざまな陸上植物が進化した．また，動物も陸上進出を果たし，さらに多様な動物が繁栄するようになった．花の咲く植物と昆虫は共進化したといわれる．

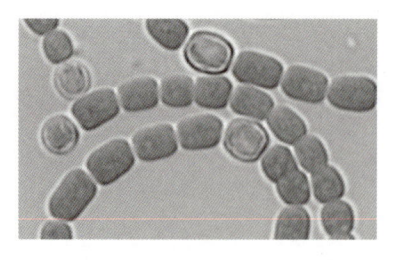

図 1-5　現代に生息するシアノバクテリアの一種（ネンジュモ）

　光合成の最終的な産物は，酸素やデンプンなどの有機化合物である．これらが直接酸化剤や還元剤となるわけではなく，生体内で使われる代表的な還元剤は NADH や NADPH である（図 1-6）．これらの物質の酸化型である NAD$^+$ や NADP$^+$ は，生体内で酸化剤として使われ，栄養源として取り入れられた有機化合物を酸化する最初の段階で利用されている．

図 1-6　NADH と NADPH
ニコチンアミドアデニンジヌクレオチド（nicotinamide adenine dinucleotide），ニコチンアミドアデニンジヌクレオチドリン酸（nicotinamide adenine dinucleotide phosphate）．

◆生体エネルギー通貨とも呼ばれる ATP

　細胞内部の物質輸送や筋肉の運動には，エネルギー源として核酸の一種である ATP が使われる．これはリン酸無水物結合（高エネルギーリン酸結合とも呼ばれる）をもち，その加水分解により大きな自由エネルギーが放出されることが特徴である（図 1-7）．遺伝物質の生合成にも ATP の類似化合物が使われ，ヌクレオチドと呼ばれる単位物質の重合を可能にしている．ATP も酸化還元の自由エネルギーを使って生成される．生物がつくりだす多様な物質のなかには食糧として重要なデンプンや油脂があり，また，建築材料として重要な木材（主成分はセルロースなど）がある．これらはすべて，二酸化炭素が還元されてできる糖が ATP の自由エネルギーを使って重合してできたものである．このように ATP は物質輸送や運動，さらには物質合成など，さまざまな局面で使われる高エネルギー物質であるため，生体エネルギー通貨とも呼ばれる．ただし，酸化剤と還元剤も重要な自由エネ

図 1-7　ATP の構造と加水分解

ギー保持物質であるので，ATP だけあれば，生物は何でもできるということではない．

こうして生物は，自由エネルギーを獲得する手段をもち，それを熱として散逸させながら必要な物質を合成している．生命の駆動力については 4 章で述べる．

7 自己複製

無生物と異なる生物の大きな特徴は，自身とよく似た子孫を生み出す点である（特徴③）．単細胞生物は既存の細胞の分裂により子孫が殖える．大腸菌やゾウリムシはこうした無性生殖で殖える．DNA に変異が起こらない限り，子孫の細胞は親と同じ DNA をもち，同じ形質をもつはずである[*2]．一方，多細胞生物の多くは有性生殖を行ない，両親の遺伝情報を半分ずつ受け継いだ子孫がつくられる．

遺伝情報は生物学者にとって大きな謎であったが，20 世紀半ばに DNA という高分子物質の中でのヌクレオチド塩基の並び方によって表現されていることがわかった．いわばコンピュータにおい

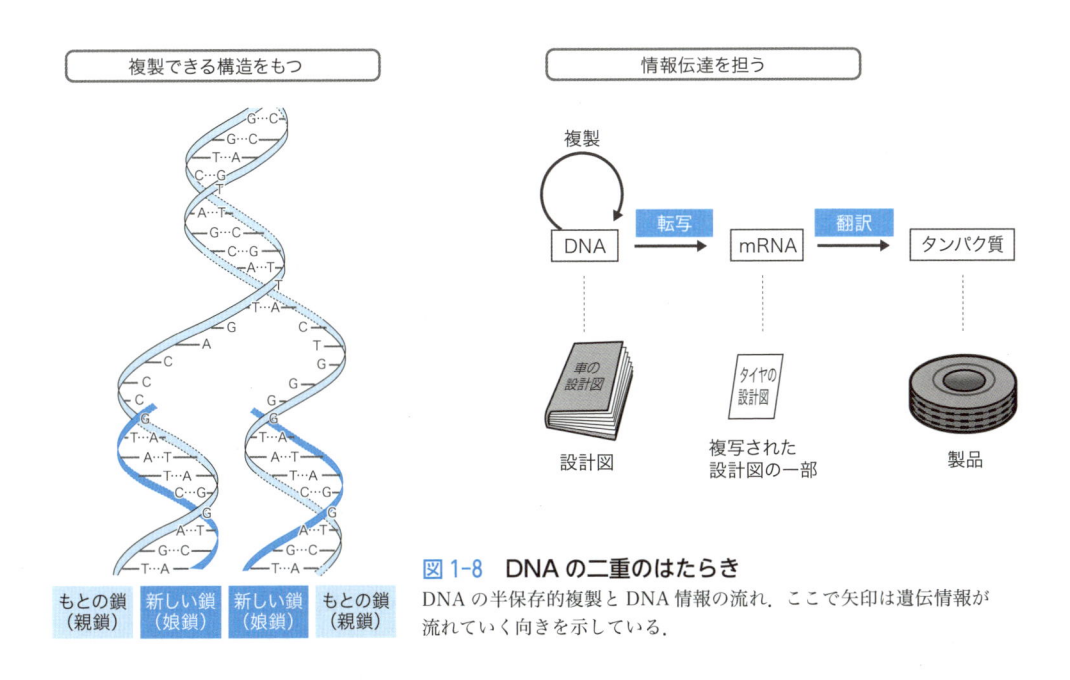

図 1-8　DNA の二重のはたらき
DNA の半保存的複製と DNA 情報の流れ．ここで矢印は遺伝情報が流れていく向きを示している．

[*2] 近年の研究により，それでも個体差の分布ができることがわかり，これまでの分子遺伝学の枠組みではわからない現象も知られるようになっている．細胞システムの確率論的な挙動がこうした分布を生み出す原因と思われている．

て 0 と 1 の並び方で情報が表現されているのとよく似た状況である．この類似性からバイオインフォマティクス（生命情報学）という研究分野が発展した．

DNA はそれ自身の複製ができるような構造をもっているとともに，さまざまな生体分子の合成のための情報を担うという二重のはたらきがある（図 1-8）．前者は自己複製系の進化の問題として，後者は遺伝情報発現の問題として，それぞれ生命科学研究の 2 つの面を構成してきた．遺伝情報に関しては 5 章で述べる．

8 環境への応答と恒常性

◆シグナル伝達経路が応答の基盤

環境（外界）からの刺激に応答するのも，生物の大きな特徴である（特徴④）．じっとしている昆虫や小動物が生きているか死んでいるか確かめるには，突っついてみればよい．植物も乾燥状態に応じて葉の気孔を開閉している．応答から「生き物らしさ」を感じることもあるだろう．ロボットも環境に反応するようにつくることはできるが，往々にして間違った状況でも反応してしまったり，思うように反応してくれなかったりすることがある．その点生物の方がずっと精巧にできている．環境への応答には，刺激を受け取るしくみとその情報を処理して，適切な応答を生み出すしくみが必要である（図 1-9）．多くの場合，環境からの刺激を受容するのは細胞膜に存在する受容体（レセプター）タンパク質である．受容体の状態変化がひきがねとなり，細胞内で各種の化学反応が続けて起こる．それだけで環境に対する応答を生み出す場合もあるが，遺伝情報発現の調節を引き起こすことも多い．この連鎖反応のしくみを，シグナル伝達経路と呼ぶ．

◆制御のしくみから創発する「生き物らしさ」

遺伝情報の発現には DNA のもつ情報を読み取ってタンパク質を合成するしくみが介在する．多くの場合，このしくみはフィードバックによる制御を含む複雑な回路である．回路への信号（シグナル）の入力によって適切な出力が生み出されるという原理は，本質的には電子制御回路などと変わることはないが，その回路を構成しているパーツがタンパク質などの生体分子である点が，生物の特徴である．1 つ 1 つの制御タンパク質があたかもスイッチのようにはたらくしくみは，生体分子レベル

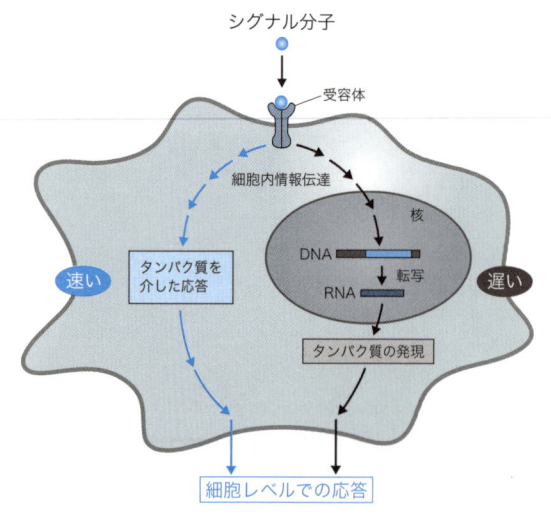

図 1-9　シグナル伝達
受容体を介して細胞内に入ったシグナルが，最終的に遺伝子の発現を引き起こす場合と引き起こさない場合がある．遺伝子発現を介さない場合（図左）は刺激に対する応答までの時間が短く，遺伝子発現を介する場合（図右）は，遺伝子発現に時間を要する分，応答までにそれだけの時間がかかることになる．

でわかりはじめており，多くの場合，複数のタンパク質間の相互作用による非線形の挙動が原因となっている．生体分子レベルでのスイッチを組合せて制御回路を設計する合成生物学と呼ばれる分野もある．**6章**で述べる遺伝子ネットワークのフィードバック制御，**7章**で述べる生命システムのダイナミックな挙動は，生物のもつ「生き物らしさ」の理解を可能にするはずである．特に**7章**は本書のハイライトである．従来の生命科学の教科書で，個別の現象として，個々の因子の相互作用の系列として記載されていたさまざまな現象を，システムのダイナミクスという観点から大きく分類し直して，ダイナミクスのタイプごとに例を示している．ダイナミクスの観点がすでに先行して浸透している生態・進化というマクロな系だけでなく，細胞レベルの現象もダイナミクスの観点から理解することが重要である．

◆恒常性はシステムが生み出す

　細胞には内部と外部の区別があり，内部の環境は比較的一定に保たれている．多細胞体でも，内部環境がほぼ一定に保たれており，これらを恒常性（ホメオスタシス）と呼ぶ（図1-10）．恒常性は外部環境の変化という刺激に対して，システムが応答し内部的な制御回路を作動させる結果，元とあまり変わらない内部環境を維持するしくみである．ヒトの場合，外気温が変わっても体温がある範囲内に維持されるという現象がある．それには神経やホルモン[*3]を介した複雑な制御がかかわっている．こうした現象について，詳細を明らかにするに留まらず，システム全体として捉え，外部変数の摂動に対して，内部変数の変動を少なくするような制御のしくみとして理解することによって，一般化した議論をすることが可能になる．生物が示す適切な環境応答は，遺伝情報とならんで生命科学

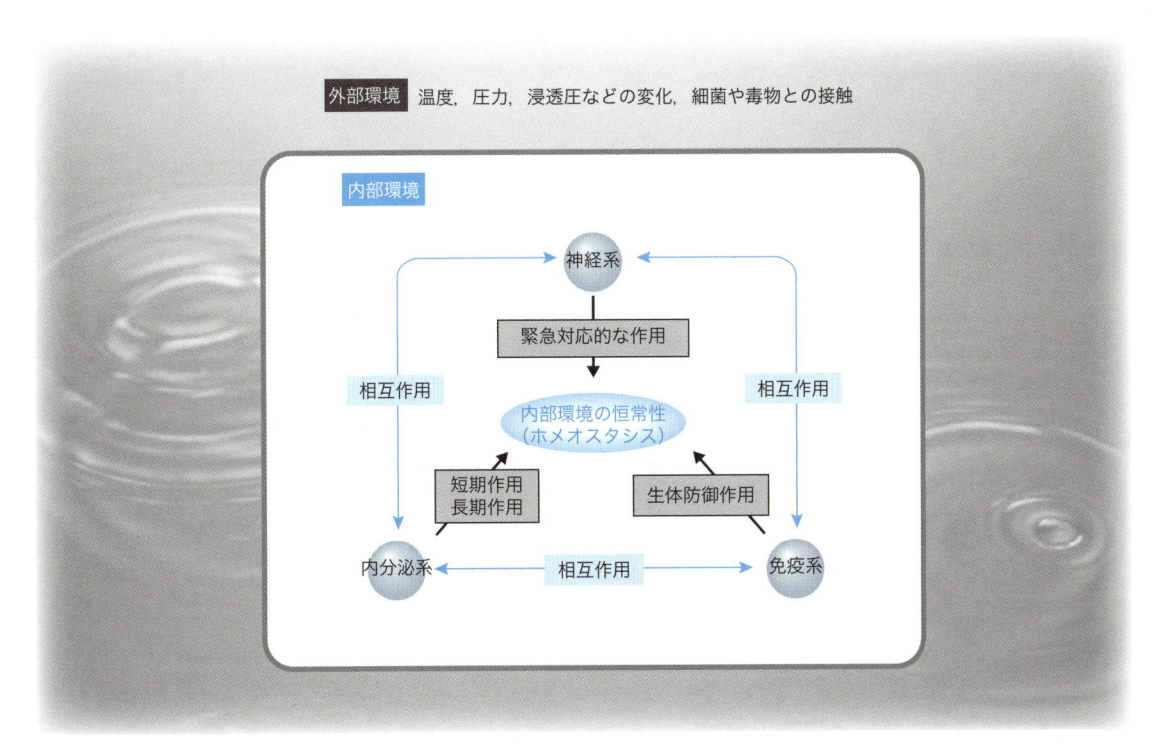

図1-10　**恒常性の維持**

[*3] 特定の器官から分泌されて別の特定の細胞で効果を表わす生理活性物質．

研究の大きな謎であった．それが細胞内や場合によっては細胞間の物質的相互作用のネットワークで理解できると考えられるようになったのは，現代生命科学の大きな進歩である．恒常性を含むシステムを安定化する挙動については，**6 章**で扱う．

9 生物の進化と系統

◆進化も生物の特徴の１つである

これまで述べた自己複製系と適切な環境応答を考えるうえで，進化は重要な視点である．

自己複製系の進化ということを説明しておこう．遺伝子には変異が起きる．自己複製する途中にDNA 変異が起こり形質の違いを生んだ場合，多様な遺伝情報をもつ生物集団ができる．環境条件が変化すると，その中で最も速く増殖できるものが多数となり，結果として元の集団とは遺伝情報（対立遺伝子頻度）が異なってくることがある．世代とともに集団内の対立遺伝子頻度が変化することを，進化という．DNA が複製されるときには一定の確率でランダムな変異が起きるが，この頻度は放射線などによる損傷によって著しく増加する．そのため進化も生物の特徴とみなすことができる．遺伝的浮動のシミュレーションについては，**8 章**で説明する．

また，生物がなぜ環境に対して適切な応答を示すことができるのかは，適応進化によって説明されている．調節系に起きたさまざまな変異が選択されることにより，もっとも適切な応答ができるしくみだけが生き残ったと考えるのである．生物の特徴がすべて適応進化で説明できるのかは，依然として議論の的であるが，ネットワークの進化は重要な研究課題である（**図 1-11**）．

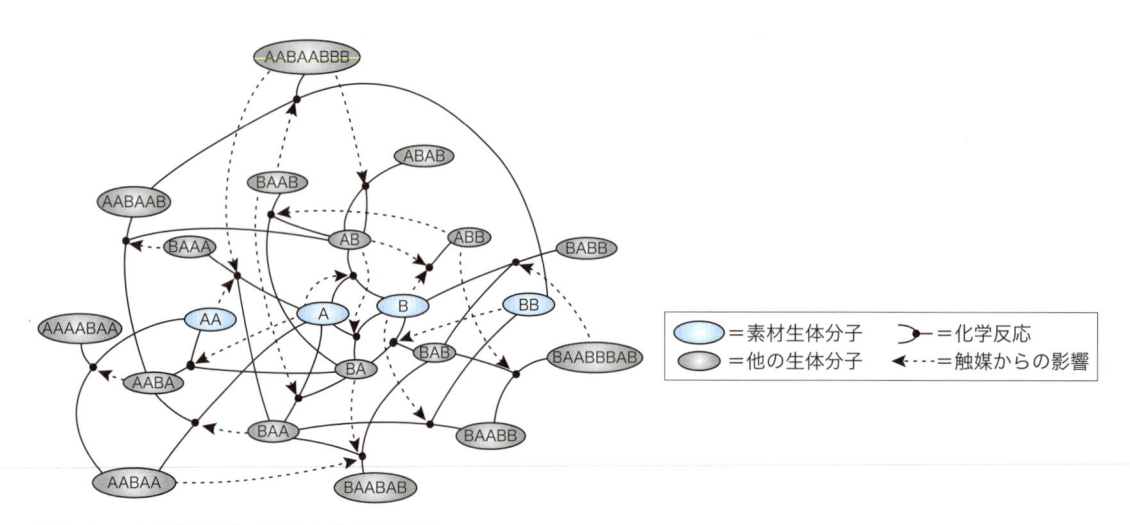

図 1-11　自己触媒系の進化を表す概念図
素材になる生体分子 A，B，AA，BB から，重合により，より大きな生体分子ができる．その際，重合体が別の重合反応を触媒することによって，より大きな重合体をつくり上げていくという自己触媒ネットワークを仮想的に考えた．反応は黒丸で示され，触媒作用は点線矢印で表されている．文献 2 をもとに作成．

◆元素の分類とは異なる生物の分類

化学元素の分類は，理論的に考えられるあらゆる元素が実在するか製造可能であるという点で，必然的なものである．これに対して生物の分類は，現実に存在する生物しか対象でないという点で，偶

然に支配されている．生物は地球上で生まれて進化してきたという歴史の反映（過去の進化の産物）であり，あらゆる可能な生物が存在したか現存するということにはならない．すでに述べたように，これからは生物を普遍的なシステムとして理解することのできる時代であり，新たな制御回路を含む生物システムを構成することも可能になってきた．その際に使える既存のパーツは何か，という視点で生物の系統分類をみてみることにしよう．

◆生物の主な系統と細胞内共生

生物には大きく分けて2通りのものがあり，細胞のつくり（構造）も，遺伝子発現のしくみも，遺伝子発現制御のしくみも，大きく異なる．それらは原核生物と真核生物と呼ばれる．遺伝物質DNAが核膜で囲まれた核と呼ばれる区画に入っているのが真核生物であり，原核生物の場合，細胞内にそのような仕切りはない．真核生物には，それ以外にも膜で囲まれた粒子状の細胞小器官が存在し，それぞれに機能分担している．このような2種類の生物がどのように生じてきたのか（進化してきたのか）を説明するのが，系統樹である（図1-12）．

この系統樹は，主にDNAがもつ遺伝情報を利用してつくられたものであるが，さまざまな形態的・生理的な特徴とも合致する．ここでは生物を，細菌，アーキア（古細菌とも呼ぶ），真核生物という3つの大きなカテゴリー（ドメインと呼ぶ）に分けている．細菌とアーキアはどちらも原核生物であるが，細胞膜をつくる脂質の構造などが異なるだけでなく，明らかに遺伝子の特徴も違っている．私たちヒトや植物が分類される真核生物は，細菌ではなくアーキアの枝から分岐したものと考えられる．

ただし，これらの大きな進化には，異なる系統の細胞の融合や，遺伝子の交換がかかわっていると考えられており，単純な二分岐の積み重ねだけで生物の系統を記述することはできない．特に3章で扱う細胞小器官のうち，ミトコンドリアと葉緑体は，それぞれ独立の細菌が原始真核細胞の内部に共生した（細胞内共生と呼ぶ）ものが起源であると考えられており，共生体がもっていた遺伝子の多くのものが，真核細胞の核に移行して現在も機能している．

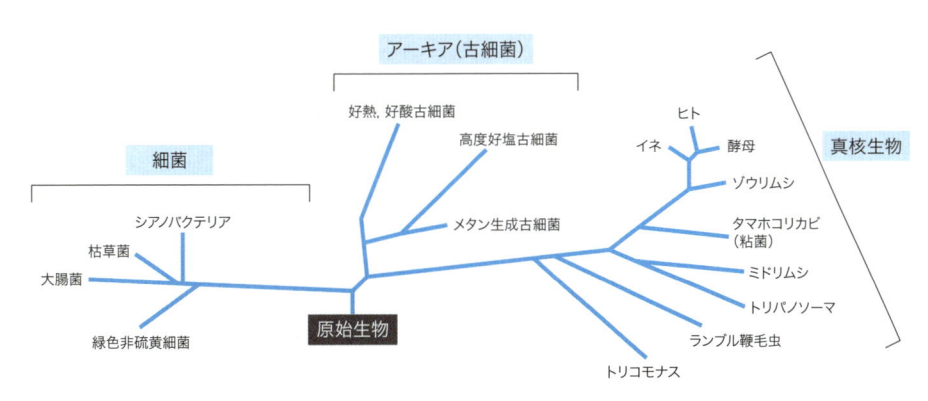

図1-12 全生物の系統樹
28S RNAなど，いくつかの遺伝子配列から推測された地球上の全生物の系統樹．真核生物は細菌よりアーキア（古細菌）に近い．

◆細胞を利用するときの原核生物と真核生物のちがい

合成生物学など生物工学（バイオテクノロジー）の方法では，遺伝子を改変して目的とする分子間相互作用ネットワークを構築する．その場合，実際にどのような細胞を利用すれば目的が実現できるのかを考えることは重要である．大腸菌のような原核細胞は実験操作がしやすく，必要なパーツとなる制御タンパク質などがよくわかっている．しかしヒトや真核生物で重要なはたらきをするタ

ンパク質などを大腸菌につくらせることには困難も多い．その場合には真核細胞を使ったシステムが必要になる．原核細胞と真核細胞のしくみは大きく異なるため，現実の遺伝子操作では，考慮すべき点がまったく異なることに注意する必要がある．

10 物質，駆動力，制御系からなる自己増殖系

　このような生物の特徴を1つのまとまったものとして考えるには，生物を動的な自己増殖系として考えることが役立つ（図1-13）．生物が生きているのは，環境から高い自由エネルギーをもつ物質や光エネルギーを取り入れて，それを消費しながら熱を散逸し，その過程でやはり環境から取り入れる材料を利用して自己を構成する物質をつくること（生合成）ができるからである．これを可能にするのは，細胞という「入れ物」の中に必要な物質を閉じ込めて，物質とエネルギーが出入りできる開放系をつくることによっている．十分な物質の供給があれば，細胞を大きくし，分裂させることができる．そうしたときに常に同じ形質をもつ細胞を維持するためには，遺伝情報がはたらいている．遺伝情報を保持するDNAは，それ自身が複製できるような構造をもつだけでなく，細胞の代謝活動と形態形成に必要な情報も提供する．逆の考え方をすれば，遺伝情報が細胞という入れ物を借りて，自己増殖をしているのが生物であるという見方もできる．自己増殖系が多数存在し，互いに競合し

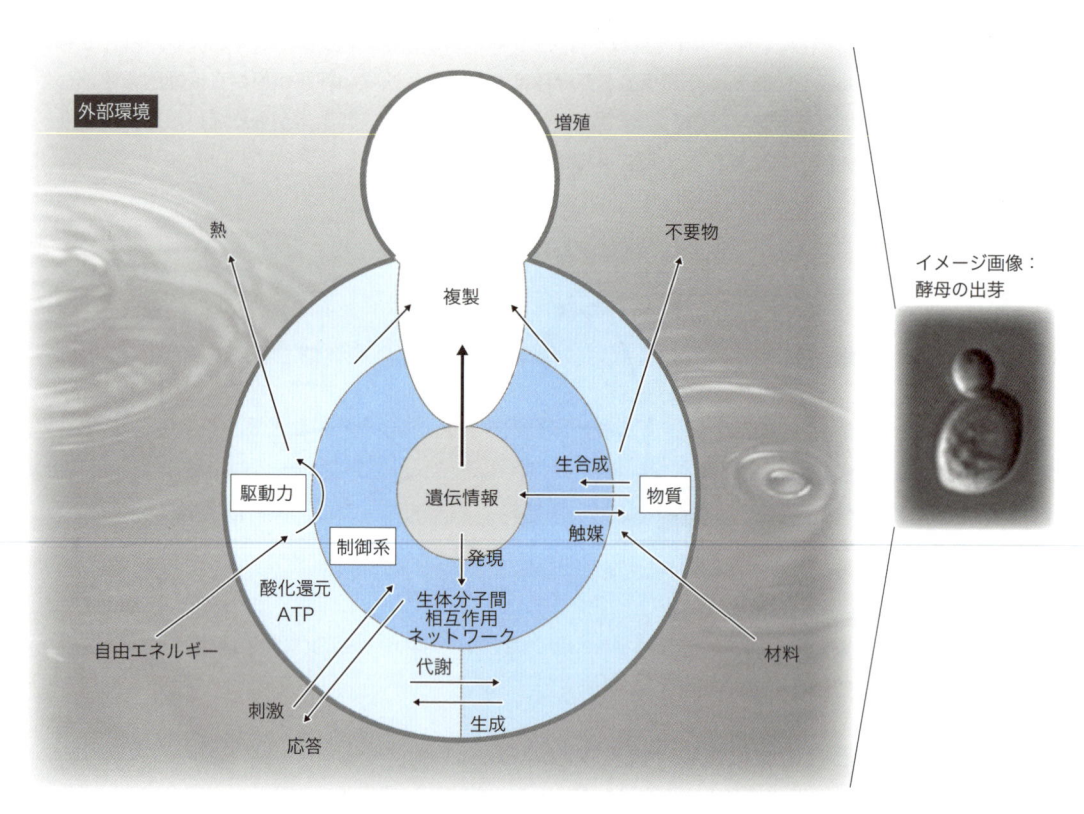

図1-13　自己増殖する生命システムの概念図
生命を成り立たせている物質，駆動力，制御系と，生物の特徴との関係．環境から区別される内部環境をもつこと，細胞成分の合成と遺伝情報の複製を可能にする自由エネルギーのはたらき，適応進化を可能にする環境応答などが生物の特徴としてあげられる．これを理解するには，生体物質，駆動力，それらを統御する制御系の理解が重要である．

ているとすると，それを勝ち抜いていくのは，環境条件の変化にもっともよく適応できる系であろう．こうして，すでに挙げた生物のもつ4つの特徴のすべてがあいまって，進化する自己増殖系としての細胞を特徴づけていることがわかる．あらためて考え直すと，キーワードは3つにまとめられる．物質，駆動力，制御系である（図1-13）．

多細胞生物は，こうした細胞レベルでの進化の先に生まれたより高次の自己増殖系である．多細胞生物では生殖細胞と栄養成長細胞が分化しており，一部の生殖細胞からしか子孫がつくられない．また，単一の受精卵から複雑な多細胞体をつくりあげる複雑な細胞間相互作用のネットワークに関する情報ももっている．

このようにみると，生命の理解には，細胞内での生体分子間相互作用ネットワークを理解するという階層と，多細胞体における形態形成や機能維持にかかわる細胞間相互作用ネットワークを理解するという階層，それにこのような生命体と環境との相互作用ネットワークを理解する階層（生態系），それらの時間的発展という進化の階層などの区別があることがわかる．それにもかかわらず，それらを記述する言葉や数式には，ある程度の共通性がある．これが生命のもう1つの一様性ということになるだろう．

1章 まとめ

- 生物の特徴には，①細胞からなること，②自由エネルギーを利用して活動すること，③遺伝情報を保持して増殖すること，④環境に応答して恒常性を維持すること，などがある．

- 生物の特徴は別々のものではなく，全体として生命活動を行なうダイナミックなシステムを可能にする条件となっている．

- 生命のしくみを理解するには，物質だけでなく，駆動力や制御系を理解することが大切である．

2章 生体分子
細胞をつくりあげる物質群

- 細胞を構成する有機化合物　●タンパク質　●脂質　●糖　●核酸
- 情報伝達物質と受容体の結合定数

　生命を一言で表すのは難しい.「生きている」という動的非平衡状態そのものである, という定義もあるだろうし, 分子・細胞・組織・個体という階層性をもった実体である, という定義も可能である. DNA にコードされたタンパク質がエネルギーや情報を相互変換するマシン, と考える人もいるだろう. 現代の生命科学においては, 生命の特徴をあげることはできても生命の定義があいまいであることは否めないが, 生命を構成しているのは, 道端に転がっている石ころ同様, 原子・分子といった物質からできていることは確かな事実である. 本章では, まず生物としての最小限の単位である細胞を構成する物質であるタンパク質, 脂質, 糖, 核酸についての概要を知り, 生物が物質の特殊な状態の 1 つにすぎないことを理解する.

1 細胞を構成する有機化合物

　多種多様な生物をつくりあげる構成分子には, どのような特徴があるだろうか. 石のような無生物と異なる際立った特徴として, 細胞は, 水分子を除けば炭素原子を含む有機化合物を中心に構成され, 各構成単位となる有機分子が重合して高分子化合物となり, 単に原子が集合したという以上の細胞機能を果たすことが挙げられる. 細胞内の主要な高分子は, タンパク質, 脂質, 多糖, 核酸 (表 1-1 参照) であり, 細胞内で分解されるとまた元の構成単位 (アミノ酸, 脂肪酸, 糖, ヌクレオチド) となる (図 2-1). これらの合成と分解は一連の生化学反応によって支配され, その各反応過程は厳密な化学法則に従っている.

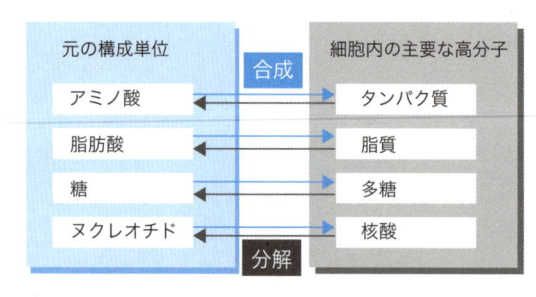

図 2-1　細胞内の主要な有機化合物と高分子

2 タンパク質

　タンパク質は 20 種のアミノ酸がさまざまな組み合わせでペプチド結合によりつながった長い分子

である．そのため，タンパク質を加水分解するとアミノ酸になる．アミノ酸は，アミノ基とカルボキシ基をもつ両性電解質である（パネル1参照）．そのため，pHによって解離状態が異なる．つまり，生理的pHでは両性イオンになっていて，酸性ではアミノ基が正の電荷をもち，アルカリ性ではカルボキシ基が負の電荷をもつ．

図2-2Aにはアミノ酸の構造を示す．タンパク質は，ヒトでは100〜1,000個程度のアミノ酸からつくられているものが大部分である．アミノ酸のつながりには方向性があるので，もし，20種のアミノ酸を自由に使って1,000個のアミノ酸からなるタンパク質をつくるとすると，理論上は20^{1000}という天文学的な数の異なるタンパク質をつくることができる．しかし，ヒトでは，すべてを合わせて，せいぜい10万種類程度のタンパク質しか知られていない．さらに，地球上の生物がもつタンパク質を構成するアミノ酸は，立体的に可能なL型とD型のうちほとんどがL型アミノ酸であるし，アミ

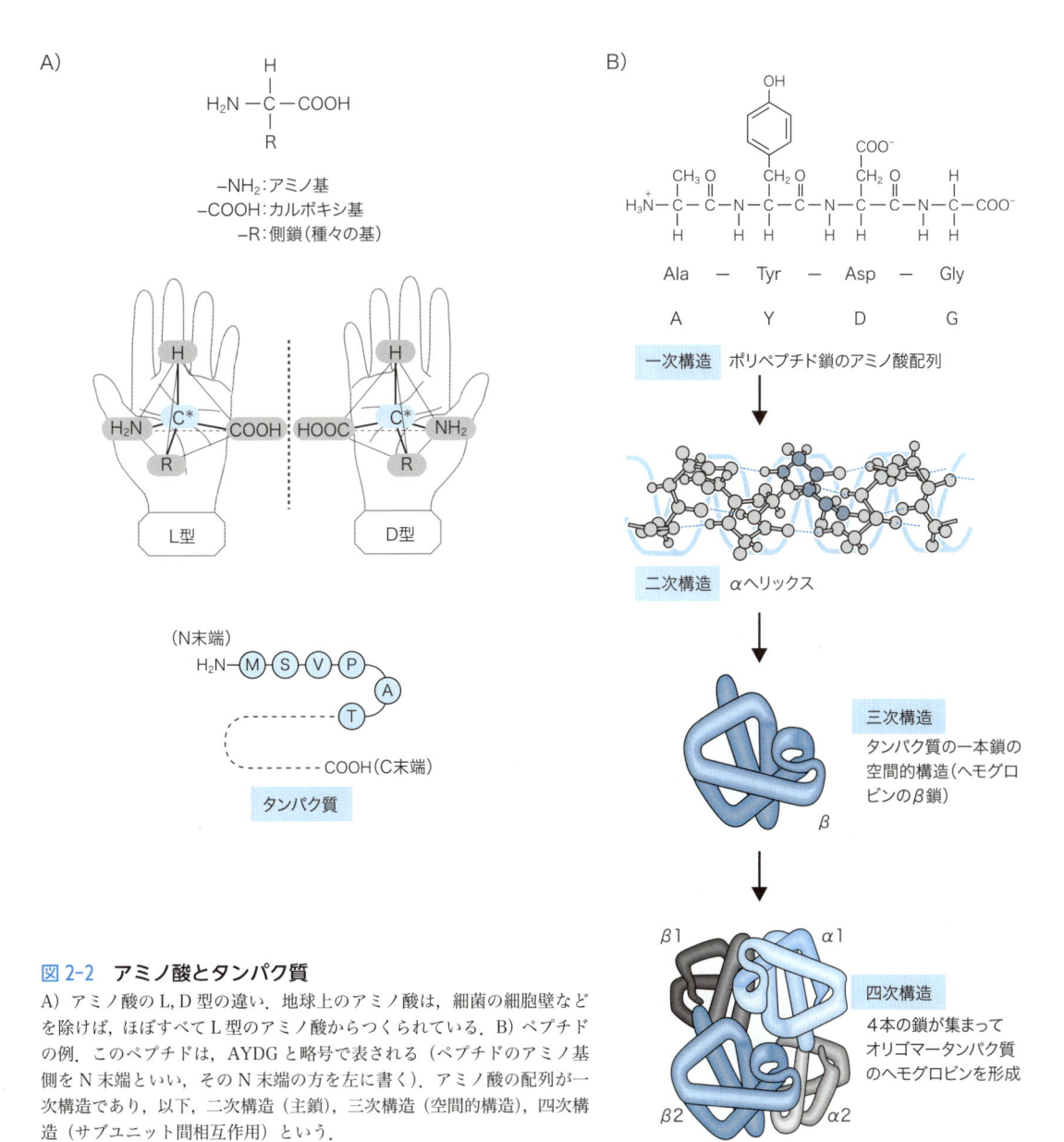

図2-2 アミノ酸とタンパク質

A）アミノ酸のL，D型の違い．地球上のアミノ酸は，細菌の細胞壁などを除けば，ほぼすべてL型のアミノ酸からつくられている．B）ペプチドの例．このペプチドは，AYDGと略号で表される（ペプチドのアミノ基側をN末端といい，そのN末端の方を左に書く）．アミノ酸の配列が一次構造であり，以下，二次構造（主鎖），三次構造（空間的構造），四次構造（サブユニット間相互作用）という．

ノ基とカルボキシ基が同じ炭素に結合した α-アミノ酸である．生命誕生と進化の過程で，これらのことが偶然であったのか必然であったのかについては謎である．

◆タンパク質は複雑な立体構造を形成している

タンパク質を構成するアミノ酸の並び方（一次構造）はゲノム DNA 上の塩基配列情報にコードされており，アミノ酸の並び方によって特定の立体構造（高次構造）が形成される．鎖としてつながったアミノ酸が部分的に折りたたまれて，らせん状（αヘリックス）やシート状（βシート）構造をとり，構造をとらないものはランダムコイルと呼ばれる（二次構造）．タンパク質全体では，全体として折りたたまれ，三次構造をとる．さらにタンパク質同士が結合すると機能のある複雑な形をとる場合があり，これを四次構造と呼ぶ（図 2-2B）．

立体構造はタンパク質の機能に重要であり，構成するアミノ酸の変異や熱などによって立体構造が壊れると，タンパク質ははたらかなくなる．この立体構造を利用して，タンパク質は，酵素，構造タンパク質，細胞骨格，受容体などとして，多様な細胞機能の主役を担っている．そのためもあり，ヒトの遺伝性疾患のほとんどがこのタンパク質の機能変化によって起こる．

◆ 例題 2-1　タンパク質の分子量と等電点

タンパク質の構成分子・アミノ酸の一種であるリシン（リジン）6 残基，アスパラギン酸 15 残基からなるペプチドについて，以下の問に答えよ．

問 1　分子量を求めよ．ただし，各原子量はそれぞれ炭素＝12，酸素＝16，窒素＝14，水素＝1 とする．なお総電荷は 0 とする．

問 2　等電点を求めよ．等電点とは，正負両電荷をもつ高分子の正味の電荷が 0 となる pH のことである．ただし，α-カルボキシ基，β-カルボキシ基，α-アミノ基，ε-アミノ基の pK_a（酸解離定数の負の常用対数）は，それぞれ 2.1, 3.9, 9.5, 10.0 とする．各解離基は独立で他の解離基の影響を受けないものとする．log2＝0.30，log3＝0.42 として計算せよ．

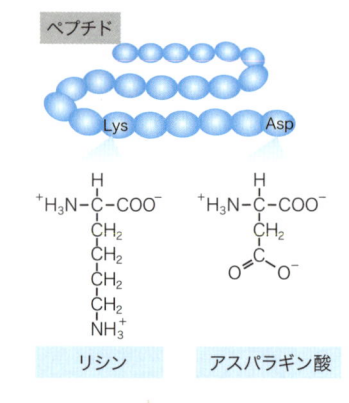

例題の解答

問 1　アミノ酸間の結合はペプチド結合で，一方のアミノ酸の α-カルボキシ基ともう一方のアミノ酸の α-アミノ基の縮合反応でできる．この過程で 2 つのアミノ酸から 1 分子の水分子が取り除かれる．
　リシンの分子量：Lys＝146，アスパラギン酸の分子量：Asp＝133
　したがって分子量は，
　$(6×Lys)+(15×Asp)-((6+15-1)×H_2O)=6×146+15×133-20×18=$ **2511** ……（答）

問 2　タンパク質を構成するアミノ酸側鎖の解離基の電荷の状態は，タンパク質の立体構造に影響を与える．このため解離基の状態は酵素の触媒作用にかかわり，アミノ酸の電荷状態を理解することは，酵素反応の理解のためにも欠かせない（**4 章**参照）．
　問で与えられたペプチドは，pH＝1 では総電荷が＋7 であり，pH＝3 程度では pK_a＝2.1 の C

末端カルボキシ基が解離して電荷は+6となる．一方でpH=7付近では，$pK_a=3.9$のアスパラギン酸側鎖のカルボキシ基が解離して電荷は−9となってしまう．したがって総電荷が0になるためにはアスパラギン酸の15個のβ-カルボキシ基のうち，全体として6個解離することに相当するpHとなる．すなわち解離度$\alpha=\dfrac{6}{15}$となるpHを求める．

$$\mathrm{pH}=\mathrm{p}K_a+\log\left(\dfrac{\alpha}{1-\alpha}\right)=3.9+\log\left(\dfrac{\dfrac{6}{15}}{1-\dfrac{6}{15}}\right)=3.9+\log\left(\dfrac{2}{3}\right)=3.9+0.30-0.42=\mathbf{3.78} \quad\cdots\cdots\cdots\text{（答）}$$

◆ 例題2-2　タンパク質の電気泳動パターンと分子量

▼ドデシル硫酸ナトリウム–ポリアクリルアミドゲル電気泳動（SDS-PAGE）により，ゲル内を分子量の不明なタンパク質が電圧をかけた状態で移動した距離は下のような結果となった．サンプルの移動距離が28.5 mmのとき，このタンパク質の分子量を求めよ．ただし，各マーカーの分子量は，97,000，66,000，45,000，30,000，20,000，15,000とする．

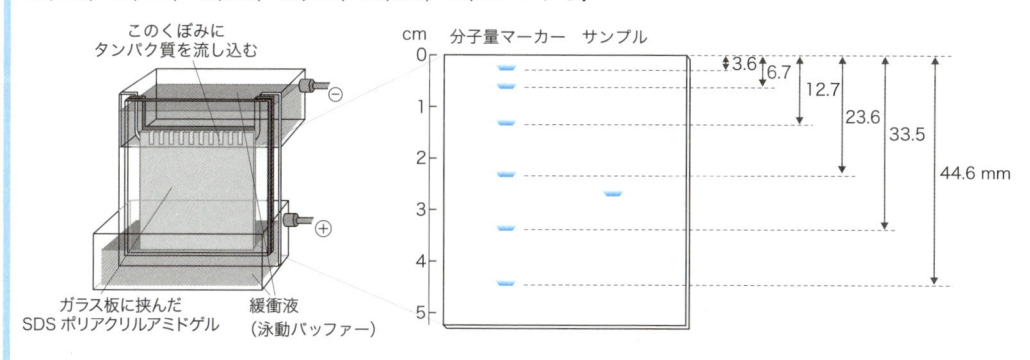

▼**背景となる知識**

電気泳動法とは，高分子を電場の中で移動させて分離する方法である．架橋されたポリアクリルアミドゲルを用いた電気泳動で標準的に利用されるSDS-PAGEでは，タンパク質の分子量に応じて結合したSDSの分だけ電荷をもち，これによる移動力と，ゲルの網目による抵抗という2つの相反する効果の結果として，タンパク質の移動度はタンパク質の分子量とともに小さくなる．タンパク質は分子内で非共有結合およびジスルフィド結合（共有結合）によって特定の立体構造をとっているので，熱や還元剤での処理によって十分に立体構造をほぐし，移動度がタンパク質の形に依存

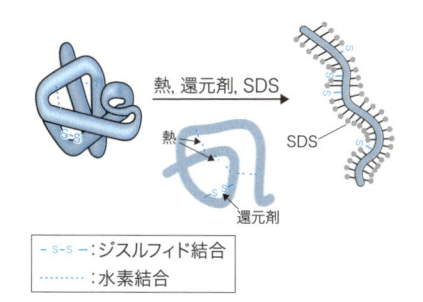

タンパク質立体構造変化

しないようにする必要がある．こうして移動度の違いにより分離されたタンパク質は，特定の色素で染色することでバンドとして見ることができる．未知のタンパク質の分子量は，既知の分子量をもつタンパク質（ここではマーカーと呼ぶ）と同一のゲルで移動度を比較することで推定する．

例題の解答

具体的には以下のように算出する．

① 片対数グラフの横軸（普通目盛）に移動距離，縦軸（対数目盛）に分子量をとり，各分子量マーカーの移動距離の値をプロットする

マーカータンパク質	分子量	移動距離 [mm]
ホスホリラーゼb	97,000	3.6
アルブミン	66,000	6.7
オボアルブミン	45,000	12.7
炭酸脱水酵素	30,000	23.6
トリプシン脱水酵素	20,100	33.5
α-ラクトアルブミン	14,400	44.6

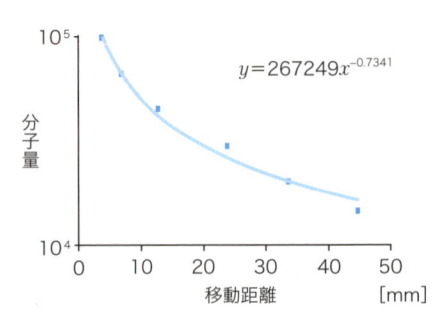

$y = 267249 x^{-0.7341}$

② 移動距離-分子量の標準曲線を求める
③ 目的のバンドの位置を明確にし，移動距離を正確にはかる

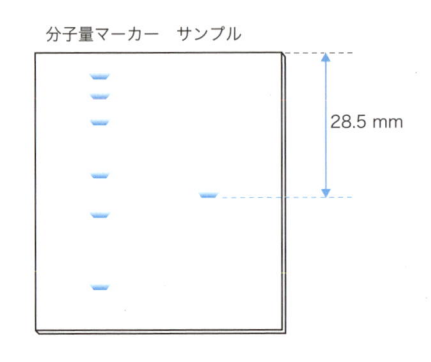

28.5 mm

④ その数値を②で求めた標準曲線の式 ($y = 267249 x^{-0.7341}$) に代入し分子量を算出する．
$267249 \times 28.5^{-0.7341} \approx $ **22851** ………………………………………………………（答）

3 脂質

　脂質は，エーテルなどの有機溶媒には溶けやすいが，水には溶けにくい物質群の総称で，グリセロ脂質，スフィンゴ脂質，ステロイドなどの多様な化合物が含まれる．生物において，脂質は生体膜の構成成分として重要である．動物細胞の生体膜の脂質のうち最も多いのはリン脂質であり，それ以外にコレステロールなどが含まれる．このほかに糖脂質，スフィンゴ脂質なども存在する．

　リン脂質分子はグリセロールに2つの脂肪酸[*1]と残りのヒドロキシ基にリン酸を介して種々の化合物が結合した脂質で，リン酸から先は極性が高く（親水性），2本の脂肪酸は非極性（疎水性）であり両親媒性分子である（図2-3A）．親水性の頭部と疎水性の尾部をもつ分子を水溶液中に集めると，親水性部分は溶液側に，疎水性部分は溶液を避けて集まる傾向がある．はじめは球状（ミセル），さらに集まると平板状になり，さらに広がると二重層を形成する．細胞や細胞内小器官の膜構造はこの二重層が基本であり，事実，電子顕微鏡で観察すると，細胞膜が二重層からなることを確認できる．この生体膜は半透性を有し，小さな非電荷物質は透過できるが，大きな分子や電荷をもった分子は膜

[*1] 末端にカルボキシ基をもつ炭化水素鎖で，生体を構成する脂肪酸は鎖が長く水に溶けにくい．リン脂質を構成する脂肪酸の1つは飽和脂肪酸で，もう1つは二重結合をもつ不飽和脂肪酸のことが多い．

を透過できないという点で，細胞や細胞小器官の内と外とを区別するバリアーの役割を果たす（図2-3B）．

脂質二重層膜は両親媒性だけでなく，分子が比較的自由に動き回れる流動性，膜が折れ曲がる柔軟性ももつ．コレステロールはステロイド骨格[*2]をもつ化合物で，膜の流動性に関連する．膜は二次元の流動体なので，脂質だけでなくそこに存在するタンパク質も脂質二重層膜面内を移動でき，脂質の海の中にタンパク質が漂っていると考えることができる．生体膜のタンパク質は区画内外の物質のやりとりも担うため，生命現象に関するさまざまな反応の場を提供している．

また，中性脂肪はグリセロールの3つのヒドロキシ基がすべて脂肪酸とエステル結合をつくったグリセロ脂質の一種で，エネルギー貯蔵の役割を果たしている．コレステロールからは各種のステロイドホルモンがつくられる．

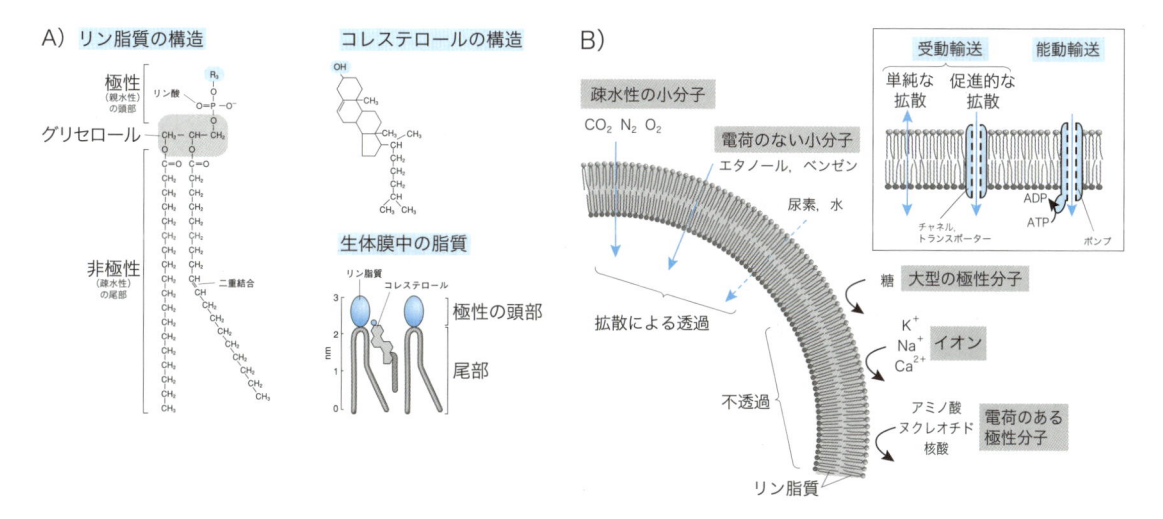

図2-3 生体膜の構造
生体膜の基本構造は脂質二重層からなる．代表的なリン脂質は親水性の頭部と疎水性の尾部からなり，疎水性の尾部を内側にして二重層を形成している．一部の分子は拡散により細胞膜を通過することができるが，ほとんどの分子は細胞膜を拡散により通過することができない．細胞膜を横切った物質の通過には，チャネル，トランスポーター，ポンプと呼ばれる膜タンパク質が関与している．トランスポーターは分子の結合によるタンパク質の立体構造の変化を利用して，その分子の膜通過を行なっている．ポンプは，ATPの加水分解によるエネルギーを用いて，濃度勾配に逆らったイオンや物質の輸送を行なっている．

◆ 例題 2-3　生体膜を構成する脂質分子の個数

脂質二重層膜に関する以下の問に答えよ．

問1　脂質分子の親水基を〇，疎水基を〰〰と表し，脂質分子〇〰〰が水中で脂質二重層膜を構成している様子を模式的に表せ．

問2　脂質分子の形状を特徴づける量として，充填パラメータと呼ばれるものがある．これは，親水基（頭部）の部分を球形と仮定したときに，疎水基の部分に当たる長い足がどのような体積を

[*2] 炭素六員環3つと五員環1つ．

占めるかを表す量であり，右に示した幾何学的量を用いて $\frac{V}{S \times L}$ で与えられる．$\frac{V}{S \times L} < \frac{1}{2}$, $\frac{V}{S \times L} > 1$, $\frac{1}{2} < \frac{V}{S \times L} < 1$, この3つの充填パラメータについて，それぞれどのような構造をとるか考察せよ．

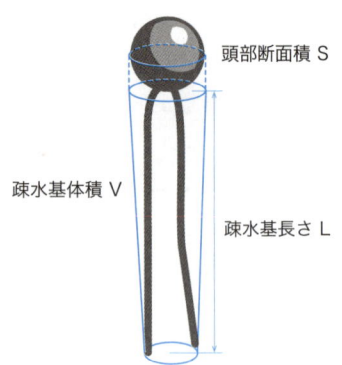

頭部断面積 S
疎水基体積 V
疎水基長さ L

問3 1つの細胞の細胞膜を構成する脂質分子の個数を概算せよ．ただし，簡単のため，細胞は1辺 10 μm の立方体と仮定し，脂質分子の頭部の半径を 0.4 nm（=4Å）とせよ．

例題の解答

脂質分子の形によってミセルや逆ミセルを形成しやすいもの，脂質二重層を形成しやすいものがあり，充填パラメータによってその傾向を整理できる．

問1 脂質二重層膜は，下記のように水中で疎水基同士が向き合うように二重層を形成している．

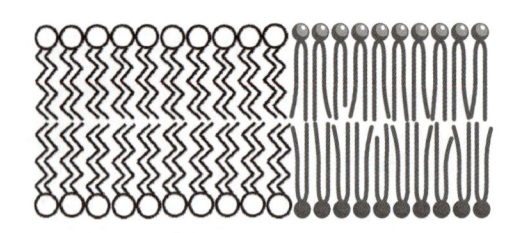

問2 親水基が大きく，疎水基の部分が細く先細りするような形状，すなわち，充填パラメータが小さな値をとるときはミセルを形成しやすい．

具体的には，$\frac{V}{S \times L} < \frac{1}{3}$ では球状ミセルを，$\frac{1}{3} < \frac{V}{S \times L} < \frac{1}{2}$ では円筒状ミセルを形成する．逆に，疎水基が大きく頭部が小さい台形のような形状，すなわち $\frac{V}{S \times L} > 1$ のときには逆ミセルを形成しやすい．その間の，$\frac{1}{2}$〜1 程度では脂質二重層を形成するようになる．特に，$\frac{1}{2} < \frac{V}{S \times L} < 1$ では，脂質二重層は曲率を持ちやすいので，閉じた脂質二重層であるベシクルを形成する．また，$\frac{V}{S \times L} = 1$ の条件のときには，平面状の脂質二重層を形成するようになる．

問3 細胞を1辺 10 μm の立方体と仮定するとその表面積は，$10 \times 10 \times 6 = 600 \ [\mu m^2]$．また，細胞膜は脂質の「二重層」から構成されていることから，細胞の内側，外側の膜面積の総和は，$2 \times 600 = 1,200 \ [\mu m^2]$ となる．ここで，問1解答のように脂質分子が並んでいることを考慮して，球形の頭部の断面積（$0.4 \times 0.4 \times \pi = 0.16\pi \approx 0.5 \ [nm^2]$）が脂質分子1つあたりの占める面積と見なして計算すると，脂質分子数は $\frac{1,200 \ [\mu m^2]}{0.5 \ [nm^2]} \approx 2 \times 10^9$ 個となる ……………………………… （答）

● 生体膜を構成する脂質分子の個数に関する補足説明

　実際の脂質二重層には，脂質以外にもさまざまなタンパク質やコレステロールなどが含まれている．脂質膜に埋め込まれたタンパク質が細胞の機能にとって重要な役割を果たしている．これらの成分により，細胞膜の50％程度が占められていると仮定すると，**例題2-3問3の解答の脂質分子数は，半分の値となる．**また，実際の細胞膜では，脂質二重層の裏打ち構造としてタンパク質のネットワーク構造（膜骨格）が存在する．脂質二重層膜だけでつくられた人工的な細胞のような構造（ベシクル）はリポソームとも呼ばれ，その膜面上を脂質分子が自由に動き回れる流動性を有する．

4 糖

　生体内における糖はエネルギー源として重要である．動物ではグリコーゲン，植物ではデンプン（アミロース，アミロペクチン）という貯蔵物質からグルコース（ブドウ糖とも呼ばれる）がつくられ，解糖系，クエン酸回路，電子伝達系を通って水と二酸化炭素にまで分解される過程で大量の自由エネルギー（ATPなど）が得られる（**4章**参照）．このほかに糖は，核酸の構成物質（デオキシリボース，リボース），糖タンパク質の成分（マンノース，グルコサミンなど），植物の細胞壁の成分（セルロースなど）として用いられている．また，細胞膜のタンパク質や脂質と結合し，細胞の保護や細胞外からのシグナル伝達物質の受容体として機能するなど多岐にわたる役割を果たす．

　糖類は縮合反応した単糖分子の数に応じて，単糖類，二糖類，多糖類に分類され，単糖類には，グルコースやガラクトースがある．**図2-4**に，グルコースの構造を示す．マルトースは，D-グルコースが2分子で構成されている二糖類で1位と4位のOHから水が取れて結合しているため，$\alpha(1{\rightarrow}4)$グリコシド結合をとる．ラクトース（乳糖）はガラクトースとグルコースが結合した二糖類である．デンプンは主にα-グリコシド結合によってグルコース単位が長く連なった多糖類であり，セルロースはβ-グリコシド結合によって長く連なった多糖類である．

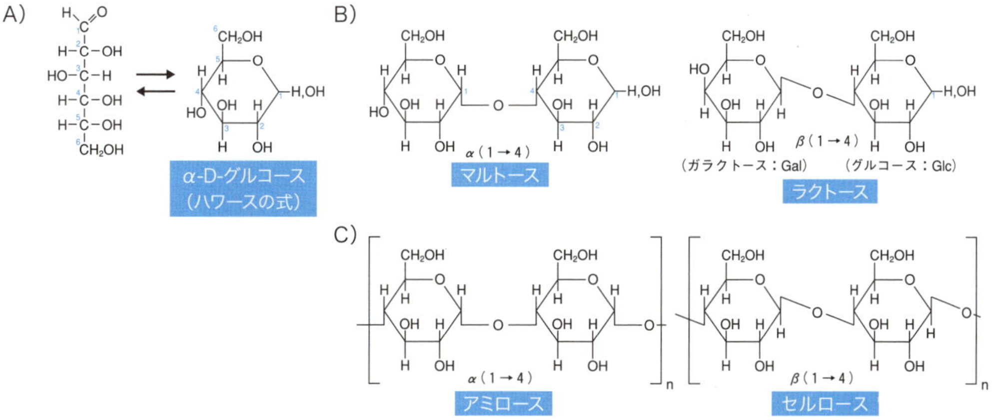

図2-4　糖の構造の例
A) グルコースは，環化したハワースの式で書く場合が多い．B) マルトースとラクトースの構造．C) デンプン（アミロース）とセルロースの構造の違い．

5 核酸

　ヌクレオチドは塩基，五炭糖（5個の炭素から構成される糖），リン酸からなる化合物である（図2-5）．五炭糖にはリボースとデオキシリボースの2種が，塩基にはアデニン（A），グアニン（G），シトシン（C），チミン（T），ウラシル（U）の5種類がある．DNA（デオキシリボ核酸）はデオキシリボースにA，G，C，Tの4種の塩基のいずれかとリン酸が結合したヌクレオチドが重合してできたポリデオキシリボ核酸であり（パネル2 中段），RNA（リボ核酸）はリボースにA，G，C，Uの4種の塩基のいずれかとリン酸が結合したヌクレオチドが重合してできたポリリボ核酸である．

　自然界にみられる高分子DNA（ウイルスを除く）は，すべて二本鎖であることが特徴である（5章1参照）．DNAはB型と呼ばれる構造をとり，パネル2 下段に示すように，塩基のAとTの間で2組の水素結合，CとGの間で3組の水素結合を形成して塩基対をつくり，直径約2 nmの右巻きらせん構造を形成している．対応する塩基の対が決まっているので，DNAの一方の鎖の塩基配列がわかれば，他方は自動的に決まる．このような二本鎖を互いに相補鎖であるという．二本の鎖の向き（5′から3′への方向）は互いに逆で，これを逆平行という．

　自然界にある高分子RNA（ウイルスを除く）はすべて一本鎖である．ただ，多くの場合，自らの鎖の間で塩基対を形成して，部分的に分子内二本鎖になっている．この場合の構造はA型と呼ばれ，大きな溝（主溝）と小さな溝（副溝）の違いがほとんどない．ちなみに，DNA同士，RNA同士のみならず，DNAとRNAとが対をつくるときも，逆平行の二本鎖を形成する．

　また，生物のエネルギー運搬体・保持体であるATP（図1-7 参照）やシグナルの仲介役としてはたらくcAMP（サイクリックAMP）などもヌクレオチドの一例である．

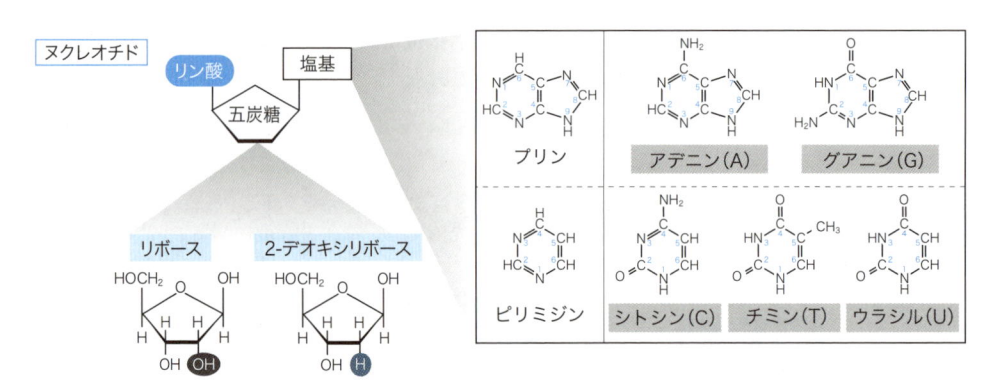

図2-5　ヌクレオチドと五炭糖，塩基

＊　　　＊　　　＊

演習 2-1　情報伝達物質と受容体の結合定数

▼ヒト成長ホルモンと受容体の活性化型複合体では，リガンドであるホルモン1分子に対して受容体2分子が結合する．この活性化型複合体では，2つの受容体分子は同じ結合部位を用いてホルモン1分子上の異なる部位を認識し結合する．ホルモンH上の2カ所の結合部位を(A), (B)とし，分子間相互作用を：で表すと，反応過程に受容体R，ホルモン(A)H(B)，受容体とホルモンの二量体であるR：(A)H(B)および(A)H(B)：R，受容体2分子とホルモンの三量体であるR：(A)H(B)：R（これはRの二量体である）の計5種類の分子種が現れる．なお，ホルモンの非存在下では受容体の二量体化は起こらない．また，ホルモン分子上の2つの結合部位は，受容体に対する親和性が異なり，結合部位(A)が(B)と比べて高い親和性を示すものとする．

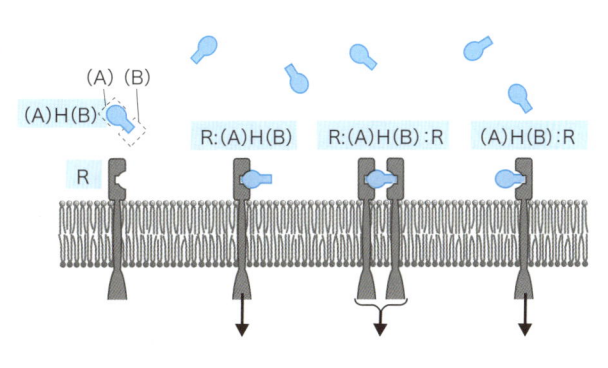

以下の問に答えよ．

問1 ホルモンの結合部位(A)と(B)に対する受容体Rの結合定数K_a, K_bを，それぞれ上記の分子種の濃度（[分子種]で示すものとする）を用いて示せ．

問2 受容体とホルモンの二量体であるR：(A)H(B)に対する受容体の結合定数K_b'を問1の分子種の濃度を用いて示せ．

問3 ホルモンとその受容体の結合反応の用量-反応曲線は，ホルモンの2つの結合部位の親和性が大きく異なることの影響により，おもしろい挙動を示す．一定量の受容体が存在している条件でホルモンの濃度を増加させていくと，濃度が低いところでは徐々に受容体二量体R：(A)H(B)：Rの増加が見られ，その後，ある濃度を境に減少する．なぜそのような結果が得られるのかをルシャトリエの原理より定性的に説明せよ．

▼**背景となる知識**

　細胞が外界からのシグナルを受け取るのは，受容体と呼ばれるタンパク質である．受容体は，細胞膜貫通型受容体と，細胞内（核内）受容体に大別できる．前者の受容体のうち酵素結合型受容体の多くは，細胞外領域にリガンドが結合すると二量体を形成する．細胞内領域の近接により，お互いに相手の細胞内領域をリン酸化し，シグナルを下流に伝達する．受容体とリガンドとの親和性（相互作用）の強弱は結合定数の大小によって評価でき，それがシグナル伝達経路の特質を決める．また，リガンド1分子に2分子の受容体が結合し二量体化して活性化される受容体の場合には，過剰なリガンド濃度条件下では，かえって受容体の活性が抑制される．リガンドと受容体については 3章3 参照．

　また，分子Xと分子Yが1対1で結合して分子複合体XYを形成する際の結合定数Kは

$$K = \frac{[XY]}{[X][Y]}$$

と定義される．なお[X], [Y], [XY]はそれぞれ分子X, Y, XYの濃度である．

解答

問1 R+(A)H(B) ⇌ R:(A)H(B) が可逆反応で平衡状態にあることより，

$$K_a = \frac{[R:(A)H(B)]}{[R][(A)H(B)]}$$

また，R+(A)H(B) ⇌ (A)H(B):R が可逆反応で平衡状態にあることより，

$$K_b = \frac{[(A)H(B):R]}{[R][(A)H(B)]} \quad \text{(答)}$$

問2 R+R:(A)H(B) ⇌ R:(A)H(B):R が可逆反応で平衡状態にあることより，

$$K_b' = \frac{[R:(A)H(B):R]}{[R][R:(A)H(B)]} \quad \text{(答)}$$

問3 下記の (1)〜(3) 式の可逆反応が平衡状態にあるとする．

$$R+(A)H(B) \rightleftarrows R:(A)H(B) \tag{1}$$

$$R+R:(A)H(B) \rightleftarrows R:(A)H(B):R \tag{2}$$

$$R:(A)H(B):R+(A)H(B) \rightleftarrows 2R:(A)H(B) \tag{3}$$

ホルモンの濃度 [(A)H(B)] が受容体濃度 [R] と比較して十分に低いとき，ホルモン濃度 [(A)H(B)] を上げていくと，ルシャトリエの原理により (1) 式の右向きに平衡が移動し，まずホルモンは親和性が高い結合部位 (A) で受容体に結合し，R:(A)H(B) の形成量が増加する．さらに，ホルモン濃度を上げていくと R:(A)H(B) の濃度が増加するため，(2) 式の右向きに平衡が移動して，親和性が低いホルモンの結合部位 (B) が余剰の遊離の受容体 R と結合し受容体の二量体 R:(A)H(B):R が形成され，その濃度はホルモン濃度依存的に増加する．

一方，ホルモン濃度が受容体濃度と比較して十分に高いとき，遊離の受容体濃度 [R] はきわめて低い状態であるため (1)，(2) 式の反応は無視することができる．ホルモン濃度 [(A)H(B)] を上げていくと，ルシャトリエの原理により (3) 式の右向きに平衡が移動し，受容体 R の大部分は親和性の高いホルモンの結合部位 (A) に結合した状態 R:(A)H(B) となり，ホルモン濃度依存的に受容体の二量体の濃度は減少する．

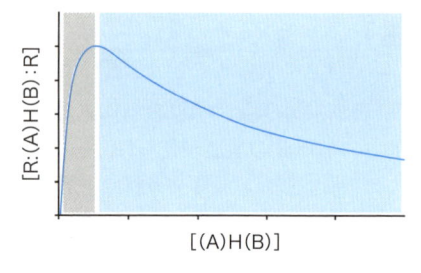

ホルモン濃度と受容体の二量体濃度の関係

灰はホルモンの濃度が受容体濃度より充分低い場合を，青はホルモンの濃度が充分高い場合を示す

2章 まとめ

- 生物は一見特殊に思えることもあるが，無生物同様，物質科学（物理・化学）の法則に従う．
- 細胞を構成する水分子以外の主な分子は，アミノ酸・脂肪酸・糖・ヌクレオチドなどの有機化合物である．
- タンパク質・多糖・核酸といった高分子はそれぞれアミノ酸・糖・ヌクレオチドが共有結合することでつくられる．脂質は多数の脂肪分子が疎水結合などの非共有結合によって会合することで膜構造を構築する．
- アミノ酸の重合体高分子であるタンパク質は，分子内での非共有結合に基づく相互作用によって特有の立体構造をとり，細胞内の化学力学反応の中心的な役割を果たす．
- 脂質は細胞の内と外を分ける隔たりとして機能するとともに，局所的かつダイナミックに化学・力学反応の場を提供することで，さまざまな生命活動のプラットフォームとなる．
- 糖は細胞内反応を推し進める主要な自由エネルギー源であり，多糖の形でエネルギーが貯蔵されている．
- ヌクレオチドは，情報を担う化学物質である核酸（DNA，RNA）の構成単位であるとともに，細胞内のエネルギー貯蔵・運搬分子としても機能する．
- 生体高分子による相互作用は，無生物には見られない，生物のもつ創発的な性質が生じる理由の1つである．

宿題 1　タンパク質の構造表示①：プリオンの構造をウェブ上で観察する

　タンパク質やDNAなどの生体高分子の立体構造は，X線結晶構造解析や核磁気共鳴法（NMR）により調べることができる．世界中の研究者によって得られた立体構造データはProtein Data Bank（PDB）に登録されており，無償で提供されている（表）．アミノ酸配列が折りたたまれてできる立体構造を，あたかも目の前に分子模型があるかのように表示したり操作することができる種々の分子構造表示ソフトウエアがつくられており，その一部は無償で提供されている．これらのソフトウエアを使うと，タンパク質構造の表面の電荷分布や，分子内で数多く形成されている非共有結合の距離情報も得ることができる．

表　国際タンパク質構造データバンク（wwPDB）

データベース名	特徴
PDBj	日本にあるデータセンター．バイオサイエンスデータベースセンター（JST-NBDC）と大阪大学で管理されている．「PDBアーカイブ」の提供を行っているほか，PDBj独自に実験情報などが追加されたPDBMLplusも提供している
RCSB PDB	米国にあるデータセンター
PDBe	欧州にあるデータセンター
BMRB	NMR実験に特化したデータを扱う，ウィスコンシン–マディソン大学のBioMagResBankで管理されている

本家とミラーサイト，という位置関係はなく，すべての拠点が対等のパートナーとして活動しており，提供データ（PDBエントリー）はいずれも同一である．

　ここでは，同じアミノ酸配列をもちながら，異なる2つの構造をもつタンパク質について考えてみたい．プリオンはスクレイピーと呼ばれるウシのウシ海綿状脳症（BSE）や，ヒトのクロイツフェルト–ヤコブ病（CJD）の原因とされるタンパク質で，同一のポリペプチドの異なる折りたたみにより，正常型と病原型の2種類の構造をとるとされる．病原型タンパク質は正常型タンパク質に作用して，病原型に変えてしまうと考えられている．しかし，正常型タンパク質のN末端側部分は整った構造をとらないこと，病原型タンパク質は不溶性であることなどのため，完全な構造変化の実態はまだわからない．ここに紹介するのは，人工的に一部を改変することによって，きれいな構造を解明できたものについてである．

手　順

① ブラウザでPDBのウェブサイト[*1]にアクセスする．

② ここでは，ヒト由来のプリオンタンパク質の構造データに関する2つのPDBデータ（1QLZ，4KML）を使う．上の方の空欄（検索フィールド）にデータの記号を入力して，表示させる．

[*1] RCSB PDB http://www.rcsb.org/pdb/

PDB	概要	注意
1QLZ	NMR（核磁気共鳴）を使って調べられた正常型プリオンタンパク質 PrP^C（231 アミノ酸残基）の溶液中での構造	N末端付近の構造は分子運動が激しく確定できないため、データとしては残基番号 23～230 の構造（大腸菌で発現させたために人工的に付け加わった N 末端の 2 残基を加えて、全部で 210 アミノ酸残基）が決められている
4KML	病原型プリオン PrP^{Sc}の感染を防ぐ効果のあるナノボディーと呼ばれるタンパク質（130 アミノ酸残基）と正常型プリオン（本来のタンパク質の 24～231 残基の N 末端側に大腸菌で発現するための 33 残基の配列が結合して全部で 240 残基となっている）の複合体構造	結晶構造ではあるが、このタンパク質特有の構造不安定性のため、N 末端半分（117 残基目まで）の構造が記録されていない

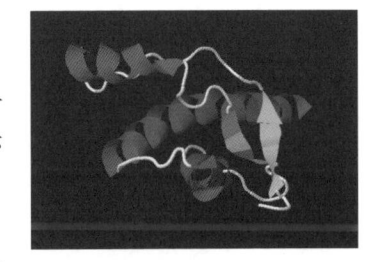

③ この画面上でも，構造が表示されている．その下の [JSmol] をクリックすると，立体構造を表示したり，操作したりすることのできる画面が現れる．なお，残基のアミノ酸と番号は，画面上でマウスを（クリックせずに）置いた場所に表示される．Display Options のいろいろな設定を試してみよう．また，マウスを画面上で動かすと，立体構造が動くことがわかる．ここで，マゼンタのリボンが巻いた構造が α ヘリックスである．黄色の部分がいくつか並んで見えるのは，β シート構造である．このように，タンパク質の立体構造の一部は，規則的な構造をとっていることがわかる．なお，表示のためのソフトウエアとして，画面下で Jmol，PV も選ぶことができ，それぞれ少し異なる表示と操作ができる．

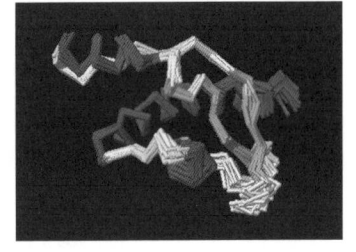

④ 1QLZ については，NMR で推定された複数の構造が含まれている．右下の [Show All Models] にチェックを入れると，重ねて表示される．標準の Cartoon 表示では見にくいので，Style＞Backbone にしてみよう．N 末端部分と途中のループ部分の構造の自由度が高いことがわかる．

⑤ 4KML についても同様に表示してみよう．今度は少し複雑である．そこで，カラー表示を変える（Color＞subunit）と，2 種類のポリペプチド，つまり，プリオン部分（赤）とナノボディー（青）との複合体であることがよくわかる．

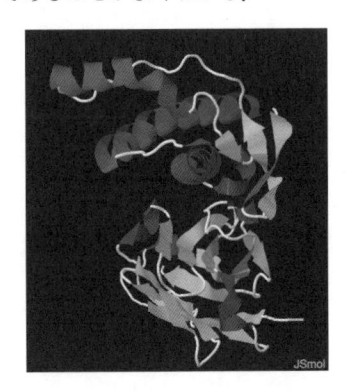

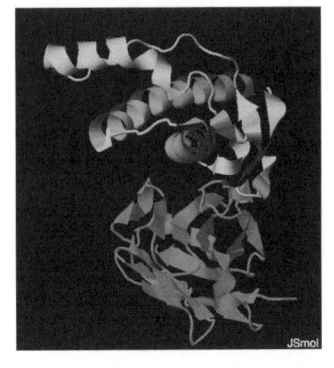

⬇

⑥ 1QLZ と 4KML のプリオン部分を比較してみよう．黄色で示される β シート部分が異なる．本来は N 末端部分はもっと長く含まれているのだが，どちらのデータでも，ゆらぎが大きいために，測定できていない．しかし，4KML では，β シートが 3 つのポリペプチド鎖でできていて，1QLZ に比べて 1 つ多い．それは，ナノボディーとの相互作用によって，3 つのポリペプチドからなる β シート構造が安定化されたためと考えられる．

これが，ナノボディーがプリオンの病原型の伝播を防ぐことと関係している[1]．プリオンの病原性は，アミロイドと呼ばれる線維を形成することで発現するとされている．その際に上記の β シート部分が，プリオンタンパク質の構造を β シート中心のものに変換する核となるのではないかと思われる．ではナノボディーはなぜ線維形成を防ぐのか．おそらく，安定な複合体をつくることによって，それ以上の β シート構造の伝播ができなくなっているのではないかと考えられている．

⬇

⑦ ファイルを取得してみよう．右上の Download Files＞PDB File (Text) を選択すると，ファイルがコンピュータ上にダウンロードされる[*2]．それぞれ，1QLZ.pdb と 4KML.pdb という名称で保存される．テキストエディタを使って中身を見てみると，はじめにいろいろな説明とともに，アミノ酸配列が記され，そのあとに，すべての原子の座標が順に記されていることがわかる．このファイルを閉じるときに，改めて保存しないように注意すること．

宿題 2　タンパク質の構造表示②：プリオンの構造を立体構造ビューアで観察する

ここまではウェブ上で表示できるツールを使って立体構造を見てきた．さらに詳しい検討をするには，専用のソフトウエアをコンピュータにダウンロードして使用することが必要となる．表に示すように多数のソフトウエアが配布されているので，使いやすいものを利用するとよい[*3]．一番古くからある RasMol は，入手が容易で，比較的使いやすい．現在では，メニューを日本語で表示することも可能になっている．以下で紹介するのは，Chimera を使った方法である．

表　分子構造表示ソフトウエア

ソフトウエア名	特徴
RasMol	古くから使われている定評のあるソフトウエア．Mac の場合，X ウィンドウをインストールする必要がある．
Jmol (JSmol)	Java でつくられた立体構造ビューアー．JSmol はブラウザの中で利用できるアプレット．メニューが日本語で表示される．「ファイル＞PDB を取得」だけで，必要なファイルがダウンロードされ，表示される．
Chimera	カリフォルニア大学サンフランシスコ校で開発された高機能の立体構造ビューアー．
PyMOL	教育用ライセンスは登録すれば，無料でダウンロード可能．
SwissPDBViewer	立体構造研究の研究所 ExPASy で開発されたソフトウエア．専門家向け．
Molmol	メニューがあまり見やすくないが，さまざまな表示が可能．

[*2] 多くの場合，表示したい PDB ファイルは，ホームディレクトリにおいておくか，ソフトウエアの入っているディレクトリにおいておくと，開くときに見つけやすい．

[*3] Mac 版のソフトウエアはダウンロードした直後には，ダブルクリックすると「開発元が不明なので開かない」と表示される．初回のみ，右ボタンクリックして，「開く」を押すと起動できる．その後は，ダブルクリックで開くことができる．

手　順

① Chimera のウェブサイト[*4]をブラウザで開き，左のメニューから［Download］を選ぶ．

⬇

② ダウンロードの画面で，自分のコンピュータに適したソフトウエアを選び，クリックして取得する．その際，使用許可の説明が表示されるので，確認し，［Accept］をクリックする．

⬇

③ ダウンロードされたファイルを開いて，アプリケーションを適当な場所に保存する．

⬇

④ Chimera をダブルクリックして開く．File＞Open から必要なファイルを選択し，表示させる．例えば PDB より 4KML の PDB File(gz) をダウンロードしてから，表示させてみよう．

⬇

⑤ 立体構造ビューアにはさまざまな種類があり，それぞれ機能も異なる．全体をリボン表示した中で特定のアミノ酸残基だけをボールとスティックで表示したり，部分ごとに色を変えたりすることはもちろんのこと，原子間の距離を測定したり，結合間の角度を測定したりというようなことも可能である．距離の測定は Mac 版では，Actions＞Atoms/Bonds＞show, Actions＞Ribbon＞hide として control を押しながら原子をクリックし任意の原子を選ぶ（control と shift を押しながらクリックすることで複数選択することができる）．そして Tools＞Structure Analysis＞Distances で［Create］をクリックする．

⬇

⑥ このソフトウエアには非常に多くの機能があるので，詳しくはマニュアルを参照のこと．Presets＞で選ぶと，簡単にさまざまな表示ができる．Tools＞Depiction から表示をさまざまに変化させることができる．

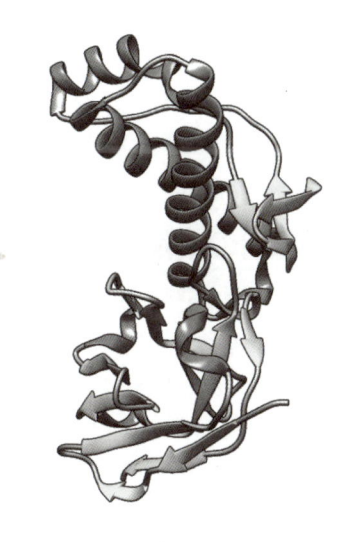

Chimera で表示した 4KML
3 本のポリペプチド鎖からなる β シート構造が，ナノボディーの β シートと相互作用している様子がわかる．

補足説明

　タンパク質の立体構造は，アミノ酸配列（一次構造）によって一義的に決定される，といわれている（Anfinsen の教義）．しかしながら，立体構造の中には，特定の構造をとらない領域が存在する（不定形という）ほか，ある特定の環境下において，あるいは，ある変異導入により，一定の割合で異なる立体構造をもつことがあり，結果として，生体内で分解されたり，病原性を発現したりする例が知られている．その代表例がプリオンと呼ばれるタンパク質である．プリオンは，アミノ酸配列によってタンパク質立体構造が一義的に決まるとは限らず，その立体構造の変化から，例えば β 構造の表面露出が起こりその構造間の相互作用が連鎖して結果として線維化が導かれると考えられている．

[*4] UCSF Chimera Home Page　https://www.cgl.ucsf.edu/chimera/

3章 細胞の構造と増殖

- 細胞の構造と細胞小器官
- 細胞の分裂と増殖
- 細胞内シグナル伝達
- 細胞内輸送
- 生命の階層性
- 細胞内の混み合い
- 細胞内における生体分子の拡散と輸送

すべての生物は細胞から構成されている．ヒトでは約200種類といわれるように，細胞の種類はさまざまであるが，基本構造や機能は共通点が多い．例えば，細胞は分裂して増殖する．細胞分裂は，多細胞生物の場合は個体の成長や再生に，単細胞生物の場合は個体数の増加にそれぞれつながる．細胞が機能を果たすためには，外部刺激に対する応答が必要である．刺激を受容しその情報を核に伝えて遺伝子発現を誘導する．さらに，つくられたタンパク質はさまざまなしくみによって，必要とされる場所に正しく移動する．部位や現象を指す言葉の暗記ではなく，それぞれの構造や生体分子がどのように存在しそれらが経時変化するか，「もの」ベースで，自分の頭の中で想起してほしい．それが物理・化学・数理の観点から細胞に迫る基本である．

1 細胞の構造と細胞小器官

細胞は細胞膜（2章3参照）で囲まれた小さな構造体であり，細胞の中にゲノムDNAをもつことが基本である．原核細胞はこれだけの単純な構造であるが，真核細胞では細胞が機能を果たすために必要な多くの膜構造が存在する（パネル4参照）．なお，細胞の大きさや形も細胞ごとに異なっている（図3-1）．

◆細胞小器官が存在する

細胞内にある，生体膜により仕切られた構造を細胞小器官（細胞内小器官，オルガネラともいう）と呼ぶ．これらは細胞の中で分業してそれぞれの機能を果たしている（表

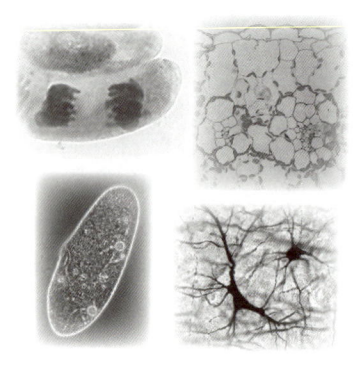

図 3-1 すべての生物は細胞から構成されている

表 3-1 細胞小器官の特徴や機能

名称	特徴や機能	関連章
核	真核細胞は1つの核をもち，遺伝情報である染色体DNAを含む．二重の膜である核膜で囲まれており，核内外の輸送のため核膜孔が空いている．核膜は細胞分裂のときいったん崩壊するが，分裂終了時に再構成される．	5章
小胞体	タンパク質の合成，折りたたみなどを行なう．リボソームが結合している小胞体は粗面小胞体と呼ばれる．核膜と連結している．また，一部が切り出されて輸送小胞となる．	3章 4
ゴルジ体	扁平な袋が折り重なったような構造で，タンパク質の修飾（糖鎖など）や選別を行なう．	3章 4
ミトコンドリア	二重の膜に囲まれており，酸化的リン酸化によりATPを合成する．	4章
葉緑体	光合成を行なう細胞小器官であり，内部にチラコイド膜を含む．二重の膜で囲まれている．	4章

3-1）．代表的な細胞小器官について，ここではごく簡単に説明するが，これらが「何のために」存在しているかについては，本章の後半や他章の関連事項を読み，正しく理解してほしい．

◆ 例題 3-1　細胞小器官の形態と物理的性質

〈ねらい〉
なぜ細胞小器官によって生体膜が一重だったり二重だったりするのか．このことは，それぞれの細胞小器官の機能と深い関係がある．細胞になぜそのような構造が必要とされるのか，なぜそのような形をとっているかについて理解してほしい．また，実際に細胞小器官はどの程度の大きさで，それを分離するためにどのくらいの力をかける必要があるか，感覚をつかんでほしい．

問 1　二重の生体膜で囲まれたものと，一重の生体膜で囲まれたものはそれぞれどれか．次の（ア）〜（コ）に示す細胞小器官や細胞内構造物からそれぞれ選べ．

> （ア）ミトコンドリア，（イ）小胞体，（ウ）ゴルジ体，（エ）葉緑体
> （オ）リソソーム，（カ）細胞膜，（キ）細胞核
> （ク）リボソーム，（ケ）核小体，（コ）ペルオキシソーム

問 2　▼遠心分離によってミトコンドリアを沈殿させることを考えた．
ミトコンドリアの密度を 1.18，直径を 1 μm，溶媒粘度を 0.05 [g/cm·s] としたとき，1,000 g の遠心力で水に存在するミトコンドリアを遠心分離する際の沈降速度を求めよ．5 cm の遠沈管を用いたとき，ミトコンドリアを沈殿させるため，最低何分間遠心する必要があるか．また，10,000 g で遠心した場合は何分必要か．

▼背景となる知識
遠心分離による粒子の沈降速度 v [cm/sec] は，以下の式で求められる．
$$v = \frac{g\ (\rho-\rho')\ d^2}{18\mu}$$
ただし，g は重力加速度（980 [cm/s^2]）ρ は粒子の密度，ρ' は溶媒の密度，d は粒子の直径 [cm]，μ は溶媒の粘度 [g/cm·s] とする．

例題の解答

問 1　二重の生体膜（ア）（エ）（キ）
一重の生体膜（イ）（ウ）（オ）（カ）（コ）……………………………………（答）
細胞小器官のうちで二重の生体膜をもつのは，みな DNA を含む．また，ミトコンドリアと葉緑体は，それぞれ α プロテオ細菌とシアノバクテリアが細胞内共生したものに起源をもつ．一重の生体膜をもつ細胞小器官（膜系）のうちペルオキシソームを除く 4 者は互いに関連しており，小胞体から出芽したベシクルが小胞輸送によってゴルジ体に運ばれ，さらにゴルジ体から生じたベシクルが細胞膜やリソソームへと運ばれる．これにより，粗面小胞体で合成されたタンパク質がゴルジ体で糖鎖修飾を受けて，成熟型のタンパク質（酵素前駆体）となって細胞膜から分泌されたり，リソソームで物質の分解を行なったりする．分解酵素は，前駆体として合

成され，分泌後（またはリソソームへの輸送後）に活性型に変換される．なお，リボソームと核小体は生体膜で囲まれていない．

問2

$$v=\frac{1000\times980[\text{cm/s}^2]\times(1.18-1)\times(10^{-4}[\text{cm}])^2}{18\times0.05[\text{g/cm}\cdot\text{s}]}$$

$$=10^{(3-4-4+2)}\times980\times0.18/(18\times5)$$

$$=10^{-3}\times980\times0.18/(18\times5)$$

$$=10^{-5}\times980/5$$

$$=1.94\times10^{-3}[\text{cm/sec}]=\textbf{0.12[cm/min]}$$

したがって5 cmの長さを遠心するには，5/0.12＝41.7[min]，最低 **42分間**遠心すればよい．また，10,000 gで遠心すると，遠心の時間は1/10で済む．つまり **4.2分**． ……………（答）

◆細胞骨格とモータータンパク質

　生体膜には柔軟性があり，それによってつくられた「袋」に水や物質を貯蓄した細胞は，本来球状となるはずである．しかし，実際の細胞の形はさまざまであり，また細胞自体が弾力性や剛性をもつ．それは，細胞内に細胞骨格と呼ばれる繊維状の構造が張り巡らされているからである（図3-2）．細胞骨格はタンパク質であり，アクチンタンパク質からなるアクチン繊維，チューブリンタンパク質からなる微小管，そして中間径フィラメントの3種が存在する．微小管は細胞分裂における紡錘体となったり，細胞内で物質輸送のためのレールのような役割を果たす．また微小管は重合・脱重合することで，細胞のはたらきに応じた動的な役割を果たす．アクチン繊維も，重合・脱重合を行ない，細胞の運動や形態の維持・変化にかかわる．一方中間径フィラメントは重合・脱重合をほとんどせず，細胞の物理的な強度の維持に必要とされる．

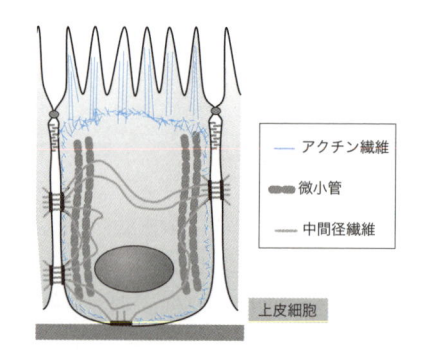

図3-2　細胞骨格
細胞内における細胞骨格の配向．

　さらに，細胞内の輸送などにはモータータンパク質が必要とされる．ミオシンはアクチン上を動くモータータンパク質である．一方，キネシンやダイニンは微小管上を動くモータータンパク質であり，積み荷タンパク質と結合して微小管上を移動する．

2 細胞の分裂と増殖

　細胞は細胞が分裂することによってのみつくられる．真核生物と原核生物，あるいは多細胞生物と単細胞生物の区別なく，1個の細胞が分裂して2個の細胞が新たにつくられる．ヒトでは1個の受精卵から細胞分裂を繰り返し，約60兆個の細胞からなる多細胞体がつくられる．さらに，新陳代謝や再生の際，細胞を補充するために新たな細胞分裂が生じる．

◆細胞分裂の準備には4段階ある

　細胞はただ分裂を続けているのではない．細胞としての機能を果たす時期もあれば，分裂の準備期間も存在する．細胞が増殖するためには，遺伝情報を含めた細胞内構成成分を2倍にし，それを2

個に分配する過程が必要である．これらの過程の繰り返しを，細胞周期と呼ぶ．細胞周期は，M期（分裂期），G1期（DNA合成準備期），S期（DNA合成期），G2期（分裂準備期）の4段階からなる．また，増殖をいったん休止した時期があり，G0期（休止期）と呼ばれる．

細胞周期においてDNAの合成はS期に行なわれる．ヒトの場合，父親由来と母親由来の染色体DNAの組をnとして，細胞は2nの核相をもつ，と表現する．ランダムに分裂している細胞群を選別すると，2nのDNA量をもつ細胞以外に4nのDNA量をもつ細胞が存在する．これは，S期で細胞がDNAを複製し，DNA量が倍加しているからである．S期で倍加したDNAは，M期に細胞（娘細胞という）に分配されて，細胞あたりのDNA量は再び2nに戻る．

◆ 細胞周期はサイクリンとCDKが制御する

では，細胞周期はどのように制御されているだろうか．実際には，細胞周期に応じて存在量が増えたり減ったりするタンパク質であるサイクリンと，サイクリンに結合するCDK（サイクリン依存性キナーゼ）が，細胞周期の進行を制御している．サイクリン–CDK複合体の形成によりCDKが活性化され，さまざまなタンパク質をリン酸化することで，細胞周期の段階が進行する（図3-3A）．例えば，G2/MサイクリンとG2/M-CDKが複合体を形成すると，核膜の崩壊や染色体凝集が起こり，M期開始の引き金となる．細胞周期の進行には，さらにCKI（CDK阻害剤）が関与する．CKIはサイクリン–CDK複合体の酵素活性を阻害する．これら3つのタンパク質を介した調節機構が，細胞周期の進行を制御する分子メカニズムとなる（宿題3参照）．

◆ 細胞周期を進めてよいかのチェックポイント機構がある

細胞周期が繰り返されることで細胞は増殖する．細胞増殖において，遺伝情報を正確に複製し，正しく2つの娘細胞に分配することが必須であるが，これを保証するしくみとして細胞周期の各所で細胞周期を先に進めてよいかどうかをチェックする機構が細胞に備わっている．これをチェックポイントと呼ぶ．

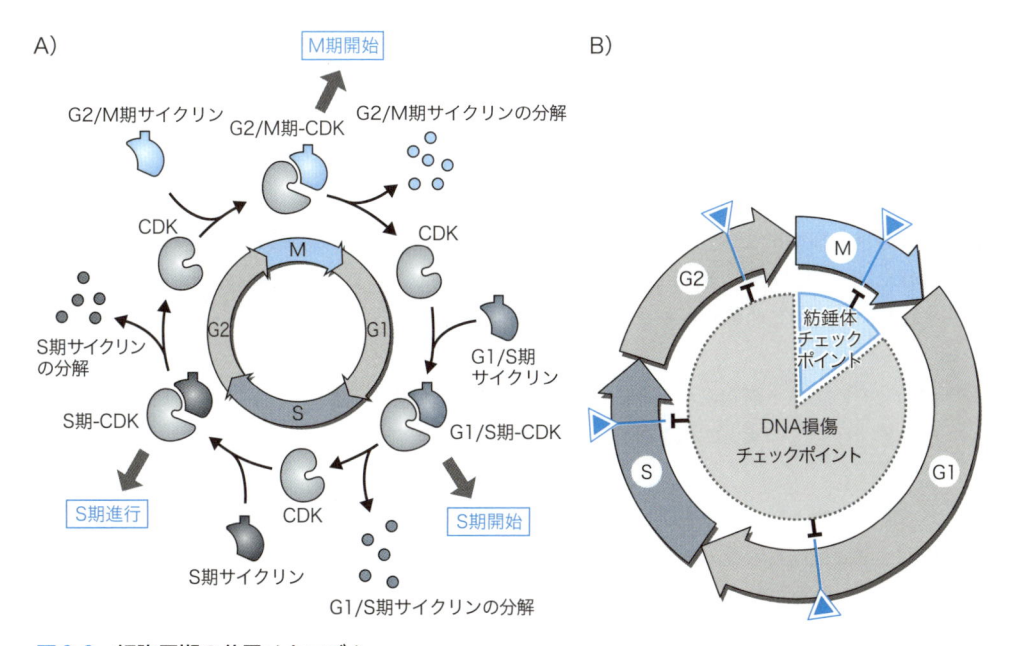

図3-3 細胞周期の分子メカニズム
A) サイクリン–CDK複合体の変化．B) 細胞周期におけるチェックポイント．

チェックポイントは1つではなく，機能の面からさまざまなものが存在する（図3-3B）．その1つはDNA損傷チェックポイントである．DNAは，紫外線や薬剤，放射線などによって損傷を受ける．この損傷が修復される前に細胞がS期に入ると，正しくないDNA配列をもつ細胞が増殖することになり，細胞死やがん化の原因となる．これを防ぐため，細胞はDNAの塩基や構造が正しいかどうかをチェックする機構をもつ．他にも，M期において染色体の分配に必要な紡錘体が正しく染色体に結合しているかどうかをチェックする紡錘体チェックポイントなどが存在する．

◆ 細胞増殖は個体群成長などにもつながる概念である

単細胞生物においては，細胞分裂はとりもなおさず個体数の増加を意味する．ある限られた環境において（例えば小さな水槽），最初は細胞分裂を行なって個体数を増加させていくが，やがて環境中の栄養が不足し始め，分裂に影響が生じ始める．やがて栄養が枯渇すると，個体数の増加はおろか，既存の個体の死亡により，個体数が減少を始める．また，2種類の個体を共存させた場合は，個体間の競合関係の有無によってそれぞれの個体数の変遷に変化が生じる．例えば，一方の種が他方の種より優位に立つ場合，一定の密度に増殖したところで競合が生じ，弱者の個体数は減少する．この概念は，実験系における閉鎖的な個体群成長だけでなく，生態系における生物種の維持といった社会問題とも関連する．

◆ 例題 3-2　細胞の増殖と競合

〈ねらい〉
細胞の比増殖速度が倍加時間とどのような関係にあるのかを理解する．また，細胞集団はさまざまな細胞周期の細胞で構成され，また，各細胞の倍加時間にもバラツキがあるが，細胞集団としての平均化された比増殖速度，あるいは倍加時間によって細胞の増殖活性の違いを評価できることを理解する．

細胞の増殖について，以下の問に答えよ．

問1 単位細胞密度あたりの細胞密度 N の増加速度は比増殖速度 μ と呼ばれ，次式によって定義される．

$$\mu = \left(\frac{1}{N}\right)\frac{dN}{dt}$$

細胞密度が指数関数的に増加する指数増殖期では比増殖速度は一定値を示す．この指数増殖期における細胞密度 N を時間 t の関数として示せ．なお，初期細胞密度は N_0 とする．また，縦軸に N の自然対数，横軸に時間 t をプロットするとどのような増殖曲線が得られるか示せ．さらに，この増殖曲線から μ を求める方法を説明せよ．

問2 細胞分裂によって細胞密度が2倍になるまでの時間は倍加時間 T_d と呼ばれる．倍加時間 T_d と比増殖速度 μ との間の関係を示せ．

問3 ある動物細胞とある細菌を同じ培養容器の中で培養（共培養）するものとする．ここで，動物細胞と細菌は同じ栄養（基質）を競合して消費し，基質単位消費量あたりの細胞数の増加量（細胞収率 Y）は動物細胞と比較して細菌の方が 10^3 倍多く，動物細胞の倍加時間 T_d は24時間，細菌の倍加時間は1時間であるとする．動物細胞だけを初期細胞密度 10^3 [個/mL] で培養した場合には，約5日間の培養で培養液中の栄養がすべて消費され，細胞密度は 3.2×10^4 [個/mL] ま

で増加した．動物細胞の初期細胞密度 10^3 [個/mL]，細菌の初期細胞密度 1 [個/mL] で共培養した場合，栄養がすべて消費されるまでに要する時間，その時点の動物細胞と細菌の細胞密度をそれぞれ概算せよ．

なお，培養液中の初期基質濃度を S_0，動物細胞と細菌の細胞密度をそれぞれ N_A, N_B，比増殖速度をそれぞれ μ_A, μ_B，基質に対する細胞収率をそれぞれ Y_A, Y_B で表すものとする．

例題の解答

問1 比増殖速度 μ の定義式の両辺を $t=0 \sim t$, $N=N_0 \sim N$ の範囲で積分すると，

$$\int_0^t \mu dt = \int_{N_0}^N \left(\frac{1}{N}\right) dN = \int_{N_0}^N d(\ln N) \to \mu t = \ln\left(\frac{N}{N_0}\right) \tag{1}$$

したがって，$N = N_0 \exp(\mu t)$ ……………………………………………………………………(2)

また，(1) 式から $\ln N = \mu t + \ln N_0$ となるので，縦軸に N の自然対数，横軸に時間 t をプロットすると，増殖曲線は $t=0$ における縦軸の切片 N_0，傾き μ の直線となる．

すなわち，**この直線の傾きから μ の値を求めることができる**．……………………………………(答)

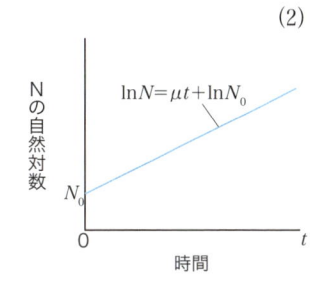

問2 上記の (1) 式の N に $2N_0$ を代入したときの t が T_d であるから，

$$\mu = \frac{\ln 2}{T_d} = \frac{0.693}{T_d} \quad \text{……………………………………………………………………(答)}$$

問3 動物細胞と細菌の比増殖速度は，倍加時間がそれぞれ 24h, 1h であり，問2 から

$$\mu_A = \frac{0.693}{24} = 0.0289 \, [\text{h}^{-1}], \quad \mu_B = \frac{0.693}{1} = 0.693 \, [\text{h}^{-1}]$$

したがって，動物細胞と細菌の細胞密度の時間的増加は下記の式で表される．

$$N_A = N_{A0} \exp(0.0289 \, t) \tag{3}$$
$$N_B = N_{B0} \exp(0.693 \, t) \tag{4}$$

動物細胞だけを初期細胞密度 10^3 [個/mL] で培養した場合に得られた細胞密度は 3.2×10^4 [個/mL] であったので，動物細胞の細胞収率 Y_A は，$Y_A = \frac{3.2 \times 10^4 - 10^3}{S_0} = \frac{3.1 \times 10^4}{S_0}$ である．細菌の細胞収率 Y_B は Y_A の 10^3 倍なので $Y_B = \frac{3.1 \times 10^7}{S_0}$ となる．

共培養した場合，ある時間 t までに動物細胞と細菌によって消費される基質量（栄養量）は，それぞれの細胞数の増加量をそれぞれの細胞収率で除して求める．

$$\frac{N_A(t_s) - N_A(0)}{Y_A} + \frac{N_B(t_s) - N_B(0)}{Y_B} = S_0$$

ただし，基質が消費し尽くされる時点の時間が t_s である．この式に上記の値を代入して整理すると

$$10^3 \times \frac{\exp(0.0289 \, t_s) - 1}{3.1 \times 10^4} + 1 \times \frac{\exp(0.693 \, t_s) - 1}{3.1 \times 10^7} = 1$$

R のコンソールで以下の 2 行を入力すれば，t_s（R では x としている）が得られる．

```
> f <- function(x)1000*((exp(0.0289*x)-1)/31000)+(exp(0.693*x)-1)/3.1e7-1
> (result <- uniroot(f,c(0,100)))
$root
[1] 24.84129
```
（以下省略）

この t_s 値を（3）（4）式に代入すれば基質が消費し尽くされる時点での N_A, N_B の値を求めることができる．

すなわち，t_s=24.84[h]，N_A=2.05×10^3[個/mL]，N_B=2.99×10^7[個/mL]となる．……（答）

◆培養細胞集団の増殖におけるふるまい

細胞群の中の各細胞の細胞周期が揃った状態になるように細胞を培養[*1]し，通常の細胞培養条件に戻すと，各々の細胞が一斉に細胞分裂して細胞密度が2倍となり，細胞密度が変化しないある一定の時間後に，細胞が再び一斉に細胞分裂して細胞密度が2倍になるという階段状の増殖曲線が観察される（図3-4）．この細胞密度が変化しない時間は，倍加時間（あるいは世代時間）と呼ばれ，1回の細胞周期の時間に対応している．しかし，培養を長期間にわたって継続していくと，このような階段状の増殖曲線は，時間とともに連続的に細胞密度が増加する増殖曲線に変化していく．これは，各細胞の倍加時間には多少のばらつきがあるため，培養時間の経過とともに，細胞集団全体として最初は揃っていた細胞周期が各々の細胞間でズレが生じ，細胞集団全体としてある平均化された速度で細胞が分裂し，増殖するからである．

増殖速度が遅い動物細胞を純粋培養する際に，増殖が速い細菌が1個でも混入（コンタミ，雑菌汚染）すると，例題3-2問3の結果からもわかるように，細菌が基質を速く消費するために動物細胞は十分に増殖できない．動物細胞の培養液に抗生物質を加えるのは，混入した細菌の増殖を抑えるためである．

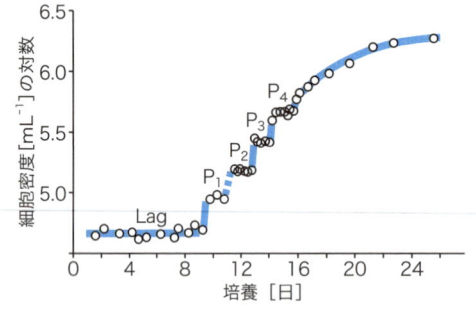

図 3-4　階段状の増殖曲線

3　細胞内シグナル伝達

細胞に入力された刺激は細胞内で処理され，応答の形で細胞から出力される．このしくみをシグナル伝達と呼ぶ．細胞間のシグナルのやりとりの方法としては，細胞から分泌された物質が自分自

[*1] 同調培養法と呼ばれ，低温処理，栄養飢餓処理，細胞周期特異的阻害剤処理などによって，すべての細胞を特定の細胞周期に止め，細胞分裂を停止させる培養法．

身に作用するオートクリン型，分泌物質が周辺の細胞に作用するパラクリン型などさまざまである．細胞は刺激となる物質（シグナル分子）を受容し，そのシグナルを細胞内に伝える．一般にはシグナル分子が遺伝子に直接到達するのではなく，複数のタンパク質が連鎖反応のように情報を受け渡してそのシグナルを遺伝子に伝える（図3-5）．

◆受容体とシグナル分子との結合

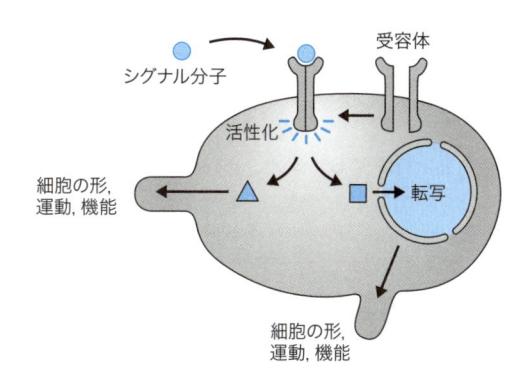

図3-5 シグナル伝達の概略

受容体はタンパク質で，シグナル分子と直接結合し，そのシグナルを受け取ると同時に細胞内に伝える．多くの場合膜タンパク質であるが，細胞内で受け取る場合もある（核内受容体と呼ぶ）．受容体に結合する物質を総称してリガンドと呼ぶ．細胞表面には，それぞれのリガンドに特異的な，複数種の受容体が存在する．リガンドが受容体に結合すると，隣接する別の受容体に結合して二量体になったり（演習2-1参照），構造変化を起こして他のタンパク質が結合したり解離したりする．このことがきっかけで受容体が活性化し，細胞内にシグナルを伝達する．

受容体は，ペプチドホルモン，増殖因子など細胞膜を通過できない水溶性物質を細胞膜外表面で受容する細胞膜貫通型受容体と，細胞膜を自由に通過できる脂溶性ビタミン，ステロイドホルモンなどの脂溶性物質を細胞内あるいは核内で受容する細胞内（核内）受容体に大別できる．前者の受容体は細胞外領域，膜貫通領域，細胞内領域の3つの領域からなる．細胞膜貫通型受容体には酵素結合型受容体，Gタンパク質共役型受容体，チャネル結合型受容体などいくつかの型があり，それぞれが特徴的なシグナル伝達経路をもっている．

◆細胞内因子と活性化のしくみ

活性化にかかわる具体的なものとしては以下のようなものが挙げられる．

リン酸化：タンパク質のある決められたアミノ酸残基（多くの場合，一部のセリン・スレオニン・チロシン）にリン酸基が結合することでタンパク質の立体構造が変化し，活性化される．例えばタンパク質の酵素活性が上昇する（**4章** 5参照）．このリン酸化は，プロテインキナーゼと呼ばれる酵素によって行なわれる（図3-6A）．プロテインキナーゼ自身も，リン酸化によって活性化される場合がある．

Gタンパク質：Gタンパク質は三量体型Gタンパク質，低分子量Gタンパク質に分類され，いずれもGTPまたはGDPが結合した形をとる．活性化シグナルが入ってGTPが結合すると，Gタンパク質の結合状態が変化して活性化し，他のタンパク質に影響を与える（図3-6B）．

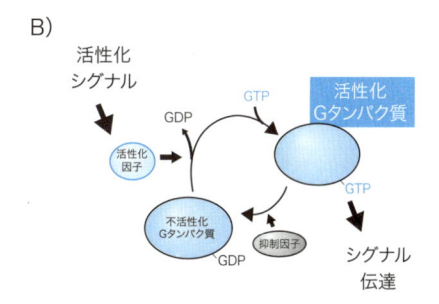

図3-6 シグナル伝達のしくみ
A) アミノ酸のリン酸化．B) 低分子量Gタンパク質．

低分子の二次メッセンジャー（Ca^{2+}，cAMP）：二次メッセンジャーは，細胞質中の存在量が変化することでシグナルを伝える．例えば Ca^{2+} の場合，小胞体内に蓄積された Ca^{2+} が，Ca チャネルの開放により細胞質中に放出されることにより，細胞質内の Ca^{2+} 濃度が上昇し，Ca^{2+} 依存性キナーゼの活性を上昇させる．また，cAMP は，アデニル酸シクラーゼの活性化によって ATP から合成され，やはり細胞質中の濃度が上昇することで，cAMP 依存性のキナーゼの活性化を引き起こす．

4 細胞内輸送

　細胞外からの刺激を受けると，核内へのシグナル伝達が起こり，遺伝子が mRNA に転写される．転写された mRNA のうち，膜タンパク質や分泌タンパク質の合成は粗面小胞体上の膜結合型リボソームで行なわれる．翻訳された膜・分泌タンパク質が機能するためには，細胞膜に埋まるか細胞外に出ていく必要があり，生体膜で囲まれた小胞によって細胞質を経由して輸送される（図 3-7）．積み荷となるタンパク質は小胞体膜，あるいはその内側に集合する．次に，細胞質側にコートタンパク質が結合し，小胞体から切り出されて輸送小胞となる．輸送小胞は細胞骨格のレールの上をモータータンパク質（キネシン）によって輸送され，やがて細胞膜や細胞小器官と融合する．輸送小胞はランダムに移動するのではなく，標的膜を認識できる機構によって，正しい位置に移動することができる．

　輸送小胞は細胞膜に直接移動する場合もあるが，ゴルジ体に移動し，ゴルジ体内で糖鎖などの修飾を受けたり，インスリンタンパク質のように，翻訳されたペプチド鎖が切断され，機能的なタンパク質に再編成されたりする場合もある．ゴルジ体からは分泌小胞が切り出され，細胞膜と結合し，分泌タンパク質は細胞外に，膜タンパク質は細胞膜に埋まる．細胞内から外へタンパク質などが放出されることをエクソサイトーシス[*2] と呼ぶ．

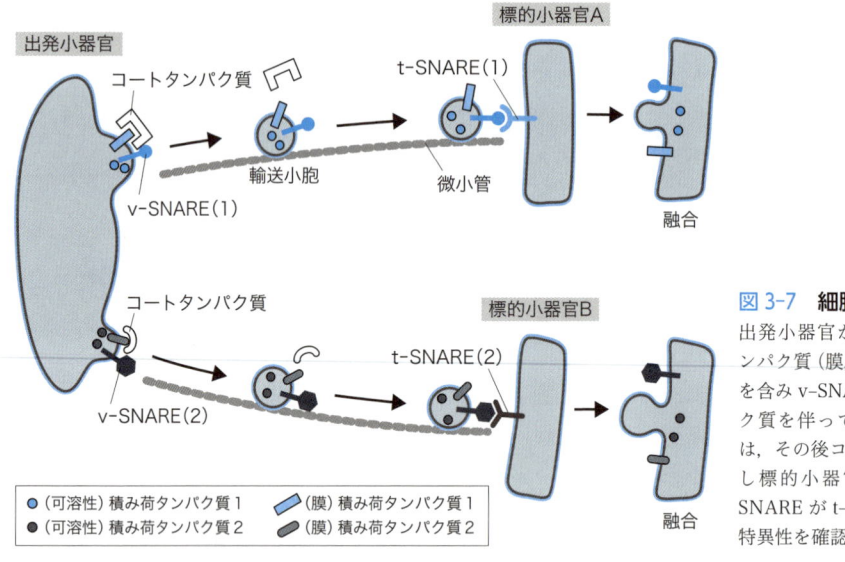

図 3-7　細胞内輸送のしくみ
出発小器官から内部に積み荷タンパク質（膜，可溶性とも示した）を含み v-SNARE とコートタンパク質を伴って出芽した輸送小胞は，その後コートタンパク質を外し標的小器官に到達すると v-SNARE が t-SNARE と結合して特異性を確認し膜融合する．

＊　　　＊　　　＊

[*2] エクソ（exo）は「外」を意味する接頭辞，サイトは細胞（cyto）．逆に，外から中への物質の取り込みはエンドサイトーシスと呼ばれる．

演習 3-1　生命の階層性

〈ねらい〉
生物個体は細胞から構成されており，個体に至るまで階層性が存在する．一方，細胞自身も細胞小器官を経て原子に至るまで階層性がある．つまり，生物とて物質の集まりなのである．しかし，ただ存在するのではなく，ダイナミックに生物は変化する．つまり，時間軸が存在する．さらには生物が動く根拠としてエネルギーの変化がある．ここでは，生命の階層性を空間・時間・エネルギーの観点から俯瞰する．特に，生命現象の基盤となる細胞内での分子の反応は，日常生活とはかけ離れた世界であることを理解する．

生命の階層性（空間・時間・エネルギー）に関して以下の問に答えよ．

問 1　生命は，小は原子から大は生物個体に至るまで，10桁以上サイズの違う階層の積み重なりがある．以下の13の物質（物体）の空間性について，おおよその大きさ順に並び替え，A図を埋めよ．

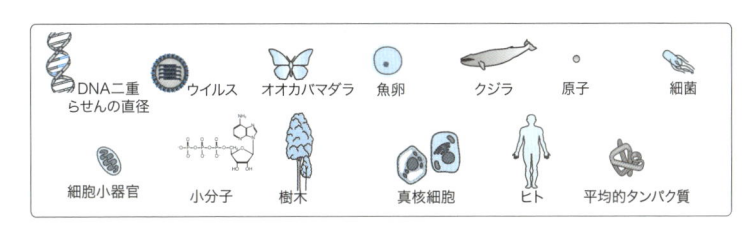

（DNA二重らせんの直径，ウイルス，オオカバマダラ，魚卵，クジラ，原子，細菌，細胞小器官，小分子，樹木，真核細胞，ヒト，平均的タンパク質）

問 2　生命を，時間という観点から眺めたとき，さまざまな時間スケールの現象が存在することがわかる．以下の7つの現象について，時間スケール順に並び替え，B図を埋めよ．

| 化学結合の振動 | 酵素反応 | 上皮細胞の分裂 | 生体高分子の熱運動 | ヒトの心拍 | 分子全体の弾性振動 | 分子モーターの加水分解 |

問 3　細胞内のエネルギースケールもさまざまである．以下の10項目について，エネルギーレベル順に並び替え，C図を埋めよ．なお，k_BT はボルツマン定数（$k_B = 1.38 \times 10^{-23}$ [J/K]）と常温の積を表わすエネルギーの尺度である．

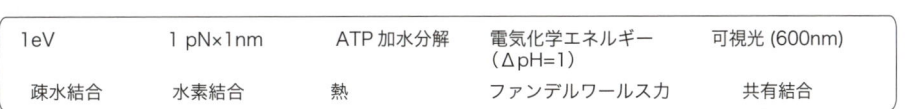

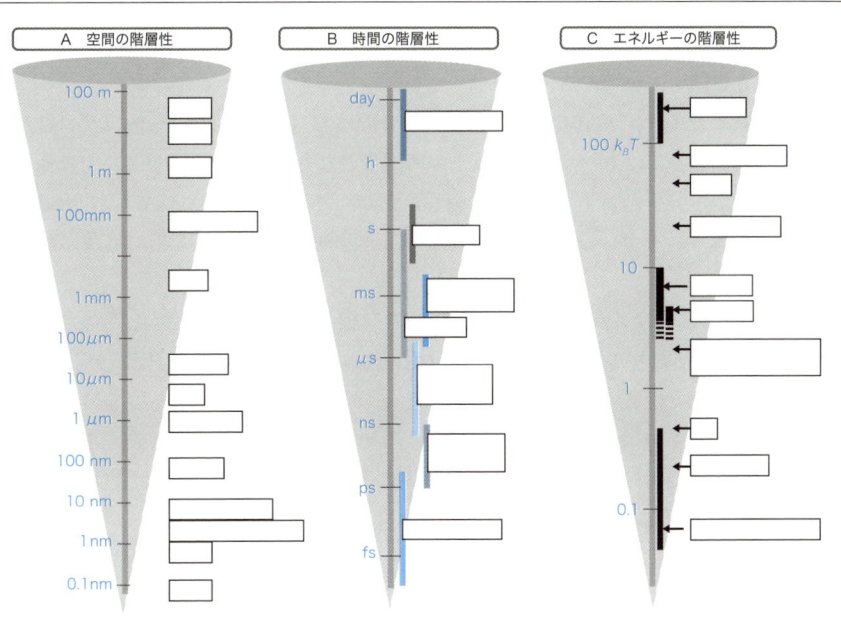

| 1eV | 1 pN×1nm | ATP加水分解 | 電気化学エネルギー（ΔpH=1） | 可視光（600nm） |
| 疎水結合 | 水素結合 | 熱 | ファンデルワールス力 | 共有結合 |

A　空間の階層性（100 m〜0.1 nm）
B　時間の階層性（day〜fs）
C　エネルギーの階層性（0.1〜100 k_BT）

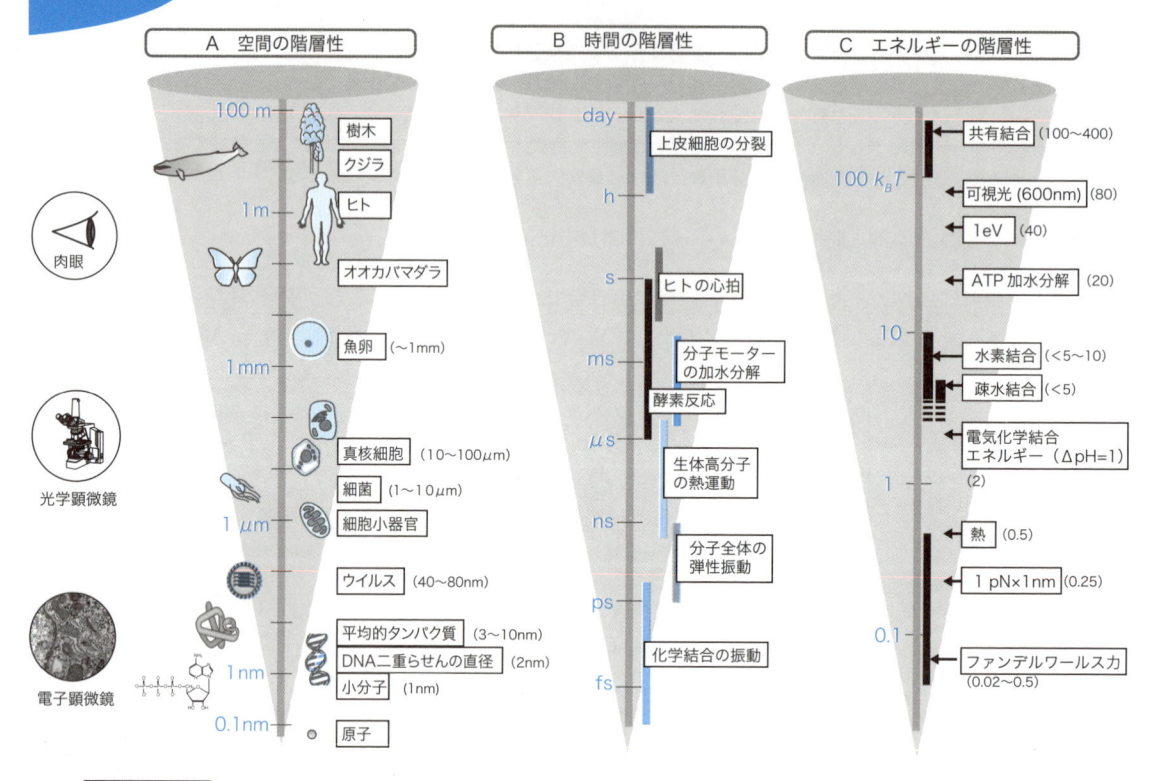

解答

A 空間の階層性

- 100 m
- 樹木
- クジラ
- 1 m — ヒト
- オオカバマダラ
- 魚卵（~1mm）
- 1 mm
- 真核細胞（10～100μm）
- 細菌（1～10μm）
- 1 μm — 細胞小器官
- ウイルス（40～80nm）
- 平均的タンパク質（3～10nm）
- 1 nm — DNA二重らせんの直径（2nm）
- 小分子（1nm）
- 0.1 nm — 原子

観察手段：肉眼／光学顕微鏡／電子顕微鏡

B 時間の階層性

- day — 上皮細胞の分裂
- h
- s — ヒトの心拍
- ms — 分子モーターの加水分解／酵素反応
- μs — 生体高分子の熱運動
- ns — 分子全体の弾性振動
- ps
- fs — 化学結合の振動

C エネルギーの階層性

- 共有結合（100～400）
- 可視光（600nm）(80)
- 1eV (40)
- $100\,k_BT$
- ATP加水分解（20）
- 10 — 水素結合（<5～10）／疎水結合（<5）
- 電気化学結合エネルギー（ΔpH=1）(2)
- 1 — 熱（0.5）
- 1 pN×1nm（0.25）
- 0.1 — ファンデルワールス力（0.02～0.5）

補足説明

　生物が原子や分子の単なる寄せ集めでは決してないことを私たちは直感的に知っている．細胞の中では，nm（ナノメートル）スケールの分子集合体の相互作用から特定の機能が有機的につながることで初めて細胞機能が成立し，この細胞が集合体で機能することで，さらに大きな生物個体が機能する．現行の生物には大きなもので高さ100mほどの木が知られており，原子分子のサイズと比較すると10桁以上も異なる（問1）．こうした壮大なスケールの階層構造の中で"生きている"生物システムに共通する法則を見出し，生物が巧みに機能するためのプログラムを解き明かすことは，生命科学が目指すべき課題の1つである．

　問2について原子分子サイズで起こる事象の特性時間はfs（フェムト秒）～ps（ピコ秒）である．タンパク質などの高分子ではns（ナノ秒）以上の時間帯となり，細胞や組織レベルでは秒以上とずっと遅くなる．原子から分子のサイズの幅は3桁程度だが，そのサイズにおいても10桁以上の異なる時間幅で起こる事象を含んでいる．さらに，細胞サイズまで考えれば，15桁にも及ぶ時間範囲でさまざまな事象が起こる．

　問3について生体の"エネルギー通貨"であるATPは細胞内で加水分解され，その自由エネルギー変化は$20k_BT$（50kJ/mol）程度である．これは常温の熱エネルギーの20倍（定義からして20倍）にあたり，水素結合4個分程度で，共有結合エネルギーの1/10倍程度である．多くの生体分子の共有結合は熱で簡単に切れないほどに強いが，ATPのリン酸結合のエネルギーは熱エネルギーに対しそれほど大きくない．この相対的なエネルギーの関係により，細胞内でタンパク質はATPの加水分解の化学エネルギーを生化学反応や力学的な仕事，情報変換などに利用している．

演習 3-2　細胞内の混み合い

〈ねらい〉
細胞の中の混み合いは，単に混んでいるだけでなく生化学的な効果もある．生物が単純な生化学的反応だけでは理解ができないことを体感してほしい．

細胞の中における「混み合い」について以下の問に答えよ．

問1 細菌の体積は約 $1\,\mu m^3$ であり，その中には，約数百万個のタンパク質が存在している．簡単のため，大腸菌を1辺 $1\,\mu m$ の立方体とみなし，その中に半径 $2\,nm$ のタンパク質がちょうど100万個存在しているとする．この場合，タンパク質の間にある「溶液」は，どのくらいの厚みになるか．

問2 巨大分子の効果について，DNA複製に関連したタンパク質の複合体形成実験から考える．測定の対象は，スライディングクランプとクランプローダー（いずれも巨大分子に相当するタンパク質）の結合確率に対する混み合い分子（ポリエチレングリコール）の影響である．一定濃度のスライディングクランプが入った溶液に，クランプローダーを滴下していき，その結合の指標をATPの加水分解によって測定した．実験はこの結合の反応に対して不活性なポリエチレングリコール（分子量12,000）を4種類の重量％（0, 2.5, 5, 7.5）で加えておいた異なる条件下にてそれぞれ行なったものである．ポリエチレングリコールの存在により，スライディングクランプ–クランプローダー複合体形成において変化しているものは何か．次から1つ選べ．

① ファンデルワールス力
② 複合体の最大結合速度
③ 見かけの親和性

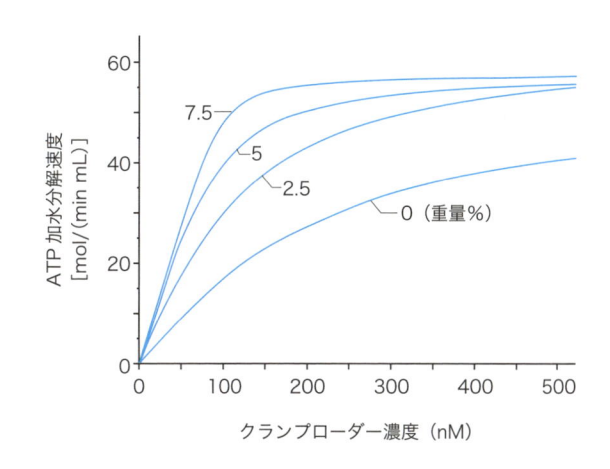

解答

問1 100万個 $= 10^6 = (10^2)^3$ なので，1辺あたりちょうど100分子のタンパク質を整列させられることになる．いま，大腸菌の1辺が $1\,\mu m = 1,000\,nm$ なので，$100 \times 10\,nm$，すなわち，$10\,nm$ の空間に直径 $4\,nm$ のタンパク質が1つ存在することになる．これはつまり，タンパク質の両脇には $6\,nm$ 程度の溶液の空間しか存在しないことになり，非常に混み合った状況であることが想像できる．約 $6\,nm$ ……………………………………………………………………（答）

問2 ③見かけの親和性

◆水溶液中とは異なる反応がみられる

　実際の細胞の中は，不活性な分子が非常に混み合った条件にあり，水分子が十分にある"水溶液"中の反応とはかなり異なる．酵素反応の場合，不活性な混み合い分子の存在により，生化学的な反応が変化することが知られている．水溶液中で拡散が律速になっている反応の場合，混み合いにより粘性上昇の効果が表面化し，反応を減速させることになる．一方で，活性化律速反応の場合，枯渇凝集力（あるいは排除体積効果）による反応速度の上昇が起こる．

　ところが細胞内の場合，クランプローダーとスライディングクランプなどの巨大分子が近づくと，その間に存在できる分子はサイズの小さいものに限られ，ポリエチレングリコールなどの混み合い分子は入り込めなくなる（巨大分子自身の体積により，有効な分子運動の範囲として使えなくなった無効な空間を排除体積という）．この場合，両タンパク質の間だけ混み合い分子の濃度が下がることになり，浸透圧がはたらきタンパク質にも弱い凝集力が生じる．このようにして，分子の混み合い効果は，酵素反応に対して不活性であるにもかかわらず生化学的な平衡状態までも変化させてしまう．

演習 3-3　細胞内における生体分子の拡散と輸送

〈ねらい〉
細胞内で生体分子は熱にさらされており，小さな領域ではうまく拡散を情報伝達や物質移動に利用し，また，長距離の物質移動では ATP 分子の中の化学結合に溜め込まれたエネルギーを熱力学の法則に反せずに利用し，生命現象を引き起こしていることを理解する．

細胞は小さい．細胞の体積は，例外はあるが，多くが 1～5,000 μm^3 である．細胞の機能や構造維持に欠かせないタンパク質は，細胞内で適当な場所・適当な時間で情報を伝達し機能する．細胞内の生体分子の移動には，最も単純な方法として拡散が利用されている．

問 1　今，半径 (a) 3 nm の球状タンパク質が温度 (T) 37℃で粘性係数 (η) 0.7 [mPa・s] の細胞中を受動的に動く際，その拡散係数 D を見積もれ．ただし，見積もりにはボルツマン定数 $k_B = 1.38\times10^{-23}$ [J/K] およびストークス-アインシュタインの関係 $D=\dfrac{k_B T}{6\pi\eta a}$ を用いよ．

問 2　このタンパク質が，(ア) 大腸菌（大きさ 1 μm），(イ) 動物培養細胞（10 μm），(ウ) カエルの卵（1 mm）の中を端から端まで拡散で移動するのに要する平均時間を見積もれ．ただし，タンパク質が移動する平均二乗変位 x^2 と時間 t の間には，$x^2 = 2Dt$ の関係があることが知られている．

問 3　上記の見積もりのように，大きな細胞内で長い距離にわたって特定の物質を移動させる手段としては，拡散は遅すぎる場合がある．このためモータータンパク質（キネシンやダイニン）が細胞骨格・微小管に沿ってその運搬を担っている．キネシンの運動速度が 1 μm/s のとき，坐骨神経など 1 m 程度ある神経細胞内を端から端まで微小管に沿って輸送すると，どのくらいの時間がかかるのかを見積もれ．

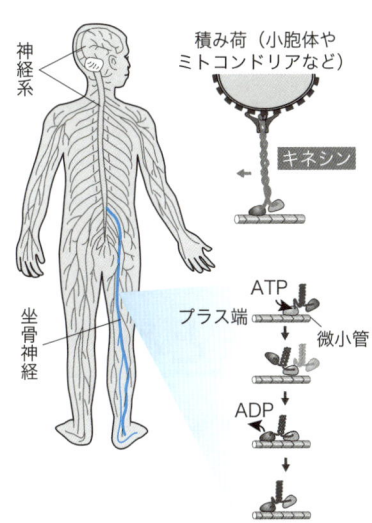

解答

問 1　$D = \dfrac{k_B T}{6\pi\eta a}$

$= \dfrac{1.38\times10^{-23}[\text{J/K}]\times 310 [\text{K}]}{6\times 3.14\times 3\times 10^{-9}[\text{m}]\times 0.7[\text{mPa}\cdot\text{s}]}$

$= 108\times 10^{-12} [\text{m}^2/\text{s}] \approx 100 [\mu\text{m}^2/\text{s}]$

問 2　(ア) 大腸菌の大きさを 1 μm とすると，$x^2 = 2Dt$ より

$t = \dfrac{1^2 [\mu\text{m}^2]}{2\times 100 [\mu\text{m}^2/\text{s}]} = 5 \text{ ms}$

(イ) HeLa 細胞の大きさを 10 μm とすると，同様に

$t = \dfrac{10^2 [\mu\text{m}^2]}{2\times 100 [\mu\text{m}^2/\text{s}]} = 0.5 \text{ s}$

（ウ）カエルの卵の大きさを 1 mm とすると，同様に

$$t=\frac{1000^2[\mu m^2]}{2\times 100[\mu m^2/s]}=5000\,s(\approx 1.4hr)$$

問3　$\dfrac{1[m]}{1[\mu m/s]}=10^6 s(\approx 12\,日)$

> **補足説明**
>
> 拡散係数 D は（長さ）^{2}/時間 の次元をもち，粒子サイズ，温度，溶液の粘性に依存する．細胞質の粘度は，ここで用いた水の粘度よりも大きく，また，分子の混み合い効果により，実際の拡散係数は小さくなる．

◆伝達速度を速くする工夫

計算結果をふまえると，短い距離の物質の移動は拡散で事足りそうだが，100 μm を超えるようになると，非常に遅くなり，多くの生命現象に間に合わないことが多い．坐骨神経など 1 m もの長さがある神経が，外界（特に軸索末端部）からの情報に応じてその細胞特性を，核内部の DNA 情報を逐一参照しながら（転写や翻訳を介して）調整するというのは，数時間あるいは数日単位での変化を生み出すにはあまり現実的でないことがわかる．一方で，血流に乗って情報を伝える内分泌系は伝達速度が速く，また，神経は血流と比べてさらに高速で情報を伝えることができる．その中でも跳躍伝導を行なうミエリン鞘をもった神経は伝導速度が速く，100 m/s 程度である．それでも史上最大級の体をもつシロナガスクジラなどでは脳からの情報が末端に届くまで（シナプスを介さないとしても）0.5 秒程度かかることになる．反射（末端からの情報が脊髄で折り返してすぐに手足のひっこみ動作などにつながる）などを駆使して，危険なシグナルに対しては反応速度を速くする工夫がなされている理由が垣間見える．

3章 まとめ

- 細胞の中には，生体膜で仕切られた細胞小器官があり，細胞が果たす機能を分業している．
- 細胞構造の維持や運動を担うため，細胞骨格やモータータンパク質がはたらく．
- 細胞が分裂し，遺伝情報を複製する一連の過程を細胞周期といい，サイクリン-CDK 複合体が細胞周期の進行を担う．また，チェックポイント機構が細胞分裂の正確性を保証する．単細胞生物における個体数調節にも細胞分裂は関係する．
- 生物や細胞が環境に応答してその情報を細胞内に伝えるしくみを細胞内シグナル伝達と呼ぶ．
- 膜タンパク質や分泌タンパク質は，その後生体膜に囲まれた小胞によって輸送され，適切な位置に移動する．

宿題3　細胞周期のシミュレーション

いくつかのソフトウエアを利用すると，細胞内のさまざまな反応をモデル化して，シミュレーションすることができる．反応のモデルは，XML の一種である SBML（Systems Biology Markup Language）で書かれ，代表的なものは，BioModels というデータベースから入手することができる．これらはいずれも，物質と反応を記述する部分からなり，すでに SBML を使ってつくられた数多くのモデルが存在する．こうして書かれたものは単なる文字列に過ぎないが，それをグラフィカルに編集したり保存したりするソフトウエアが存在する．またこのようにしてつくられたモデルをグラフィカルに実行するためのソフトウエアも，多数開発されている．ここでは CellDesigner というソフトウエア[*3]を用いて細胞周期の単純化したモデルをシミュレーションしてみよう．

最も単純なモデルとして，M 期の制御を表すモデルを考える．C, M, X はそれぞれサイクリン濃度，CDC-2 キナーゼ濃度（活性型の割合），サイクリンを分解する酵素の濃度を表す．CDC-2 キナーゼは CDK の1種で，この活性が高まると細胞分裂が起きる．

手順

① Biomodels ウェブサイト[*4]から BIOMD0000000003 をダウンロードし，適当なフォルダに保存する．

↓

② CellDesigner を起動する．

③ 基本的な編集ウィンドウが表示される．しかし今は自分で編集しないで，既存のモデルのファイルを読み込む．

↓

④ File＞Open と操作して，読み込むファイル BIOMD0000000003.xml を指定して開く．

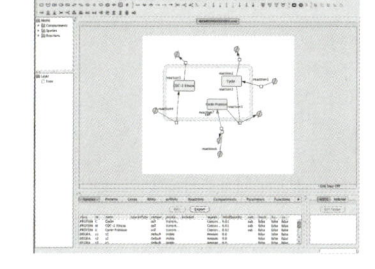

↓

⑤ メインウィンドウにモデルが図示される．上に述べたような Cyclin, CDC-2 Kinase, Cyclin Protease の3つのオブジェクトがあり，それらが reaction で結ばれている．また，下部のウィンドウには，さまざまなものの定義が出ている．Species には物質名とその説明が，Reactions には反応の種類が書かれている．いまは詳しく意味がわからなくてもよい（それぞれの成分の量の変化を記述する式が含まれている）．

↓

⑥ 反応をスタートするには，Simulation＞Control Panel を開く．初期条件やシミュレーション時間などの設定をするようになっているが，最初は初期値のままでやってみよう．

↓

⑦ コントロールパネルの下部に並んだボタンから，[Execute] を実行する．たちまち画面に結果が表示される．

↓

[*3] ソフトウエアの入手先　http://www.celldesigner.org/index.html
[*4] BioModels Database　http://www.ebi.ac.uk/biomodels-main/

⑧初期値を変えて試してみよう．例えば最初に分解酵素 X の活性（initial Quantity）を 10 にしてみると，一見，振動が小さくなるように見えるが，縦軸が変わっただけなので，縦軸上部の数字を 1.00 に戻してやると，ほぼ元通りのパターンがでてくる．このように，サイクルは非常に頑健（ロバスト）である．

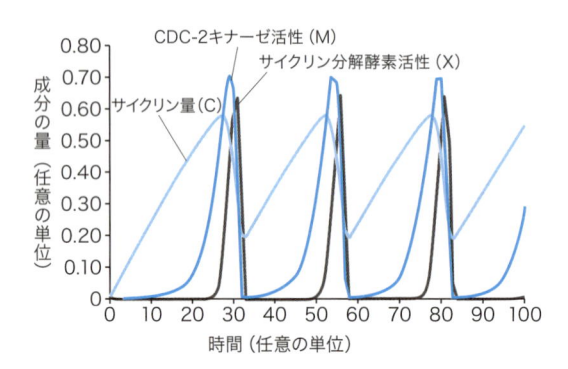

図　細胞周期のシミュレーション例

図には，実行例を示す．サイクリンの濃度が上昇するにつれ，CDC-2 キナーゼ活性も高まり，その後サイクリン分解酵素のはたらきによってサイクリン濃度が急激に低下する過程が繰り返されていることが読み取れる．この図は，あくまでも周期を再現するだけの単純なシミュレーションである．それ以外の変数は，合成速度や分解速度，反応速度などの計算のためのパラメータである．反応の微分方程式は以下の通り[1]．

$$\frac{dC}{dt} = V_1 - k_1 \frac{XC}{C+k_5} - k_d C$$

$$\frac{dM}{dt} = \frac{V_1(1-M)}{(1-M)+k_1} - \frac{V_2 M}{M+k_2}$$

$$\frac{dX}{dt} = \frac{V_3(1-X)}{(1-X)+k_3} - \frac{V_4 X}{X+k_4}$$

ここで，全体が増加しないように，V_1, V_3 を規格化してある（$V_1 = \frac{C}{C+k_6} V_1'$ および $V_3 = MV_3'$）．

C の変化の各項は，合成速度 V_1，X による分解速度，自発的な分解速度を表す．M はキナーゼのうちの活性型の割合を表しており，その変化の各項は，不活性型から活性型に転換する速度と活性型から不活性型に変換する速度を表す．X も同様に活性型の割合を表しており，その変化の各項は，活性化速度と不活性化速度を表す．

4章 生命活動の駆動力
代謝と自由エネルギー

- 生命活動と自由エネルギー　● 自由エネルギーの保持物質としてのATPとNAD(P)H
- 基本的な代謝系　● 酵素　● 酵素活性の調節　● 酵素反応のキネティクス
- 「光のエネルギーの計算」基礎　● 一定の基質供給のある酵素反応

生物活動を支える駆動力は，生体物質がもつ自由エネルギーである．究極の自由エネルギー源は太陽の光であるが，ヒトなどの従属栄養生物では食糧から自由エネルギーを得ている．光合成によって光のエネルギーが酸化剤（酸素）と還元剤（糖）に変換され，これらはさらに呼吸によって還元剤としてのNADH, NADPH[*1]と高エネルギー物質としてのATPに変換される．生体物質，特に高分子化合物の合成は，ATPとNAD(P)Hを使って行なわれる．細胞の代謝を担うのは，生体触媒である酵素であることを理解する．本章では，細胞の代謝は，多くの生物に共通ないくつかの代謝経路の組合せからなっており，細胞内の自由エネルギーの流れは，酵素のセットによって決められていることを理解する．

1 生命活動と自由エネルギー

生物は無生物と違い，定常状態を保持する開放定常系である．外部から自由エネルギー G（ギブス自由エネルギーともいう）を取り入れる．

$$G = H - TS$$

ただし，H はエンタルピー，T は絶対温度，S はエントロピーである．エンタルピーは次式で与えられる．

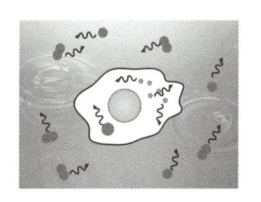

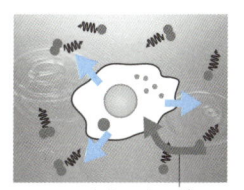

$$H = U + PV$$

図4-1　熱力学的な系の生きている細胞
細胞内に秩序を生みだすと細胞外へ熱を出し細胞外のエントロピーが増大する

ただし，U は内部エネルギー，P は圧力，V は体積である．反応に関与するすべての物質の濃度が1 mol/Lで，標準状態（およそ1気圧，298 K）にあるとき，系におけるGの変化を$\Delta G°$（標準自由エネルギー変化）と表す．さらに生化学反応では，pHが7の場合を考え，また，水の濃度（厳密には活量）を1とするため，右肩にプライム ′ をつけた量で考える．A+B → C+D という化学反応を考えると，系の実際の物質量に対応した$\Delta G'$の値は反応の進行とともに時々刻々変化し，それぞれの瞬間における値は，各濃度を [ ] で示した以下の式で表される．

$$\Delta G' = \Delta G°' + RT \ln \frac{[C][D]}{[A][B]}$$

[*1] NADHとNADPHをあわせてNAD(P)Hと表記する．

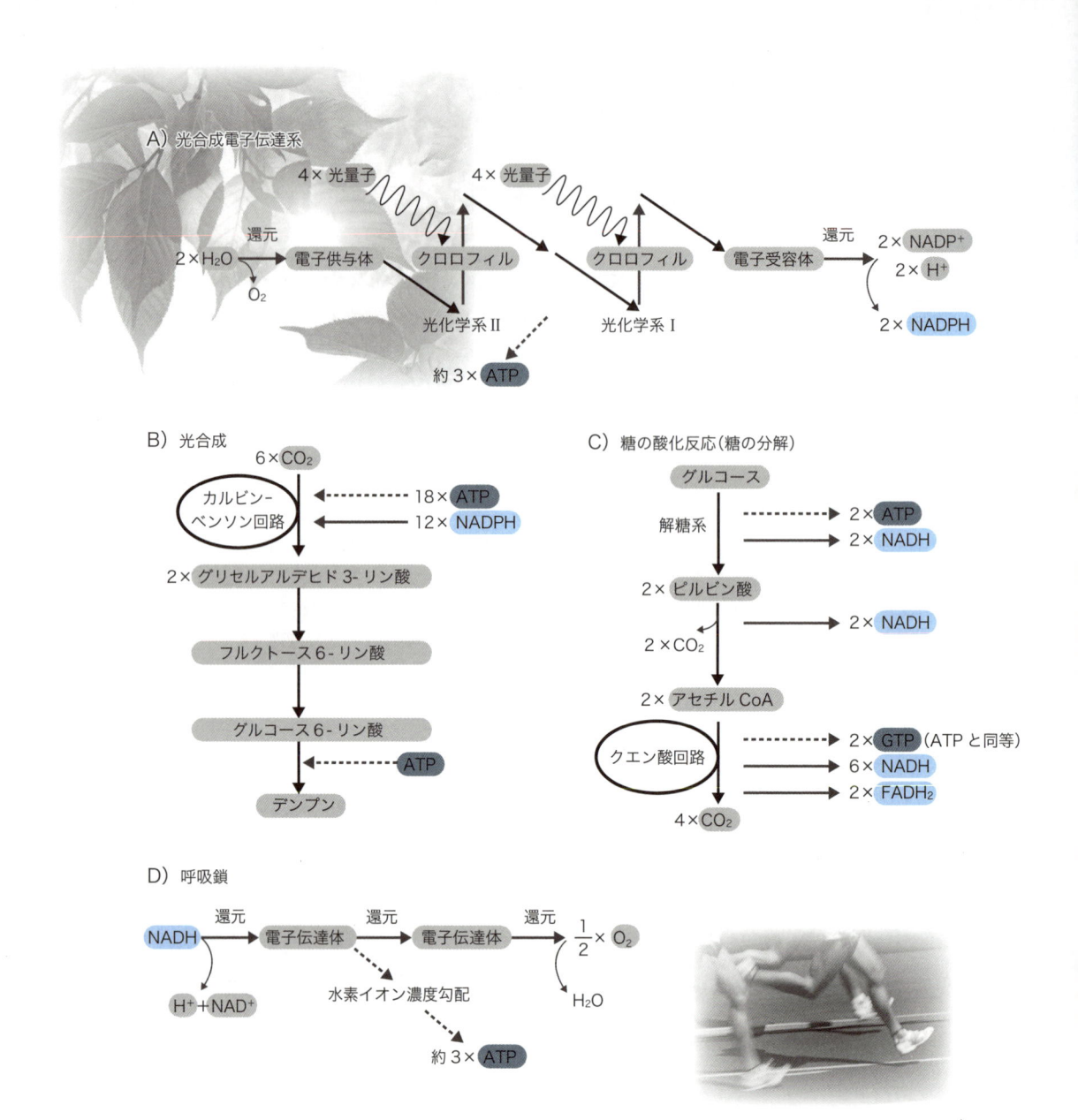

図 4-2 代謝の概要とそれに伴う ATP と NAD(P)H の産生と消費
反応経路の概要を示しているため，1 つの矢印が 1 つの反応を表わすわけではない．

なお，反応物質や生成物質の数が異なる場合，分母と分子は，それぞれ反応物質濃度の積と生成物質濃度の積で表す必要がある．ここで，系が化学平衡にあれば，$\Delta G'=0$ であり，分数部分は平衡定数 K となる．そこで以下の関係が導かれる．

$$\Delta G°' = -RT \ln K$$

ただし $\Delta G°'$ は反応の標準自由エネルギー変化，R は気体定数（8.314 J/mol・K）である．

自発的に進行する化学反応では，自由エネルギーが減少する．この過程には平衡反応だけでなく非平衡反応も含まれ，すべての生命活動は，自由エネルギーの坂を下り落ちるようにして進む．最初

にその坂を登る駆動力は太陽の光である．光のエネルギーは，植物の葉緑体などで行なわれる光化学反応によって電子の移動に変えられる（図 4-2A）．光化学反応中心を構成する特殊なクロロフィルが光を吸収すると，励起状態となり，電子を放出する．これにより強力な酸化剤と還元剤がつくられる．この酸化剤と還元剤のペアは，高い自由エネルギーを保持している．二酸化炭素が還元されてつくられる糖も還元剤とみなすことができる（図 4-2A, B）．従属栄養生物はこれらを取り入れて，解糖系とクエン酸回路により糖の酸化反応を行ない（図 4-2C），これに伴う自由エネルギー変化を利用して，生体物質の合成や身体の運動など，あらゆる生命活動を行なっている（図 4-2D）．解糖系をほぼ逆行する反応も可能で，糖新生と呼ばれる．

◆ 例題 4-1　ATP の自由エネルギー

ミトコンドリアでは，呼吸鎖の電子伝達によって膜内外に水素イオンの濃度勾配をつくる．これを使って ATP を合成する．逆に ATP の加水分解を利用すると，イオンや物質を積極的に輸送することができる（能動輸送と呼ぶ）．また，細胞内で分子や細胞小器官を輸送することもできる．細胞内の実際の状況に合わせて考えたとき，ATP が保持する自由エネルギーはどの程度に相当するのだろうか．ATP の加水分解反応の自由エネルギー変化 $\Delta G'$ は次のように表される．

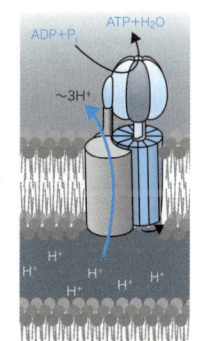

$$ATP + H_2O \rightleftarrows ADP + P_i$$

$$\Delta G' = \Delta G°' + RT \ln\left(\frac{[ADP][P_i]}{[ATP]}\right)$$

標準自由エネルギー変化 $\Delta G°' = -30.5$ kJ/mol であるが，実際に細胞内で利用できる自由エネルギー変化 $\Delta G'$ は細胞内の ATP，ADP，無機リン酸（P_i）の濃度で決まる．細胞内では，ATP，ADP，P_i は，それぞれ他の反応とも関連しており，さまざまな反応のバランスとして，ある程度の濃度に保たれている．ここで，37℃ の細胞内で $\frac{[ATP]}{[ADP]} \sim 10$，$[P_i] \sim 1$ mM 程度に保つ機構があるとき，1 分子のモータータンパク質が 1 分子の ATP の加水分解で利用可能な最大の自由エネルギー変化 $\Delta G'$（1 分子）を算出せよ．

例題の解答

$$\Delta G' = \Delta G°' + RT \ln\left(\frac{[ADP][P_i]}{[ATP]}\right)$$

$$= -30.5 \text{ [kJ/mol]} + 8.314 \text{ [J/mol·K]} \times 310 \text{ [K]} \times \ln(10^{-1} \times 10^{-3}) \times 10^{-3}$$

$$= -54 \text{ [kJ/mol]}$$

よって $\Delta G'$（1 分子）は $\dfrac{54000 \text{[J/mol]}}{6 \times 10^{23} \text{[mol}^{-1}\text{]}}$ = **9×10⁻²⁰** [J/分子] となる．　　　　　　　　　　（答）

● ATP の自由エネルギーに関する補足説明

この問題では，37℃ の設定になっているが，与えられている $\Delta G°'$ は標準状態，つまり 25℃ での値

である．厳密には両者は異なるので，疑問に感じるかもしれない．これを含め，生化学反応の自由エネルギー変化については，あまり厳密に決められない事情があるので，説明しておく．ATPやADPのような多くの生体物質は，現実にはイオン化状態の異なる分子種からなり，Mg^{2+}が配位したものも含めると，非常に複雑になる．ATPの加水分解の自由エネルギー変化として実測された値は，こうしたものを含めた大づかみな値である．理論上は，温度やpH以外にもイオン強度やMg^{2+}の濃度も指定しなければ$\Delta G°'$を決められないが，現実にはそうした扱いは困難である．この問題は，ATPの加水分解に伴う実際の自由エネルギー変化が，反応物・生成物の濃度によって変化することに注目して計算することを目的としている．

なお，モータータンパク質のキネシンは，1分子のATPの加水分解によって最大7 pNの力を出して8 nm移動することが可能である．ここからエネルギー変換効率は約70%となり，工学機械に比べて格段によい．

◆ 例題 4-2　代謝反応の自由エネルギーと平衡定数

次の文を読み，以下の問に答えよ．

　解糖系の途中には，図のようなGAPDH反応とPK反応がある．解糖系で正味のATP合成ができるのは，　(ア)　による反応でATPがつくられるためである．一般の生化学反応では，物質にリン酸基を結合させるためにATPが使われるが，GAPDH反応では，P_iが直接GAPに取り込まれる．これを「基質レベルでのリン酸化」と呼ぶ．こうした反応が可能なのは，アルデヒドから酸への酸化に伴う自由エネルギー変化$\Delta G'$が非常に大きな負値をとるためである．NADHとATPを使って，解糖系を逆に動かすことにより糖をつくる過程を　(イ)　と呼ぶ．またPGAからGAPをつくる過程は，葉緑体での　(ウ)　回路にも含まれるが，その場合には，NADHではなく　(エ)　を利用する．　(エ)　は，光化学系　(オ)　で生成される還元力によってつくられる．

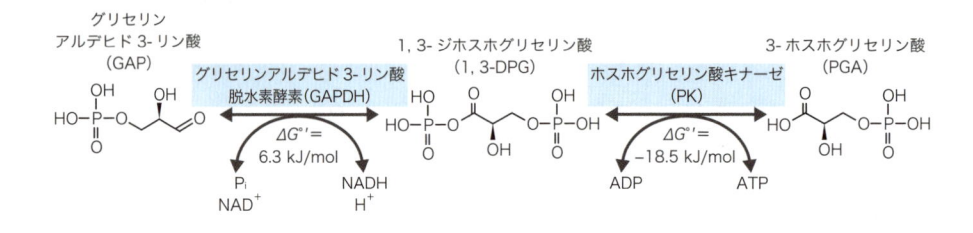

問1　文中の（ア）〜（オ）にあてはまる最も適当な語を答えよ．

問2　GAPDH反応とPK反応はいずれも可逆であるが，これらの反応における標準自由エネルギー変化$\Delta G°'$（いずれも右向きの反応の場合）が図中に示されている．GAPからPGAをつくる場合の標準自由エネルギー変化$\Delta G°'$を求めよ．

問3　$\dfrac{[ATP]}{[ADP]}=10$，$\dfrac{[NAD^+]}{[NADH]}=1000$，$[P_i]=1$ mMとした場合，25℃で反応がどちら向きに進むか答えよ．$\ln=2.303\log_{10}$として計算せよ．

例題の解答

問1 (ア) ホスホグリセリン酸キナーゼ　(イ) 糖新生　(ウ) カルビン–ベンソン　(エ) NADPH　(オ) I

なお，光化学系 II で酸素を，光化学系 I で NADPH を生じる過程は，非循環的電子伝達と呼ばれる．

問2 GAP から PGA をつくる際の標準自由エネルギー変化 $\Delta G°'$ は，以下のように求められる．

$$\Delta G°' = 6.3 - 18.5 = \mathbf{-12.2}\,[\mathrm{kJ/mol}] \quad \cdots\cdots\text{(答)}$$

問3 実際の反応の自由エネルギー変化 $\Delta G'$ は，ATP/ADP 比，NAD^+/NADH 比，リン酸濃度などによって異なり，次の式で表される．なお，生化学での自由エネルギーの計算では，pH=7 を前提としていて，$[H^+]$ を計算に入れないことに注意．

$$\Delta G' = \Delta G°' + RT \ln\left\{\frac{[\mathrm{ATP}]}{[\mathrm{ADP}]} \times \frac{[\mathrm{NADH}]}{[\mathrm{NAD^+}]} \times \frac{1}{[\mathrm{P_i}]} \times \frac{[\mathrm{PGA}]}{[\mathrm{GAP}]}\right\}$$

$$= -12.2\,[\mathrm{kJ/mol}] + 10^{-3} \times 8.314\,[\mathrm{J/mol\,K}] \times 298\,[\mathrm{K}] \times 2.303 \log\left(10 \times \frac{1}{1000} \times 1000 \times \frac{[\mathrm{PGA}]}{[\mathrm{GAP}]}\right)$$

$$= -12.2 + 5.7 + 5.705 \log\frac{[\mathrm{PGA}]}{[\mathrm{GAP}]}\,[\mathrm{kJ/mol}]$$

$$= -6.5 + 5.705 \log\frac{[\mathrm{PGA}]}{[\mathrm{GAP}]}\,[\mathrm{kJ/mol}]$$

平衡の場合，$\Delta G' = 0$ であるので，$6.5 = 5.705 \times \log\frac{[\mathrm{PGA}]}{[\mathrm{GAP}]}$ を解くと，$\frac{[\mathrm{PGA}]}{[\mathrm{GAP}]} = 13.8$
すなわち，平衡となるためには[PGA]が[GAP]の 13.8 倍でなければならない．したがって，この比が達成されるまでは，GAP から PGA が作られる**右向きの反応が進行する**．……(答)
なお，一般に，解糖系が進行するためには，この問題設定のように$[NAD^+]$が[NADH]よりずっと大きいことが必要とされる．その理由は，GAPDH 反応の $\Delta G°'$ がプラスだからで，少なくとも GAPDH 反応だけを考えると，反応を右に進めるために，$[NAD^+]/[NADH] = 1{,}000$ 以上必要だと考えられている．本問題のように次の反応で大きなマイナスの $\Delta G°'$ がある場合には，全体として，反応を右に進めることができると考えられる．それでも十分な速さで GAPDH 反応を右に進めるには，$[NAD^+] \gg [NADH]$ が重要である．

●代謝反応の自由エネルギーと平衡定数に関する補足説明

ここでは，糖を酸化分解して自由エネルギーを取り出す必要のある細胞で，比較的 ATP や NADH の濃度が低い状態を想定している．反対に，これらが十分にあれば，反応は逆に進み，糖新生が起きる．同様に，光合成のカルビン–ベンソン回路では，GAPDH 反応が NADPH を利用するタイプであることと，$\frac{[\mathrm{NADPH}]}{[\mathrm{NADP^+}]}$ 比が約 1.0 程度と，還元的であること，PGA と GAP の濃度比が高く保たれることにより，反応は左向きに進行しやすくなっている．

2 自由エネルギーの保持物質としての ATP と NAD(P)H

細胞活動を支える自由エネルギー保持物質としては，還元剤である NADH や NADPH と，リン酸無水物である ATP がある．光合成の中間産物としては NADPH が，細胞内での糖の代謝からは NADH がそれぞれ生み出される（図 4-2 参照）．NADH はミトコンドリアの呼吸鎖（電子伝達系とも呼ばれる）により酸素と反応し，その自由エネルギーを利用して ATP がつくられる（図 4-3）．この過程は酸化的リン酸化と呼ばれ，膜内の電子伝達，それに共役した水素イオン濃度勾配の形成，この勾配を使った ATP 合成，の 3 段階からなっている．光合成でも中間産物として ATP がつくられる．ATP はリン酸基が無水物結合をつくり，その加水分解により大きな自由エネルギー変化が生じる（例題 4-1 参照）．

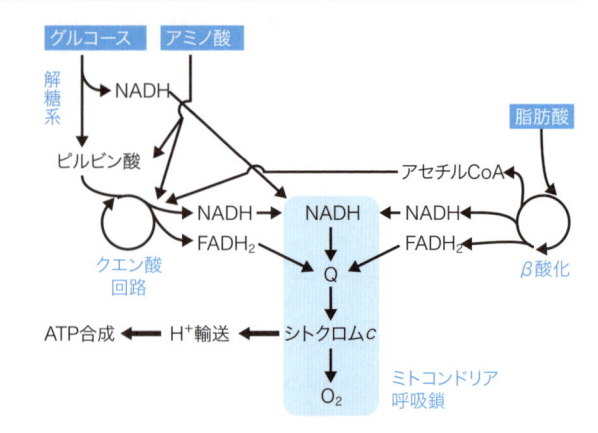

図 4-3 ミトコンドリアの呼吸鎖

細胞内の代謝では，この反応を他の反応と共役させることにより，自発的には進みにくい正の自由エネルギー変化をもつ反応を進めることができる．例えばタンパク質のアミノ酸残基を結合するには 4 個の ATP（または GTP），デンプンのグルコース残基を結合するには 2 個の ATP，DNA の塩基を結合するには 2 個の ATP（に相当するヌクレオチド）の加水分解を伴う．筋肉のアクトミオシンでは，ATP の加水分解を伴いながら，収縮運動が起きる．

NAD(P)H のはたらきは，生体内の物質合成における還元剤としての役割である．炭素-炭素結合をつくる多くの生化学反応では，カルボニル基を含む化合物の反応によりヒドロキシ基が生じ，これを還元することで次の反応を進めることができる．そのため，アセチル基をもつ化合物を重合させて長鎖脂肪酸を合成する過程などでは NAD(P)H が必須である．

物質の酸化力や還元力を表すには，酸化還元電位を用いる．化学では標準水素電極（1 mol/L の水素イオン）を基準にして，関与する物質の濃度（正確には活量）がすべて 1 の場合，標準電極電位 $E°$ が用いられる，生化学では，pH＝7 を基準とする値 $E°'$（これが一般に標準酸化還元電位または標準還元電位と呼ばれている）が用いられるため，0.421 V ほど低い値となる（表 4-1）．

酸化還元反応に伴う標準自由エネルギー変化 $\Delta G°'$ は，以下の式で与えられる．

$$\Delta G°' = -nF\Delta E°'$$

ただし，n は関与する電子の数，F はファラデー定数（96,485 C/mol）である．

表 4-1 主な物質の還元反応に伴う標準酸化還元電位（単位 V）

	標準酸化還元電位（V）
酸素	0.815
NAD$^+$	−0.315
NADP$^+$	−0.320

細胞内では，存在している還元型と酸化型の物質の量比により，実際の酸化還元電位（つまり酸化や還元の能力）が変動することに注意が必要である．

◆ 例題 4-3　酸化還元電位

酸化的リン酸化は，NADH を酸素で酸化する過程で生じる自由エネルギーを使って ADP にリン酸を結合させ（リン酸化），ATP を合成する過程である．以下の問について答えよ．

問 1　NAD^+ 還元の半電池反応[*2]式と，それに対する標準酸化還元電位 $\Delta E°'$ を記せ．

問 2　酸素の還元の半電池反応式と，それに対する標準酸化還元電位 $\Delta E°'$ を記せ．

問 3　NADH の酸化に伴う酸素の酸化反応の反応式と，その際の標準酸化還元電位 $\Delta E°'$ を記せ．

問 4　ATP 加水分解の標準自由エネルギー変化が −30.5 kJ/mol であるとする．問 3 の反応で得られる自由エネルギー変化をすべて ATP 合成に使用したとき，標準状態では 1 mol の NADH から最大で何 mol の ATP を合成することができるか求めよ．

例題の解答

問 1　　$NAD^+ + H^+ + 2e^- \rightarrow NADH$

　　　　　$\Delta E°' = -0.315$ V ……………………………………………………………（答）

問 2　　$O_2 + 4H^+ + 4e^- \rightarrow 2H_2O$

　　　　　$\Delta E°' = +0.815$ V ……………………………………………………………（答）

問 3　　$NADH + H^+ + \frac{1}{2}O_2 \rightarrow NAD^+ + H_2O$

　　　　　$\Delta E°' = 0.815 - (-0.315) = +1.13$ V …………………………………………（答）

問 4　問 3 で得られた標準酸化還元電位を自由エネルギー変化に換算すると，

$$\Delta G°' = -nF\Delta E°' = -2 \times 96485 [C/mol] \times 1.13 [V] = -218 [kJ/mol]$$

ATP 合成に必要な標準自由エネルギーが 30.5 [kJ/mol] であることから，218/30.5 より **7.15 mol (ATP/NADH)** と求まる ……………………………………………………………（答）

◆代謝のエネルギー効率は非常によい

　NADH の酸化に伴いミトコンドリア内膜の内側から外側へ輸送される水素イオンの数は 10 個であると考えられている．この水素イオンを ATP 合成酵素の内部を通して輸送するときに ADP と P_i から ATP が合成される．これまでの研究から輸送される H^+ に対する ATP 合成量の比 $\frac{H^+}{ATP}$（共役係数と呼ぶ）は 3～4 であると考えられているので，実際に合成される ATP 数は NADH あたり 2.5～3.3 個となり，**例題 4-3** の見積もりより小さい．合成量が少ない主な理由は，①細胞内は標準状態で

[*2]　半電池反応について，ここでは詳しく述べる余裕がないので，物理化学の教科書などの電気化学の項目を参照すること．

はない，②膜電位の一部はミトコンドリアマトリックスからの細胞質への ATP 輸送で消費されている，ことなどで説明される．

これに対し，グルコース 1 mol を酸素で酸化する反応では，$\Delta G^{\circ\prime} = -2,823$ kJ/mol である．解糖系とクエン酸回路（パネル 3 参照）であわせて，グルコース 1 mol から NADH が 10 mol（さらに ATP と GTP が 4 mol，$FADH_2$ が 2 mol）生成することを考えると，代謝系がいかに効率よく還元力などの自由エネルギーを保存できるかがわかる（標準自由エネルギー変化 $\Delta G^{\circ\prime}$ として計算すると 93%．各自確かめてみよ）．これを ATP で計算すると，前述のように損失があるため，かなり低くなる．このため，一般的な生化学の教科書では，代謝のエネルギー効率を 40% 程度としている．

3 基本的な代謝系

細胞内の代謝は，多数の酵素反応で構成されているが，それらはいくつもの代謝経路としてまとまっている．いくつかの主要な経路は多くの生物に共通であり，そのほかに，各生物（群）固有の経路が存在する．代謝経路について，もう少し詳しく解説する（パネル 3，図 4-2 参照）．

◆解糖系

まず，糖の分解（解糖系）と合成（糖新生）の代謝系である（パネル 3 上部）．炭素 6 個（C6）からなるグルコースは，リン酸化を受けてフルクトース 1,6-ビスリン酸（FBP）となったのち，2 個の C3 化合物に分解される．さらに NAD^+ により酸化され，最終的にピルビン酸を生じる．1 分子のグルコースからここまでで，2 分子の ATP と 2 分子の NADH が生成する．酸素を使う好気呼吸を行なうときには，さらに脱炭酸を伴う NAD^+ による酸化により，アセチル CoA と NADH を生じる．嫌気条件では，ピルビン酸は発酵によるエタノール産生や乳酸の生成に使われる．糖新生では，一部の不可逆な反応を別の酵素反応によってバイパスすることにより，解糖系を逆向きに進む．

◆クエン酸回路

好気呼吸において解糖系に続くのが，クエン酸回路（トリカルボン酸サイクル）である（パネル 3 下部）．アセチル CoA（アセチル基は C2）をオキザロ酢酸（C4）と縮合させてクエン酸（C6）をつくることによりクエン酸回路が始まる．CoA はリサイクルされる．本質的には，最初に脱炭酸過程が 2 つあり，あとはオキザロ酢酸を再生するための反応である．私たちが呼吸で吐き出す二酸化炭素は，ピルビン酸の脱炭酸とこの 2 段階の脱炭酸の過程で NAD^+ の還元と同時に生じている．これらの他にも 1 分子の NADH と $FADH_2$ が生じ，これらは，呼吸鎖を介して最終的に酸素による酸化を受ける．その際の自由エネルギーを使って，ADP から ATP がつくられる．NADH と ATP の産生量については図 4-2C, D にまとめられている．

◆光合成の炭素固定回路（カルビン-ベンソン回路）

光合成では，太陽の光がクロロフィルに吸収され，そのエネルギーを利用して ATP と NADPH をつくる．これらを利用して，カルビン-ベンソン回路により，二酸化炭素から糖リン酸化合物を産生する（図 4-2A, B）．

4 酵素

酵素は反応の前後で自らは変化することなく，反応速度を高める生体触媒である．酵素は，基質と結合（酵素-基質複合体）し，反応を引き起こした後で反応生成物から離れるということを繰り返し行なうことで，特定の反応を促進している．細胞内の物質変化はすべて酵素によって触媒されており，生体内の化学反応はすべて，酵素の合成・分解または活性調節を介して厳密に制御されている．通常，酵素はタンパク質でできているが，そのほかに，金属イオンやヘムなどの補欠分子族を含む場合もある．これらは主に基質との結合や酸化還元などにかかわっている．

◆酵素は2種類の特異性をもつ

酵素には2種類の特異性がある．基質特異性と反応特異性である．酵素は特定の基質を認識し特異的に結合することにより，その触媒活性を発揮する．触媒する反応も決まっている．例えば，βアミラーゼという酵素は，デンプン（α-1,4結合でグルコースが重合したもの）に作用して，マルトース（2個のグルコースが結合した二糖類，図2-4参照）を遊離させるが，グルコースを遊離させることはない．

酵素の高い特異性は酵素の立体構造に支えられている．酵素の活性中心は，特定の基質と特によく結合するような形になっており，基質の特徴的な官能基と結合できるようにアミノ酸側鎖が配置されている．こうした官能基やアミノ酸側鎖のなかには，荷電状態がpHによって変化するものがあり，また酵素の構造を保つのにもさまざまなアミノ酸側鎖の荷電状態が影響するため，一般に酵素には活性に最適なpHがある．また，反応速度は温度とともに上昇するものの，高温では立体構造が壊れて失活する（変性という）．

◆酵素反応の特徴

酵素反応では，基質濃度[S]を高めていくにつれて反応初速度Vが増加するが，反応系に加える酵素の量を一定にした場合，いくら[S]を高くしてもVはある限度より高くなることはない（図4-4）．飽和現象は，触媒反応の特徴であり，触媒に基質が一定の比率で結合することにより説明される．酵素反応の反応速度論（キネティクス）については，演習4-1で扱う．

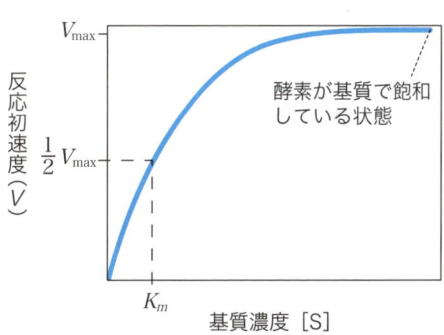

図4-4 酵素反応は飽和する
ミカエリス-メンテンの式に従う酵素反応．K_mをミカエリス定数という．

5 酵素活性の調節

◆アロステリック制御

酵素の活性は，酵素の合成・分解により酵素量のレベルでも制御されるが，代謝物質やATP・ADPなどの低分子物質（エフェクター）によって個々の酵素分子のレベルでも調節される．酵素の活性中心とは異なる部位にエフェクターが結合する場合，これをアロステリック部位といい，これによって調節を受ける酵素をアロステリック酵素と呼ぶ．多くのアロステリック酵素はサブユニットが集まってできる多量体であり，分子全体の対称性をもっている．エフェクターが結合すると，すべてのサブユニットが全体の対称性を保ちながら協調的に構造変化し，それに伴って活性も変化する．こうした活性調節をアロステリック制御といい，アロステリック酵素は，6章で述べる代謝経路制御の

かなめとなる．

◆ **リン酸化による酵素活性の調節**

　アロステリック制御のほかに，酵素分子自体が共有結合による修飾を受けることによっても活性が調節される．プロテインキナーゼ（**3章3**参照）は，タンパク質を構成するセリン，スレオニン，またはチロシン残基の側鎖のヒドロキシ基にATP由来のリン酸基を転移する．また，基質となるタンパク質の種類に特異的なプロテインキナーゼも存在する．逆に，それぞれのタンパク質のリン酸エステル結合を加水分解するホスファターゼも存在し，両者の活性のバランスによって，標的となる酵素の活性が調節される．これもまた，代謝経路のネットワークに特徴的な挙動を与える重要な要素となる．

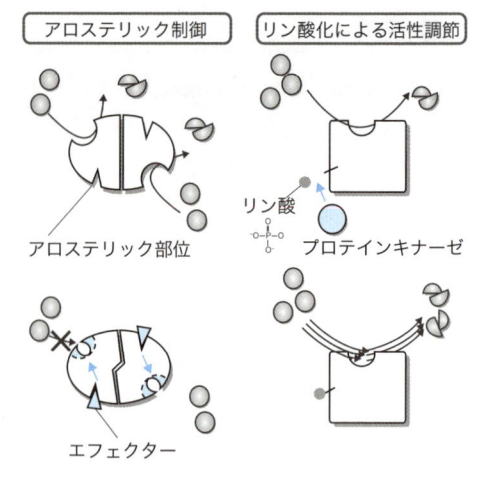

図 4-5　**代表的な酵素活性制御のしくみ**

＊　　　　　＊　　　　　＊

演習 4-1　酵素反応のキネティクス

次の文を読み，以下の問に答えよ．

細胞内のすべての代謝反応は，酵素の触媒作用▼によって行なわれている．酵素は特定の物質にはたらきかけ，特定の反応を触媒し特定の物質を生成する．すなわち，酵素は2種類の特異性，基質特異性と　(ア)　を有している．酵素は特定の物質である基質と結合して　(イ)　を形成し，反応を進行させるのに必要な　(ウ)　を低下させることによって反応速度を高めている．

$$E + S \underset{k_{-1}}{\overset{k_1}{\rightleftarrows}} ES \overset{k_2}{\longrightarrow} E + P \tag{1}$$

$$V = \frac{V_{\max}[S]}{K_m + [S]} \tag{2}$$

(1) 式で表される酵素反応では，反応の初速度 V と基質のモル濃度 [S] の間には，一般に (2) 式で表される　(エ)　の式が成り立つ．ここで E は酵素，S は基質，ES は　(イ)　，P は生成物，k はそれぞれの反応の速度定数，$V_{\max}$ は最大反応速度，K_m は　(オ)　である．この式は飽和現象を表す双曲線関数であり，$V_{\max}$ は V の飽和値を，K_m は $V_{\max}$ の　(カ)　の反応速度を与える基質濃度である．

問1 文中の (ア)〜(カ) にあてはまる最も適切な語を答えよ．

問2 (1) 式が示す酵素反応において，ES の濃度 [ES] が時間的に変化しない定常状態に短い時間で到達するものとする．このときの [ES] に関する速度式を，(1) 式に示した各物質の濃度 [E]，[S]，[ES]，それぞれの反応速度定数 k を用いて示せ．

問3 酵素の総濃度を $[E]_0$ とすると，$[E]_0 = [E] + [ES]$ と表される．また，酵素反応の初速度 V は $V = k_2[ES]$ と表せる．問2で求めた [ES] に関する速度式を用いて (2) 式を導出せよ．この結果に基づいて最大反応速度 $V_{\max}$，ミカエリス定数 K_m と反応速度定数 k との関係を考察せよ．

問4 基質と類似した構造をもつ化合物 I は，この酵素の基質結合部位に可逆的に結合するが触媒反応は受けないとする．I の添加により，K_m と $V_{\max}$ はどのような影響を受けるか定性的に説明せよ．

問5 リブロース 1,5-ビスリン酸カルボキシラーゼ/オキシゲナーゼ（RubisCO）は二酸化炭素の固定化反応を触媒する酵素である．精製した 9 μM の RubisCO を用いて二酸化炭素濃度と二酸化炭素の取り込み初速度の関係を調べ，右表に示すデータが得られた．このデータに基づいて，K_m，$V_{\max}$，k_2 の値を求めよ．

$[CO_2]$ (mM)	CO_2 取り込み初速度 (μM/s)
0.046	6.90
0.093	10.81
0.139	13.66
0.232	17.54
0.463	20.19
0.926	23.39
2.315	25.11

解 答

問1 （ア）反応特異性　（イ）酵素-基質複合体　（ウ）活性化エネルギー
（エ）ミカエリス-メンテン　（オ）ミカエリス定数　（カ）$\frac{1}{2}$

問2 $\dfrac{d[ES]}{dt} = k_1[S][E] - (k_{-1} + k_2)[ES] = 0$ ……………………………………（答）

問3 上式より $[ES] = \dfrac{k_1[S][E]}{k_{-1} + k_2}$

この式の $[E]$ を $[E]_0 = [E] + [ES]$ の関係を用いて消去し，$[ES]$ について整理すると，

$[ES] = \dfrac{[E]_0[S]}{\dfrac{k_{-1} + k_2}{k_1} + [S]}$

これを $V = k_2[ES]$ に代入すると $V = k_2 \dfrac{[E]_0[S]}{\dfrac{k_{-1} + k_2}{k_1} + [S]}$

ここで，$V_{\max} = k_2[E]_0$，$K_m = \dfrac{k_{-1} + k_2}{k_1}$ とおくと，$V = \dfrac{V_{\max}[S]}{K_m + [S]}$ となる．

この結果より，最大反応速度 $V_{\max}$ は総酵素濃度と生成物の反応速度定数にそれぞれ比例して増加し，ミカエリス定数 K_m は $k_2 \ll k_{-1}$，k_1 の場合には，酵素に対する基質の結合の解離定数 K_d
$= \dfrac{k_{-1}}{k_1}$ と見なせることがわかる．………………………………………………（答）

問4 類似化合物Ⅰがあると，酵素と結合し，酵素と基質との結合が競争的に阻害される．しかし，基質濃度を十分に高めれば，最大反応速度 $V_{\max}$ は変わらないはずである．したがって，類似化合物Ⅰの存在により，$V_{\max}$ は変化せず，みかけの K_m が大きくなる．

問5 (2)式の両辺の逆数をとると，$\dfrac{1}{V} = \left(\dfrac{K_m}{V_{\max}}\right)\left(\dfrac{1}{[S]}\right) + \dfrac{1}{V_{\max}}$ となり，$\dfrac{1}{V}$ は $\dfrac{1}{[S]}$ の一次式として表せる．$\dfrac{1}{V}$ と $\dfrac{1}{[S]}$ の値を表のデータに基づいて計算し，それぞれの値を縦軸と横軸にプロットすると直線関係が得られる．この直線の傾きの値 0.00496 と縦軸の切片 0.0376 がそれぞれ $\dfrac{K_m}{V_{\max}}$ と $\dfrac{1}{V_{\max}}$ であるので，**$K_m = 0.132$** [mM]，**$V_{\max} = 26.6$** [μM/s] となる．

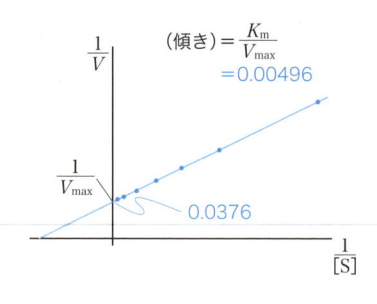

また，$V_{\max} = k_2[E]_0$ であったので $[E]_0$ が $9\,\mu$M より，**$k_2 = 3$** [sec^{-1}] となる．…………（答）

補足説明

RubisCOは地球上に最も大量に存在する酵素で，光合成における二酸化炭素固定過程の鍵酵素であり，比活性が3 [sec^{-1}]程度と低いためカルビン-ベンソン回路の律速段階となっている．

ミカエリス–メンテンの式は，もっとも単純な酵素反応をモデルとして導き出されているが，複数の基質がある場合にも，それぞれの基質に対するK_mを定義することができ，同様の扱いが可能である．また，このような解析は，完全に精製していない酵素を用いても可能で，K_mの値を求めることができる．酵素反応速度は時間とともに低下するため，キネティクスを解析する場合には，初速度を使う．V_{max}は初速度の可能最大値であるが，酵素のすべてが基質と複合体をつくるとした理論的な最大速度を表わすので，単に「最大反応速度」と呼ぶことができる．

　なお，ここでは逆数プロットによる解法を示したが，コンピュータを用いると，非線形最小二乗法により，元の式のままの形でフィッティングすることができる．逆数プロットの問題点は，基質濃度が低いときの小さな測定値が，逆数にすることによって大きくなり，誤差の二乗を計算するときに大きな重みをもつことである．本来，活性の測定値の誤差はどれも同等なので，非線形最小二乗法を用いることにより，誤差の重みの不均等を解消することができ，K_mとV_{max}のより正確な値を求めることができる．

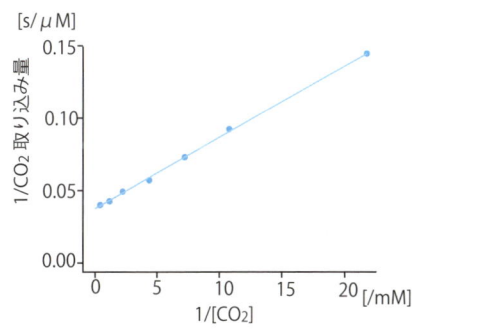

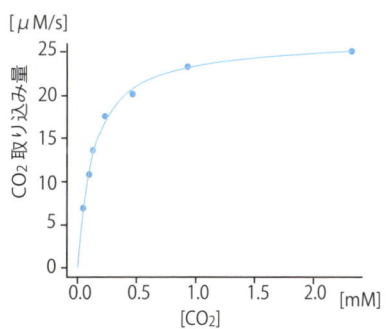

逆数プロットによる最小二乗法のグラフと非線形最小二乗法によるグラフ
右グラフのRスクリプト（4-1_Michaelis–Menten.R）はサポートページより入手できる．

演習 4-2　「光のエネルギーの計算」基礎

光合成反応のエネルギーは太陽からの光を利用している．一般に光エネルギー E は，光の波と粒子の性質を結び付けた▼アインシュタインの式で表される．

問1　太陽光スペクトルで最も強度の高い波長は 500 nm である．この波長の光（光子1個）がもつエネルギー [eV] を求めよ．ただし c：光速度 $= 2.998 \times 10^8$ [m/s]，$1 \text{ eV} = 1.602 \times 10^{-19}$ [J] である．

問2　上記で得られた波長 500 nm の光について，1 mol の光子がもつエネルギー [kJ/mol] はいくらか．なお，アボガドロ数は 6.022×10^{23} として求めよ．

問3　太陽光が天頂にあるとき，地表に届く光のエネルギー密度は約 1.00 [kW/m²] である．太陽からの光がすべて波長 500 nm の光と仮定すると，地表の単位面積（1 m²）あたりには毎秒何個の光子が降り注いでいることになるか．

▼背景となる知識

光が物質系とエネルギーを交換する際には，光子（光のエネルギー量子）を基本単位としてやり取りされる．光の波動性と粒子性をつなぐアインシュタイン式
$E = h\nu$（ここで，h：プランク定数 $= 6.626 \times 10^{-34}$ [J・s]，ν：光の振動数 [s^{-1}]）
をもとに具体的なエネルギー量を計算することで，光合成をはじめ太陽光発電の基礎となる光エネルギー変換を定量的に把握できる．

解答

問1　光の波長と振動数との関係は，

$$\nu = \frac{c}{\lambda}$$

であることから，波長 λ の光のエネルギーは

$$E = h\nu = h\frac{c}{\lambda}$$

と表せる．したがって

$$E = h\frac{c}{\lambda} = (6.626 \times 10^{-34}) \times \frac{2.998 \times 10^8}{500 \times 10^{-9}} = 3.97 \times 10^{-19} \text{[J]} = \mathbf{2.48} \text{[eV]} \quad \cdots\cdots\cdots (答)$$

問2　1 mol の光子のエネルギーは，問1にアボガドロ数 6.022×10^{23} を乗じて，$\mathbf{2.39 \times 10^2}$ [kJ/mol]
$\cdots\cdots\cdots\cdots\cdots\cdots\cdots\cdots\cdots\cdots\cdots\cdots\cdots\cdots\cdots\cdots\cdots\cdots\cdots\cdots\cdots\cdots\cdots\cdots\cdots\cdots\cdots\cdots\cdots\cdots$ (答)

問3　1 [W] = 1 [J/s] より，1.00 [kW/m²] = 1.00 [kJ/s・m²] なので，1秒あたり，単位面積（1 m²）には，1 kJ 分の光子が降り注いでいることになる．

問1より，波長500 nm 光子1個のもつエネルギーは 2.48 [eV]（$=3.97\times10^{-19}$ [J]）であったので，

$$\frac{1.00\times10^{3}}{3.97\times10^{-19}}=2.5\times10^{21}個 \cdots\cdots\cdots\cdots\cdots\cdots\cdots\cdots\cdots\cdots\cdots\cdots\cdots\cdots\cdots（答）$$

> **補足説明**

波長 λ[nm] の光（光子1個）のエネルギー E[eV] は，

$$E[\mathrm{eV}]=\frac{1240}{\lambda[\mathrm{nm}]}$$

から簡単に求めることができる．覚えておくと便利な関係式である．

◆**緑色光は光合成に使われないのか？**

　実際の葉緑体での光吸収率は 300〜700 nm の波長域では一定（100%）ではなく，青（300 nm 付近）・赤色（600〜700 nm）では〜100%，緑色（500 nm 付近）では〜80%で，平均として光吸収効率は約 90% である．一方，光化学系における電荷分離の量子効率はほぼ 100% である．

　しばしば，太陽光のピークである緑色の光（500 nm 付近）を光合成に使うことができないのはなぜか，という疑問が出される．実は，太陽光のエネルギー密度は，横軸を波長にとった場合，500 nm がエネルギー密度のピークになるが，横軸を波数（エネルギー）にとった場合，約 1.2 eV 付近（1,000 nm）がピークとなる（図 4-6）．酸素や水による吸収を避けると，約 1.5〜1.7 eV（700〜800 nm）付近が現実的なピークになる．光合成細菌の光化学反応中心では約 800〜900 nm，植物やシアノバクテリアの光化学反応中心で約 700 nm の光が使われているのは，きわめて合理的であると考えられている．なお，緑色の光も葉の中で乱反射され，何度も反射する間にかなりの部分が吸収されると考えられている．

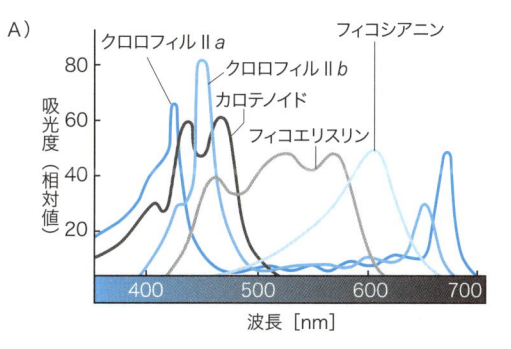

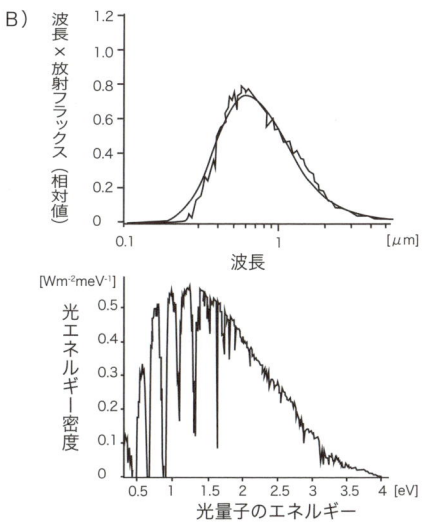

図 4-6　光の吸収
A) アンテナ色素の吸収スペクトル．B) 太陽光のエネルギー密度．横軸を波長にとった場合，500 nm がエネルギー密度のピークになるが，横軸を波数（エネルギー）にとった場合，約 1.2 eV 付近（1,000 nm）がピークとなる[1]．

演習 4-3　一定の基質供給がある酵素反応

細胞内の代謝系では，ある酵素による代謝産物が他の酵素の基質となり，物質が次々と変換されていく．一段階前の反応によって遊離基質Sが一定の速度で供給され，反応生成物Pができる反応は次のようになる

$$\xrightarrow{v} E+S \underset{k_2}{\overset{k_1}{\rightleftharpoons}} ES \xrightarrow{k_3} P+E$$

ここでvは遊離基質の供給速度であり，単位時間あたりの遊離基質濃度の増加量という単位をもつ．k_1, k_2, k_3は反応速度定数である．この反応は，総酵素量をE_tとしたとき[E]＝E_t－[ES]であり，時間に関する連立微分方程式で表すことができる

$$\frac{d[S]}{dt} = v + k_2[ES] - k_1(E_t - [ES])[S] \tag{1}$$

$$\frac{d[ES]}{dt} = k_1(E_t - [ES])[S] - k_2[ES] - k_3[ES] \tag{2}$$

問1 一定の速度で遊離基質Sが供給されるとき，十分に時間がたつと反応が定常状態（$v = k_3[ES]$）となる場合がある．このとき，[S]も[ES]も変化しない．両式を0とおいて，それを確かめよ．また，(1)式から定常状態における遊離基質濃度[S]を求めよ．

問2 問1のとき，定常状態が出現するために総酵素量E_tが満たさなければならない条件について考察せよ．

解答

問1　両辺を0とおいて(1)式＋(2)式より，$v = k_3[ES]$
(1)式＝0とし，上式より[ES]＝$\frac{v}{k_3}$を代入することで

$$[S] = \frac{(k_2 + k_3)v}{k_1(k_3 \cdot E_t - v)}$$

このように，定常状態での反応速度は遊離基質濃度についての飽和関数となる．酵素反応についてよく使われるミカエリス–メンテン式に似ているが，上式は定常状態を想定し，かつ近似なしで解いていることに注目しよう．

問2　酵素がすべてESとなったとき酵素の最大反応速度が実現される．これがvを下回ってはならないため

$$E_t > \frac{v}{k_3}$$

この条件が満たされている限り，酵素量が変化しても反応速度は変わらず，定常状態が実現される．酵素量が多ければ遊離基質濃度が低くなり，酵素量が少なければ遊離基質濃度が高くなる．正常な遺伝子と機能を失った遺伝子をヘテロでもつ個体の表現型が正常であることの理由の1つがこれである．

4章 まとめ

- 生命活動を支える駆動力は，外部から取り入れた自由エネルギーである．それは，植物の場合，太陽の光であり，従属栄養生物の場合，糖などの有機物と酸素の形をとっている．
- 生物が利用できる自由エネルギーは，酸化剤と還元剤という形で存在し，さらにATPという形でも存在する．
- 従属栄養生物は，食物から得た糖を好気呼吸によって分解し，それによって自由エネルギーを獲得する．その際，解糖系とクエン酸回路，呼吸鎖が順にはたらく．
- 酵素は生体触媒であり，タンパク質でできている．多数の酵素のセットによって，細胞内の代謝経路が構成されている．
- 酵素反応速度は，基質濃度を高めると飽和するという特徴をもつ．酵素反応速度は，ミカエリス-メンテンの式などで記述でき，ミカエリス定数は酵素と基質との親和性の尺度となる．
- 酵素活性を調節するしくみとして，アロステリック制御やリン酸化による制御がある．

宿題4　酵素反応のシミュレーション

演習4-3の状態について，酵素量や基質の供給速度を変化させたとき，遊離基質濃度［S］と反応速度 v が時間とともにどのように変化するのか，シミュレーションで確かめてみよう．また，酵素量 E_t が少なすぎると遊離基質Sが蓄積していくことも見てみよう．

手順

① Rを起動する．
② Rのスクリプトを編集する．パラメータ $v=0.0095$, $k_1=1.0\times 10^{-3}$, $k_2=1.0\times 10^{-3}$, $k_3=1.0\times 10^{-4}$ から理論的に予測される遊離基質濃度［S］，酵素-基質複合体濃度［ES］の値と，シミュレーションの結果として得られた［S］，［ES］の値を比較する．
なお，連立微分方程式を解くためのパッケージ deSolve もインストールする必要があり，それは，ソースコードの最初の行に示されている．この作業をする初回のみ，このコマンドが必要である．
③ 実行結果を［S］・［ES］についてグラフにしたものと，計算結果がそれぞれ表示される．
④ 酵素量を少なくした場合について，スクリプトのパラメータを改変し確かめてみよう．［S］の変化はどうなるだろうか

スクリプト

```
install.packages("deSolve") # 初回のみ
library(deSolve)
# 初期条件
S=1
ES=1
# パラメータ
v=0.0095
k1=0.001
k2=0.001
k3=0.0001
Et=100
# 計算回数
steps=1000000
# 初期条件，パラメータ，微分方程式を必要な形に準備
y <- c(S=S,ES=ES)
parms <- c(v=v,k1=k1,k2=k2,k3=k3,Et=Et)
times <- seq(0,steps,1)
```

```
model <- function(time,y,parms) {
  with(as.list(c(y,parms)),{
    # 微分方程式
    dS <- v+k2*ES-k1*(Et-ES)*S
    dES <- k1*(Et-ES)*S-k2*ES-k3*ES
    list(c(dS,dES))
  })
}
# 解いてグラフ表示
out <- ode(y,times,model,parms)
plot(out)
# 最後のステップの ES と S を取得し，遊離基質濃度と反応速度の計算
ES=out[[length(out[,1]),3]]
S=out[[length(out[,1]),2]]

print(c("基質供給速度"=v))
print(c("反応速度"=k3*ES))
print(c("理論的に予測される酵素-基質複合体濃度"=v/k3))
print(c("酵素-基質複合体濃度"=ES))
print(c("理論的に予測される遊離基質濃度"=((k2+k3)*v)/(k1*(k3*Et-v))))
print(c("遊離基質濃度"=S))

print(c("酵素の飽和率(基質と複合体を形成している割合)"=ES/Et))
print(c("反応効率(反応速度/供給速度)"=k3*ES/v))
```

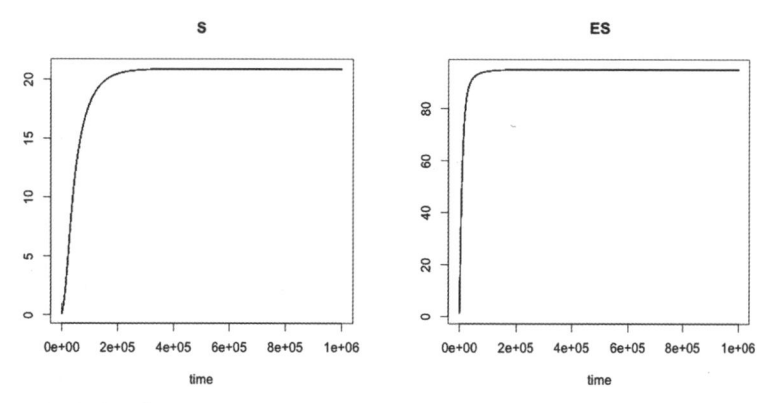

実行結果のプロット

基質は速度 v で供給され続けるので，S は最後に定常状態になる．また，基質と平衡にある ES も定常状態になる．ES からは一定の確率で生成物 P がつくられる．P も表示してみるとよい．
　スクリプトを改変し，酵素量を少なくした場合の変化も確かめてみよう．

5章　遺伝情報

- 情報分子としての核酸
- 遺伝子と DNA
- DNA の複製
- RNA への転写
- 真核生物の mRNA プロセシング
- リボソームはタンパク質合成の場
- 細胞分裂とテロメア
- 遺伝子発現量の測定
- 塩基配列の情報量
- 遺伝子頻度

細胞がその機能を発揮するために必要とされるタンパク質を合成するには遺伝情報が必要である．遺伝情報は細胞や多細胞生物体をつくりあげる情報ももっている．こうした情報は，DNA という分子の中の塩基配列として保持されている．遺伝情報の発現では，DNA が保持する遺伝情報に基づいて生体物質が合成され形態が形成される．細胞分裂にあたって，親細胞のもつ DNA 分子とまったく同じ分子を正確に複製して 2 分子にし，2 つの娘細胞に正確に 1 分子ずつ分配しなければならない．本章では DNA のもつ遺伝情報よりどのようにタンパク質が合成されるかについて学ぶ．

1　情報分子としての核酸

◆遺伝情報を担う DNA の特性

核酸はリン酸と糖の共重合体の上に 4 種類の塩基が埋め込まれた構造をもつ．糖の種類によって DNA と RNA に分類されるが，細胞内でのそれらの役割は異なる．

2 章 5 でも説明したように，細胞内で遺伝情報を担う DNA は，逆平行の二本鎖で，A と T，C と G の間で塩基対をつくり，右巻きらせんを形成している（図 5-1）．この二本鎖構造により，遺伝情報が子孫に正確に伝えられる（図 1-8 参照）．これは，塩基対の対応関係（相補性と呼ぶ）が決まっているため，DNA の一方の鎖の塩基配列が与えられると，他方も決まることに基づいている．DNA の長さは塩基対の数（bp：base pairs）で表す．真核生物の DNA は，ヒストンタンパク質に巻きつくことにより，ヌクレオソーム構造，さらにクロマチン構造を形成している（図 5-2）．

ヒストンの特定のアミノ酸残基にメチル化やアセチル化による修飾が加わると，その部分のクロマチン構造が変化し，遺伝子発現が抑制されたり促進されたりする．さらに DNA の塩基（C など）がメチル化を受けることでも，塩基配列としては変わらないものの，遺伝子発現に影響が出ることが知られている．塩基配列が変わらずに，こうした修飾によって遺伝子発現に影響がでることをまとめてエピジェネティクスと呼ぶ（宿題 7 参照）．現在盛んに研究の対象となっている．

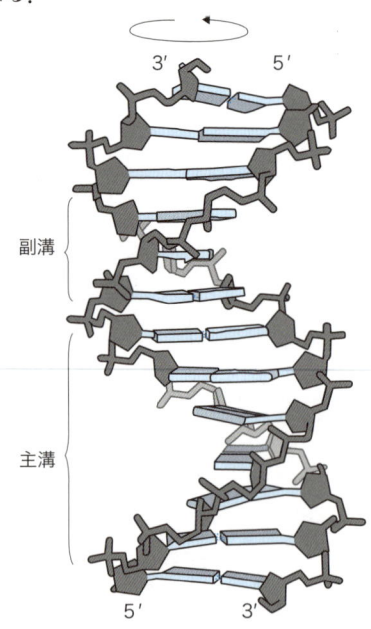

図 5-1　DNA の二重らせん構造
DNA の構造については パネル 2，図 1-8 も参照．またコンピュータを用いて表示する演習を宿題 6 に用意している．

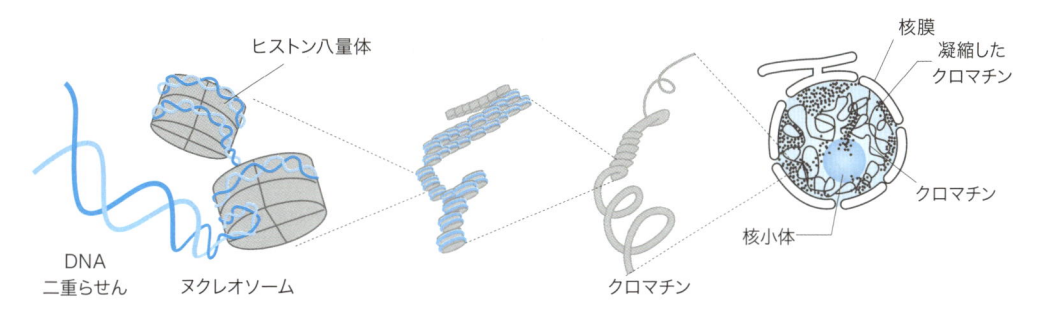

図 5-2　DNA とヌクレオソーム，クロマチンの関係
DNA は生命の糸と呼ばれる長い二重らせん構造をしたひも状の分子である．ヒトの細胞では 46 本の染色体となっているひも状の DNA 分子があり，全長は 2 m にもなる．染色体の DNA は，約 150 塩基ごとにヒストンというタンパク質に巻きついて，ヌクレオソームという構造単位をつくる．このヌクレオソームが集まって，クロマチンという構造をつくる．

◆発現された情報を担う RNA

　情報発現の過程では，発現する必要がある DNA の塩基配列部分を RNA に写し取り（転写と呼ぶ：図 5-3A），この配列をもとに，リボソーム（5 章 6 参照）という装置を使ってタンパク質を合成する（翻訳と呼ぶ）．翻訳の過程では，RNA の塩基配列が 5′ 端側から 3′ 端方向に 3 個ずつ重なりのないように読み取られ，それに対応して 1 個ずつのアミノ酸を新たなポリペプチド鎖のカルボキシ末端に重合していく（図 5-3B）．この 3 塩基（コドンと呼ぶ）と 1 アミノ酸の対応関係を遺伝暗号と呼ぶが，一部の例外を除き，全生物で共通である（パネル 1 参照）．この際，翻訳が開始される位置は RNA の 5′ 末端ではなく，周辺配列によって決まる特定の位置（開始コドン）で，開始コドンに対応するアミノ酸は常にメチオニンである．タンパク質配列のメッセージを担う RNA（mRNA）は，原核生物では多くの場合，複数の遺伝子を含む構造である（演習 6-5 参照）．真核生物の mRNA については 5 で述べる．

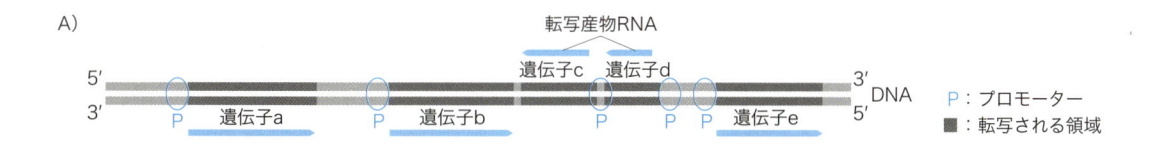

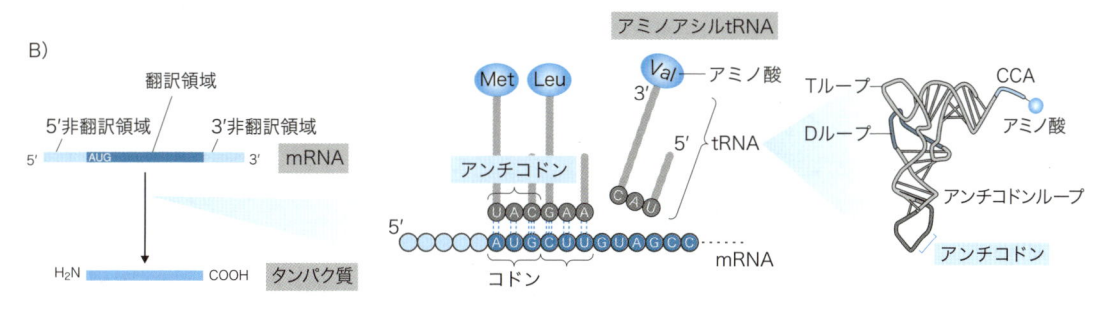

図 5-3　転写（A），mRNA の翻訳とコドン（B）

2 遺伝子とDNA

◆遺伝子とゲノム

遺伝子とは,「高分子DNAのなかでタンパク質の一次構造(アミノ酸配列)あるいは翻訳されずに機能するRNA(非翻訳RNA)の塩基配列を決定する情報をもった領域」である.細胞に含まれるDNAの1セットをゲノムという.原核生物では細胞あたり1ゲノムをもつ(一倍体)が,ヒトなど,多くの真核生物の細胞は両親由来のゲノムを2セットもつ(二倍体).真核生物の生殖細胞は一倍体である.1ゲノムがもつ遺伝子数は,大腸菌で約4,300,ヒトで約20,000と推定されている.

◆遺伝子型と表現型を区別して考える

二倍体の真核細胞は同じ遺伝子を2コピーもつので,複数の遺伝子型がある.この2つが同一(ホモ接合型)ならば1種類のタンパク質ができるが,異なる場合(ヘテロ接合型)には,原理的に2種類のタンパク質ができることになる(演習5-4参照).変異型遺伝子に対して,本来の遺伝子を野生型遺伝子という(これらを対立遺伝子と呼ぶ).ヘテロ接合型では,野生型の表現型を与える場合(変異型遺伝子が劣性)が多いが,変異型遺伝子の産物(タンパク質)が細胞に害を与える場合など,変異型遺伝子の効果が表現型として表れる場合もある(変異型遺伝子が優性).メンデルの法則は,こうした二倍体生物における対立遺伝子の挙動を記述したものである.

3 DNAの複製

DNA複製では,単位となるデオキシリボヌクレオチドを重合して高分子のDNAにする.一般には

$$[dNMP]_n + dNTP \rightleftarrows [dNMP]_{n+1} + ピロリン酸$$

と表される.$[dNMP]_n$の3′-OHに,dNTPのピロリン酸がはずれてdNMPとして結合する(NはA, T, G, Cの任意の塩基を,nは重合数を表す).これを,合成の方向は5′から3′であるという(図5-4).DNA合成に限らずRNA合成の場合も同様で,核酸の合成方向は常に5′から3′である.基質となるデオキシリボヌクレオチドを重合させる酵素はDNAポリメラーゼである.

◆複製には鋳型とプライマーが必要である

複製の過程では,元からある二本鎖をほどきながら,元の鎖の塩基に対をつくるようにDNAポリメラーゼが新しいヌクレオチドを重合していく.複製が完了したとき,それぞれ元の二本鎖DNAと完全に同じ塩基配列をもっている二本鎖のDNAが2つできる(半保存的複製).このように,DNAポリメラーゼは鋳型を要求する.

ただしDNAポリメラーゼの反応は$n=1$では進まず,数個のヌクレオチドがつながったプライマーが必要である.これは,既存のDNAしか複製しないという遺伝情報の保存にとって重要な性質

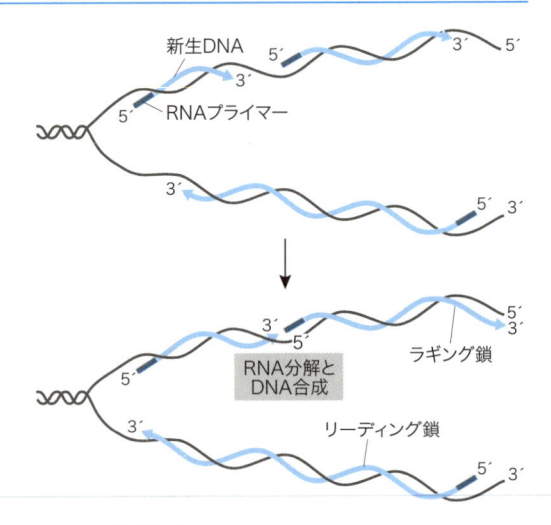

図5-4 複製の概要
DNA複製の際に,必ず5′→3′の方向性をもって合成が行なわれるため,片方の鎖は,途切れずにずっと合成されるが,他方は,小刻みに新たに合成開始をしながら短い鎖がつくられ,後から一続きにつながれる.前者をリーディング鎖,後者をラギング鎖という.

である.

ポリメラーゼ連鎖反応（PCR）は1987-8年に発表された試験管内DNA増幅手法で，鋳型DNAを変性させて一本鎖とし，これに，短い合成DNA（プライマー）を結合させ，耐熱性DNAポリメラーゼによってDNA複製反応を繰り返し行なうものである（図5-5）．増幅したい領域の両側にプライマーを設定することにより，その中間の領域のDNAが二本鎖DNAとして得られる．

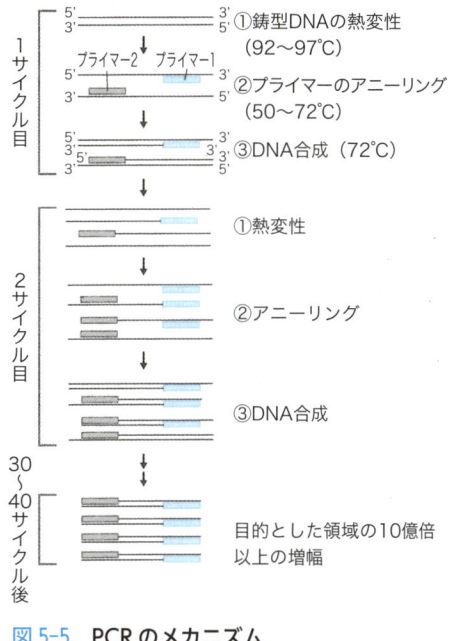

図5-5　PCRのメカニズム

◆ 例題 5-1　PCR による増幅

〈ねらい〉
PCRを例として，DNAの複製のしくみを理解する．特に，基質の他に，鋳型とプライマーを必要とすることが，一般の生化学反応とは異なることを理解しよう．

PCRについて，以下の問に答えよ．

問1　PCRにおいて，1サイクル目以降の終了時に存在する分子の種類をあげ，最初に1分子の鋳型から増幅する場合の，それぞれの分子数を求めよ．

問2　30サイクルの反応を行なうと，プライマーで挟まれた部分のDNA分子数は理論上，何倍になるか．

問3　300 bp の DNA を 30 サイクルの反応によって増幅し，最終的に約 $1\,\mu$g の産物を得る場合，鋳型 DNA は何 mol 必要か．なお，1 bp の平均分子量は 616 とする．

問4　$100\,\mu$L の反応液を使って PCR を行ない，約 $1\,\mu$g の産物を得る場合に，必要とされるヌクレオチド（dNTP）の濃度は少なくとも何 μM か．

例題の解答

問1　各サイクルでつくられる分子の種類は，
(a) 元の鋳型DNAの一方とプライマーから始まるDNAが結合したもの
(b) プライマーから始まるDNAと2つのプライマーに挟まれた領域のDNAが結合したもの
(c) 2つのプライマーに挟まれた領域の二本鎖DNA

の3種類である．最初に存在するものは，これらとは異なり，鋳型DNA同士が結合した分子

であるが，1サイクル後からは存在しない．これらの分子数を計算するには，まず，各サイクルで一本鎖DNAの本数が2倍になることを利用する．nサイクルが終了したときのa, b, cそれぞれの分子数を$N_a(n), N_b(n), N_c(n)$とすると，

$$N_a(n) + N_b(n) + N_c(n) = 2^n$$

また，明らかに，$N_a(n) = 2$．さらに，$N_b(n) = 2(n-1)$．
したがって

$$N_c(n) = 2^n - 2(n-1) - 2 = \mathbf{2^n - 2n} \quad \cdots\cdots\cdots\cdots\cdots\cdots\cdots\cdots\cdots\cdots\text{(答)}$$

問2 $n=30$ として，問2の結果を利用する．実質的に $N_a(n), N_b(n)$ は無視できるので，

$$N_c(30) = 2^{30} = \mathbf{1.074 \times 10^9} \text{（およそ10億倍である）} \quad \cdots\cdots\cdots\cdots\text{(答)}$$

問3 300 bpのDNAの分子量は，1 bpの平均分子量616を使うと，1.848×10^5

1 μg のDNAのモル数は，$\dfrac{10^{-6}}{1.848 \times 10^5} = 5.411 \times 10^{-12}$

問2より30サイクルでは 1.074×10^9 倍になるので，最初に存在する鋳型DNAのモル数は，次のようになる．

$$\dfrac{5.411 \times 10^{-12}}{1.074 \times 10^9} = 5.04 \times 10^{-21}$$

すなわち，約 **0.005** amol（アット・モル）となる．$\cdots\cdots\cdots\cdots\cdots\cdots\cdots\cdots$（答）
言い換えれば，アボガドロ数 6×10^{23} をかけると，約3,000分子ほどでよいことになる．

問4 約1 μg のDNAを構成する塩基対のモル数を計算すると，

$$\dfrac{1 \times 10^{-6}}{616} = 1.62 \times 10^{-9}$$

必要とされるdNTPのモル数は，この2倍である．なお塩基組成はほぼ等しいとする（GC含量が50%であると表現する）．反応液量が 1×10^{-4} L であるから，最低限必要なdNTPの濃度は，

$$\dfrac{2 \times 1.64 \times 10^{-10}}{1 \times 10^{-4}} = 3.28 \times 10^{-6} \text{ [mol/L]} = \mathbf{3.28\ \mu M} \quad \cdots\cdots\cdots\cdots\cdots\text{(答)}$$

● **PCRの増幅に関する補足説明**

現実のPCRの場合，酵素が利用できる基質の濃度が K_m 以上必要であること，基質が熱で分解するなどの理由により，dNTPを約1 mM程度使うことが一般的である．しかしdNTPの濃度があまり高いと，基質特異性が曖昧になり，誤った配列のDNAが合成される恐れがある．また，合成される配列の精度を高めるには，校正活性をもつDNAポリメラーゼを用いるとよい．

◆ **複製はきわめて正確**

DNAポリメラーゼによる新生鎖の延長では，誤ったヌクレオチドを結合する可能性は $10^{-6} \sim 10^{-4}$ 程度といわれる．DNAポリメラーゼには校正活性があり，誤って結合したばかりのヌクレオチドを外して正しいヌクレオチドにとり換える．さらに誤りを検出して誤ったヌクレオチドを切り取って正しいものに置き換えるミスマッチ修復機構もある．このため最終的な誤りは $10^{-11} \sim 10^{-9}$ 程度に抑えられる．

◆ 例題 5-2　DNA の情報量と複製のエラー率

　生物は悠久の時間をかけて進化してきたため，遺伝情報も無限に大きな（正確には十分に大きな）変異を試行してきたかのように感じられるが，実際にはそうでない．ダーウィン進化論（自然選択説）では，十分に大きくランダムな変異の中から生物が選び抜かれるイメージがあるが，DNA がもちうる組合せから考えると，限られた多様性の中から選択されたものにすぎないこと（1章 9 参照）を，計算から確認してみよう．
　進化における遺伝情報の変化について，以下の問に答えよ．

問1　ヒトゲノムと同じぐらいの塩基長（約 30 億 bp）がとりうる配列の組合せは，10 進法で約何桁の数字になるかを概算せよ．ただし，塩基配列は A, T, C, G の 4 残基のみとし，塩基への化学修飾は考慮しない．また，$2^{10} \approx 10^3$ と近似して概算せよ．

問2　DNA 複製の際に起こるエラー率は，$10^{-9} \sim 10^{-11}$ と見積もられている．いま，仮に 30 億塩基をゲノム DNA としてもち，平均世代交代時間が 1 時間の単細胞生物，そして一度の世代交代（分裂）あたり 10^{-9} の確率で 1 塩基に点突然変異（1 つの塩基が他の塩基に変わる変異）が入る生物がいたとする（必ず異なる塩基に置換されるとする）．この生物が 10 億年間，分裂を繰り返したとして，どのくらいの塩基配列の組合せが生じるか．ただし，この生物の個体数は常に 1 個体しか許されず，分裂した直後に片方が死滅する．また，進化を通して同じ配列が重複して生じることはないとする．

問3　実際の環境では，問2のような生物は分裂を繰り返して増殖していき，環境が許容する範囲内の個体数に保たれている．仮にこの生物の個体数が 10 億年間常に 1 兆個に保たれるとした場合，それら全個体が 10 億年の進化を通して試行できる配列の組合せはどのくらいになるか．10 進法の桁数を用いて概算を答えよ．ただし，この生物は進化を通して同じ配列をもつ個体は生じえないとする．

例題の解答

問1　$4^{3 \times 10^9}$（4 の 30 億乗）$= 2^{6 \times 10^9} = (2^{10})^{6 \times 10^8} \approx (10^3)^{6 \times 10^8} = 10^{18 \times 10^8}$

　　約 18 億桁 ……………………………………………………………………………………（答）

問2　10 億年間を世代時間（分裂回数）に換算すると，
$1 \times 10^9 \times 365 \times 24 = 8.76 \times 10^{12}$ 世代（約 9 兆世代）
一方，1 個体が 1 回の世代交代（分裂）で試行できる塩基変化は
$3 \times 10^9 \times 10^{-9} = 3$ カ所
したがって，1 個体が 10 億年間で試行できる塩基配列の変異回数は
$3 \times 8.76 \times 10^{12} = \mathbf{2.628 \times 10^{13}}$ ……………………………………………（答）[*1]

問3　1 兆個体，すなわち 10^{12} 個体が 10 億年間変異を続けながら進化するので
$2.628 \times 10^{13} \times 10^{12} = 2.628 \times 10^{25}$　ゆえに **25 桁** ……………………（答）

[*1] ゲノムのすべての塩基に変異が入るのに十二分な回数ではある．

◆ゲノム情報は最適化されているか

仮にたった5塩基からなるDNAをもつ生物がいたとして，この生物に対して100回のランダムな変異を行なったとすると，これは5カ所のいずれの塩基位置も変異させるのに十分な回数に感じられる．しかし，すべての組合せを網羅できる変異回数かというと，そうではない．この5塩基がとりうる組合せは$4^5=1,024$通りも存在する．当然ながら，各生物は数多くの子孫を生んできたので，試行された組合せはもっと多いと想定されるが，それでもゲノムで起こりうるすべての組合せから考えると圧倒的に少ないことがわかる．これだけ少ない試行回数から，どのようにここまでの多様性や精巧さを生物はつくり出したのだろうか．数十億年かけて進化してきた生物だが，最適化されたゲノム情報をもっているとは考えにくいことがわかる[*2]．

表5-1 さまざまな生物のゲノムサイズと遺伝子数

	ゲノムサイズ（総塩基数）	遺伝子数
大腸菌	4,639,221	4,288
酵母	12,157,105	6,692
線虫	103,000,000	20,447
ショウジョウバエ	168,736,537	13,937
メダカ	869,000,000	19,699
ニワトリ	1,050,000,000	15,508
マウス	2,730,000,000	22,592
ゾウ	3,200,000,000	20,033
チンパンジー	3,310,000,000	18,759
ヒト	3,100,000,000	20,364
シロイヌナズナ	120,000,000	27,416
イネ	374,000,000	35,679

これまでにゲノムが決定された代表的な生物のゲノムサイズと遺伝子数をまとめた．ゲノムサイズは，塩基配列がすべて確定している生物種を除き，高精度で解読された領域の総和を有効数字3桁で表示した．文献1より．

4 RNAへの転写

転写では，RNAポリメラーゼがDNAの二本鎖のうちの1本を鋳型にして，塩基のペアができるように1つ1つヌクレオチドを結合させる．DNAのTの代わりにRNAではUが使われる．RNAを合成する反応もDNA合成反応と同様の式で表され，合成方向も，DNA合成と同様に5'から3'へ向かう．DNA合成と違い，RNA合成は$n=1$から開始できるのでプライマーは不要である．

◆転写開始位置を指定するのはプロモーター

転写が始まるのはDNAの特定の場所（転写開始点）からであり（図5-3参照），それを決めているのがDNA上のプロモーター領域で，そこには特徴的な塩基配列を認識して，転写因子と呼ばれるタンパク質やRNAポリメラーゼが結合する．DNAには主溝と副溝があることを思い出そう（図5-1参照）．DNAの構造は，二本鎖が単に相補的に結合するだけでなく，これらの溝があることが重要である．転写因子は，溝として露出している塩

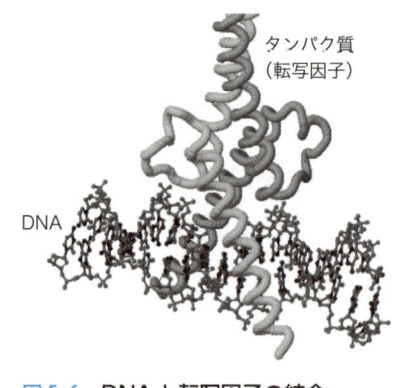

図5-6 DNAと転写因子の結合

DNAと，それに結合するタンパク質である転写因子との相互作用の一例．この例では2つのタンパク質が四次構造を形成して複合体となり，それがDNAと相互作用している．DNAの溝にタンパク質がうまくはまりこんでいることがわかる．結果として，このタンパク質複合体はDNA配列に書かれた遺伝情報の発現の量や時期を調節している．

[*2] 実際，一部の動物では，体表の模様を決めるのにゲノムDNAがすべてを指定しているわけではなく，色素細胞同士の相互作用から模様が生み出されていることが知られている（宿題9参照）．多細胞生物に限らず，DNAに書かれていない情報を生成する過程があると考えて，多くの生命科学者は興味をもって取り組んでいる．

基の部分と水素結合をつくることにより，二本鎖 DNA の塩基配列を認識することができる（図 5-6）．転写因子が DNA に結合して遺伝子の転写を制御することにより，遺伝子制御ネットワークがつくられる（**6 章**参照）．原核生物と真核生物では，転写開始のしくみはかなり異なり，関与する因子も異なるが，詳細はここでは割愛する．転写終結についても，原核生物と真核生物で，それぞれさまざまなしくみが知られている．

5 真核生物の mRNA プロセシング

真核生物の mRNA は，まず前駆体である pre-mRNA として DNA から転写される．これが以下の 3 種類のプロセシング（加工）を受けることにより完成した mRNA になる．

キャッピング（キャップ形成）：mRNA の 5′ 端には，G 塩基からなる特殊な構造（キャップ構造）が結合する．

ポリ A 付加：pre-mRNA の 3′ 端近傍には，ポリ A シグナル（AAUAAA など）配列があり，この 20 塩基程度後ろで酵素的に切断された後，ポリ A 付加酵素によって数多くの A が付加される．

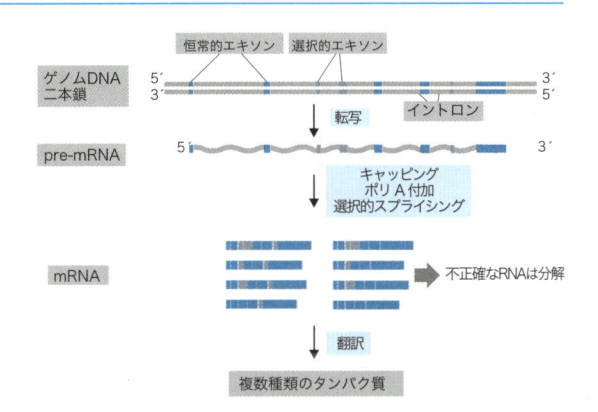

図 5-7 真核生物の mRNA プロセシング
真核生物では遺伝子領域のなかにタンパク質をコードするエキソンとコードしないイントロンと呼ばれる領域がある．

スプライシング：真核生物の遺伝子は，エキソン部分と，イントロン部分とからなり，pre-mRNA は両方を含んだ形でまず合成される．転写された pre-mRNA からイントロン部分のみを切り取って除去し，エキソン部分のみをつなげて mRNA にするのがスプライシングである（図 5-7）．スプライシングの過程で，複数種類の mRNA ができる場合がある．これを，選択的スプライシングという．

エキソンの中には，常に mRNA に含まれる恒常的エキソンと，組織や時期特異的に含まれる選択的エキソンがあり，そのエキソンの組合せを変化させる選択的スプライシングが起こることで，1 つの遺伝子から多くの種類の mRNA が合成され，機能の異なるタンパク質ができる．私たちヒトをはじめとする真核生物は，遺伝子の数を増加させるだけでなく，選択的スプライシングなどの遺伝子発現の方法の多様化によって，より複雑な生命活動を獲得している[*3]．

◆ 例題 5-3　選択的スプライシングの推定

スプライシングを経た遺伝子発現は，一見すると非常に無駄に見えるが，この例題では，選択的スプライシングによって 1 つの遺伝子から何種類のタンパク質ができるかを理解する．

選択的スプライシングについて，以下の問に答えよ．

問 1　選択的スプライシングはどのようなしくみで行なわれるか，その原理について述べよ．

問 2　恒常的なエキソンが 5 個と選択的エキソンが 3 個ある遺伝子より生じる mRNA 産物の種類数

[*3] スプライシング病と呼ばれる，スプライシングが正確にできないことによって発症する病気も報告されている．

の理論値を求めよ．なお，転写開始点は全エキソンより上流の1カ所のみ存在するものとする．

問 3 選択的スプライシングにより1つの遺伝子から多種類のmRNAが生じるとき，配列上それらがつくられると予想されるタンパク質の種類より実際に検出されるタンパク質の種類は少ないことが多い．その理由を考察せよ．なお，全種類のmRNAの発現は確認されており，開始コドンはエキソン1にある最初のAUGの1カ所のみ存在するものとする．

例題の解答

問 1 選択的スプライシングとは，組織または時期特異的に削除するイントロンを変化させることで，1つの遺伝子から多くの種類のmRNAを合成する機構である．この機構により，1つの遺伝子から多種類の機能の異なるタンパク質が翻訳される．

問 2 選択的エキソンの数を n とすると，ある選択的エキソンが入るか入らないかの二者択一であるため，mRNAの種類数は 2^n であり，恒常的エキソンの数は，mRNAの種類数の計算には不要である．したがって，
$$2^3 = 8$$
で，理論的には **8種類** のmRNAが選択的スプライシングによって生じる． ……………（答）
なお，転写開始点を複数もつことで，mRNAの種類を増やしている遺伝子も多くあるため，ここではこのような場合は除いて計算する．

問 3 mRNAが合成されると，それらが正確なmRNAであるかチェックする機構がはたらき，不正確なmRNAは速やかに分解される．例えば，最終エキソンより前のエキソンに終止コドンが存在するmRNAは，正確でないmRNAと認識され，速やかに分解されタンパク質には翻訳されない．したがって，**複数種類のmRNAのうち不正確なmRNAは速やかに分解されるため，** タンパク質としては検出されないことが多い．ただし，同種のmRNAから翻訳開始点を変更することで，N末の異なるタンパク質を合成する場合もある．

◆選択的スプライシングの意義

選択的スプライシングの例として，α–トロポミオシンは組織特異的に選択的スプライシングが起こり，性質の異なるタンパク質がそれぞれ筋肉やその他の組織で発現することで，機能の異なる組織に適したα–トロポミオシンタンパク質が発現するように調節されている．また，選択的スプライシングにより，正確でないmRNAを合成させることで，タンパク質の発現自体を低下させる遺伝子は数多く存在している．すなわち，転写量による発現量を変化させるのではなく，選択的スプライシングを制御することで，タンパク質の発現量を変化させる遺伝子発現制御も行なわれている．

例題5-3では1世代でのスプライシングの利点を解説しているが，タンパク質をコードしないイントロンをもち，スプライシングを行なうことには進化的な利点もある．不要なイントロン部位があると，異なる遺伝子のエキソンの組換えが容易になり（エキソンシャッフリングという），新しい有用な遺伝子の進化が加速したと考えられている．

6 リボソームはタンパク質合成の場

　リボソームはRNAとタンパク質からなる巨大分子複合体であり，タンパク質合成が進行する場である．リボソーム上ではmRNAの情報が読みとられ，tRNAが運搬してくるアミノ酸を遺伝暗号に従ってつなぎ合わせることで，タンパク質が合成される．新生ポリペプチド鎖は，立体的な構造を形成し，タンパク質として固有の機能を発揮できるようになる．立体構造の形成には，シャペロンという特別なタンパク質が介添えすることもある．合成されたタンパク質は，サイトゾル[*4]に分布するものや細胞外へ分泌されるもののほか，核，ミトコンドリア，リソソームなどの細胞小器官の内部や，細胞膜を含めた細胞内小器官膜構造に分布して，機能を果たす．このようなタンパク質の行方を決めるのは，タンパク質の一次構造にある特定のシグナル配列である．

　　　　　　　　＊　　　　　　　＊　　　　　　　＊

[*4] サイトゾル：細胞質内の細胞小器官の間を埋めている無構造に見える部分．

演習 5-1　細胞分裂とテロメア

〈ねらい〉
60兆もの細胞から成る私たちの体も，細胞分裂の回数で計算すると意外に少ない回数で構築できる．この回数は，テロメア短縮から生じるヘイフリック限界を考えても自然な回数である．生物の体は無数の細胞からなるよくわからない雑多な存在，ではない．

発生過程における細胞分裂について，以下の問に答えよ．

問1　すべてのヒトはたった1つの細胞（受精卵）から発生を開始し，分裂を繰り返すことで，約60兆個もの細胞から構成される体となる．このような数の細胞をつくりだすには，最低何回程度の細胞分裂が必要になるか．ただし，細胞は分裂を停止することなく増え続けるものとする．なお，$\log_2 3 = 1.585$, $\log_2 5 = 2.322$ として概算せよ．

問2　ヒトDNAの末端にはテロメアという繰り返し領域が存在しており，その全長は10〜15 kbp（kbpは1,000塩基対）程度ある．細胞分裂ごとにテロメアは，DNAの複製開始において平均して100〜150 bpずつほど短くなっていくことが知られており，半分程度の長さになると細胞分裂が行なわれなくなってしまう．これをヘイフリック限界と呼ぶ．新しい細胞は，何回程度の細胞分裂でヘイフリック限界を迎えるか，計算せよ．

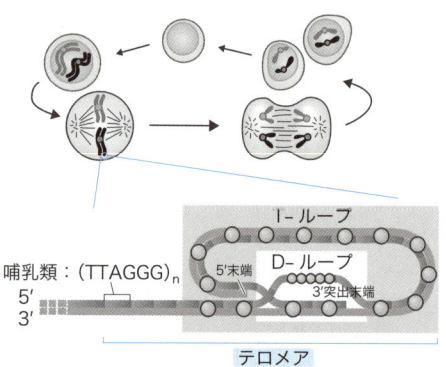

問3　末端をもたない環状DNAをもつ大腸菌では，ヘイフリック限界のような細胞分裂の上限は存在しないが，それはなぜだと考えられるか．DNA複製の観点から説明せよ．

解　答

問1　必要な分裂回数を n とすると，
$2^n = 6 \times 10^{13}$
これを解くと，
$n = \log_2 6 + 13 \log_2 10$
　$= 45.8$
すなわち，**46回の細胞分裂**で，60兆個以上の細胞を生み出せる．……………（答）

問2　10〜15 kbpの半分くらいになると，ヘイフリック限界となるので，5〜7.5 kbpが短縮した時点で細胞分裂が終了となる．一度の分裂で100〜150 bpなので，**約30〜75回の細胞分裂**でヘイ

フリック限界を迎えると計算できる．

問3 ヘイフリック限界は複製時にDNAの長さが短くなることで生じる．**ヘイフリック限界は直鎖状DNAに特有の問題であり，環状DNAでは起きないため**．具体的には，直線状のDNAには存在する末端部分，特にラギング鎖側の複製において，RNAプライマー[*5]分だけDNAが短くなってしまうため（図5-4参照）．

◆なぜ多くの生物は直鎖状DNAを採用しているのか

環状DNAにヘイフリック限界が存在しないのであれば，なぜ私たちを含め，多くの生物は末端をもつ直鎖状DNAをゲノムDNAとして採用しているのであろうか．それは，直鎖状の方が染色体の組換えが単純になり[*6]，遺伝的多様性を生み出すうえで大きなメリットがあったためであるという考え方が有力視されている．しかし，細菌類で環状DNAと直鎖状DNAをもつ生物の遺伝的多様性を実際に測定して比較したところ，そのような組換え頻度の優位性は確認できなかったと報告されている[2]．ますます謎が深まるばかりである．

また，直鎖状DNAをもつ細胞でも，分裂ごとにテロメアの長さが短くならない例外も知られている．生殖細胞，幹細胞，がん細胞などではテロメアの長さを伸ばすテロメラーゼという酵素が活性化している．

[*5] DNA合成の最初は実は短いRNAがつくられることが知られており，これをRNAプライマーと呼ぶ．この部分は，全体がつなぎあわされれば，5′側からの修復合成によってDNAに置き換えられるが，末端ではRNAの部分がなくなると，それだけDNAが短くなる．

[*6] 環状の場合，染色体を1カ所で組換えると大きなループができてしまうので，それを「ほどく」ような組換えが必要になると予想される．

演習 5-2　遺伝子発現量の測定

〈ねらい〉
逆転写酵素を作用させることにより，転写とは逆向きに，RNA を鋳型として，その相補配列をもつ DNA（cDNA）を合成することができる．さらに発現量を調べたい遺伝子に対する特異的なプライマーを用いた PCR により，この cDNA から調べたい遺伝子の mRNA に由来する DNA 断片だけを 2^n 倍と指数的に増やすことができる．本演習では，mRNA の特徴と逆転写反応について理解したうえで，定量的 RT-PCR による遺伝子発現解析の原理と発現量の標準化の考え方を理解する．

遺伝子発現量（mRNA 量）を調べる際には，逆転写後に PCR を行なう解析法（▼RT-PCR）がよく用いられる．この方法について，以下の問に答えよ．

問 1　RT-PCR による解析では，まず生物試料から RNA を抽出し，RNA サンプルから逆転写により cDNA を合成する．この際，逆転写のプライマーには，ランダムプライマー（ランダムな配列のオリゴヌクレオチドの混合物）か，オリゴ dT プライマー（チミジンのオリゴヌクレオチド dT だけからなる 15〜20 塩基の重合体）を用いることが多い．ランダムプライマーとオリゴ dT プライマーの使い分けについて，説明せよ．

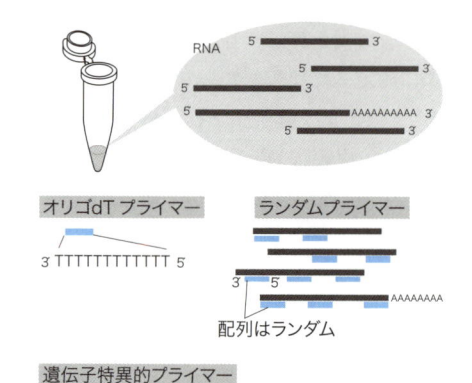

問 2　RT-PCR の次の段階では，逆転写で合成した cDNA から，調べたい遺伝子の塩基配列に特異的なプライマーを用いて PCR を行なって，DNA 断片を増幅する．この DNA 断片がサンプル中に混入していたゲノム DNA から増幅されたのではなく，たしかに RNA に由来することを確かめるにはどうしたらよいか．

問 3　生物試料 A，B，C について，遺伝子 x の mRNA を定量的 RT-PCR で調べ，順に C_T＝25.4, 27.4, 24.9 の値を得た（増幅断片量がある閾値に達するまでにかかった PCR の反応サイクル数を C_T とする）．A の x の mRNA 量を 1 として，B および C の x の mRNA 量を相対量で示せ．なお，C_T を測定するときに採用した閾値を T_x とする．

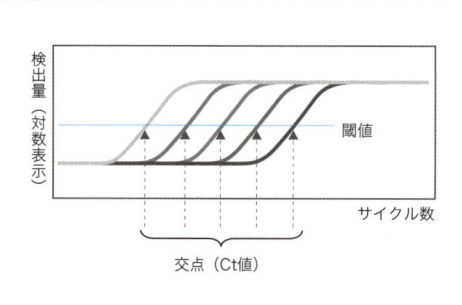

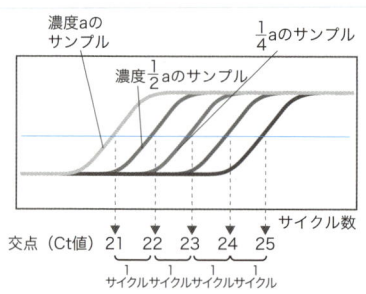

問 4　問 2 の解析の際に同時に遺伝子 y について行なった解析の結果では，生物試料 A，B，C の y

のCTは順に20.5，21.0，20.1であった．A，B，Cそれぞれについて，yのmRNA量を基準とするxの相対mRNA量$\left(\dfrac{x}{y}\right)$を求め，さらにAの$\dfrac{x}{y}$を1として，BおよびCの$\dfrac{x}{y}$を相対値で示せ．

▼背景となる知識

RT-PCRにより，調べたい遺伝子のmRNAからDNA断片を増幅した場合，理想的にはもともと存在したmRNAの量に増幅断片の量が比例するはずであるが，増幅が進むとプライマーの枯渇などにより増幅率が低下するため，サンプルに含まれるmRNA量の差に比べ，増幅断片量の差が小さくなってしまう，といった問題が起こりうる．このような問題を回避するために，定量的RT-PCRでは，PCRを行ないながら，蛍光色素を利用して増幅断片の量をリアルタイムでモニターする．

サンプル間で用いるRNAの絶対量を正確に合わせることは難しいうえ，逆転写効率のサンプル間差などもありえるため，多くの定量的RT-PCR解析では，調べたい遺伝子のほかに，基準とする別の遺伝子のmRNAについても調べ，両者の量の比率を試料間で比較することが行なわれる．基準とする遺伝子には，一般には環境条件や発生段階などによる発現レベルの変動が少ないものが選ばれる．

解答

問1 真核生物の核の遺伝子から転写されたmRNAは，ふつう3′末端にA（アデノシン）が多数付加されている（これをポリAテイルという）．そのため，ポリAテイルに相補的なオリゴdTプライマーを用いると，効率的に逆転写反応を行なうことができる．ただし，長いmRNAなどでは，ポリAテイルからの逆転写が途中で止まってしまい，5′端まで辿り着けないことがある．また，原核生物のmRNAや，真核生物でも動物の複製依存ヒストンmRNAとミトコンドリアや葉緑体のmRNAは，短いポリAテイルしかもっていない．このようなmRNAを解析する場合は，ランダムプライマーを逆転写のプライマーに用いる．

問2 ゲノムDNAとmRNAの違いから考えればよい．真核生物の核の遺伝子の多くは，エキソンとイントロンからなる．このような遺伝子の場合，ゲノムDNAには存在したイントロン配列がmRNAではなくなっているので，**イントロンを挟むエキソンの配列に対して特異的なプライマーの組を用いてPCRを行なう**．ゲノムDNAに由来する増幅断片ならイントロンを含んで長く，mRNAに由来する増幅断片ならイントロンを含まず短いことから，容易に由来を判定できる．

そもそも調べたい遺伝子がイントロンをもたないなど，イントロンの有無を判定に使えない場合には，サンプルをDNA分解酵素で処理してからRT-PCRを行なったとき，あるいは逆転写酵素を加えずにRT-PCRを行なったときにどうなるかを見る．前者で増幅され，後者で増幅されなければ，その断片はRNA由来と判断できる．

問3 A, B, CにおけるxのmRNA量をそれぞれx_A, x_B, x_Cとする．PCRの1サイクルでDNAが2倍になることから，

$$x_A \times 2^{25.4} = T_x, \quad x_B \times 2^{27.4} = T_x, \quad x_C \times 2^{24.9} = T_x$$

$$\frac{x_B}{x_A} = 2^{25.4-27.4} = 2^{-2.0} = 0.25$$

$$\frac{x_C}{x_A} = 2^{25.4-24.9} = 2^{0.5} = 1.41$$

すなわち A を 1 とすると B での遺伝子発現量は 0.25,C での発現量は 1.41 である ……（答）

問4 A,B,C の y の mRNA 量をそれぞれ y_A, y_B, y_C とする.また,y の C_T を測定するときに採用した閾値を T_y とすると,

$$y_A \times 2^{20.5} = T_y, \quad y_B \times 2^{21.0} = T_y, \quad y_C \times 2^{20.1} = T_y$$

$$\frac{x_A}{y_A} \times 2^{25.4-20.5} = \frac{T_x}{T_y}, \quad \frac{x_B}{y_B} \times 2^{27.4-21.0} = \frac{T_x}{T_y}, \quad \frac{x_C}{y_C} \times 2^{24.9-20.1} = \frac{T_x}{T_y}$$

$$\frac{\frac{x_B}{y_B}}{\frac{x_A}{y_A}} = 2^{(25.4-20.5)-(27.4-21.0)} = 2^{-1.5} = 0.35$$

$$\frac{\frac{x_C}{y_C}}{\frac{x_A}{y_A}} = 2^{(25.4-20.5)-(24.9-20.1)} = 2^{0.1} = 1.07$$

すなわち B での遺伝子発現量は 0.35,C での発現量は 1.07 である …………………（答）

演習 5-3　塩基配列の情報量

〈ねらい〉
本演習では，DNA と RNA の塩基組成，塩基配列に関する考察・計算を通して，転写や翻訳における DNA・RNA の情報の有意性について理解する．

DNA に含まれる塩基は，プリンが A と G の 2 種類，ピリミジンが C と T の 2 種類で，合計 4 種類である．二本鎖 DNA では，水素結合で対をなしている A と T，G と C の数は等しい．転写因子など DNA に作用するタンパク質は，DNA の特定の塩基配列を認識して結合する．RNA の 3 塩基の組（トリプレット）は，アミノ酸の種類を指定するだけでなく，翻訳の開始と終了も指定する．
DNA の塩基組成と配列について，以下の問に答えよ．

問 1　ある真核生物の核 DNA の一領域について，プリン塩基に占める A の割合を調べたところ，二本鎖 DNA 全体では 0.54，片方の DNA 鎖（鎖 1 とする）では 0.50，他方の DNA 鎖（鎖 2 とする）では 0.60 であった．鎖 1 と鎖 2 のそれぞれについて，全塩基中の A，G，C，T の割合を計算せよ．

問 2　真核生物の核 DNA からの mRNA の転写の開始には，一般に基本転写因子と RNA ポリメラーゼ II が必要である．基本転写因子は，TATA ボックス[*7]と呼ばれる，次のような塩基配列を認識して，DNA 上に集合する．

　　TATA ボックスの標準塩基配列：
　　　5′- T A T A A/T A A/T -3′　　（A/T は A または T）

この生物の核 DNA について，塩基組成は問 1 で求めた通り，配列は完全にランダムとして，この DNA の任意の 7 塩基配列が TATA ボックスである確率を求めよ．

問 3　mRNA からタンパク質への翻訳は，リボソームが mRNA の開始コドンを認識して始まる．リボソームは，mRNA 上を 5′ から 3′ の方向に移動しながら，コドンに従って順次アミノ酸を結合してタンパク質を合成していき，終止コドンが現れると，mRNA から離れる．開始コドンから終止コドンの 1 つ手前のコドンまでの塩基配列を，タンパク質に翻訳されうる読み取り枠として，ORF という．この生物の核 DNA の鎖 1 を鋳型として RNA が転写される場合，配列がランダムとして，ORF の長さの平均値を求めよ．

解答

問 1　ここで考えている二本鎖 DNA の総塩基数を $2N$，鎖 1 の A，G，C，T の数をそれぞれ A_1，G_1，C_1，T_1，鎖 2 の A，G，C，T の数をそれぞれ A_2，G_2，C_2，T_2 とする．
$$A_1+G_1+C_1+T_1=A_2+G_2+C_2+T_2=N$$
$$A_1=T_2,\ G_1=C_2,\ C_1=G_2,\ T_1=A_2$$

[*7] 真核生物のプロモーターのコアとなる部分の配列は，TATA を含むことが多いため，TATA ボックスと呼ばれる．

すなわち，$A_1+G_1+A_2+G_2=C_1+T_1+C_2+T_2=N$
全プリン塩基および各鎖のプリン塩基に占めるAの割合より，

$$\frac{A_1+A_2}{A_1+G_1+A_2+G_2}=\frac{A_1+A_2}{N}=0.54$$

$$\frac{A_1}{A_1+G_1}=0.50$$

$$\frac{A_2}{A_2+G_2}=0.60$$

$$A_1+G_1+A_2+G_2=\frac{A_1}{0.50}+\frac{A_2}{0.60}=N$$

以上より，まずNに対するA_1，A_2の割合が求められ，同様にしてG_1，G_2の割合，そして自動的に他の塩基の割合も求められる．

$$\frac{A_1}{N}=0.30,\quad \frac{G_1}{N}=0.30,\quad \frac{C_1}{N}=0.16,\quad \frac{T_1}{N}=0.24$$

$$\frac{A_2}{N}=0.24,\quad \frac{G_2}{N}=0.16,\quad \frac{C_2}{N}=0.30,\quad \frac{T_2}{N}=0.30$$

すなわち $A:G:C:T$ は鎖1では **0.3：0.3：0.16：0.24**，鎖2では **0.24：0.16：0.3：0.3** である．……………………………………………………………………………………（答）

問2 鎖1中の7塩基が 5′- Ｔ Ａ Ｔ Ａ Ａ/Ｔ Ａ Ａ/Ｔ -3′ である確率は

$$0.24\times 0.30\times 0.24\times 0.30\times (0.30+0.24)\times 0.30\times (0.30+0.24)\approx 4.5\times 10^{-4}$$

鎖2では，

$$0.30\times 0.24\times 0.30\times 0.24\times (0.24+0.30)\times 0.24\times (0.24+0.30)\approx 3.6\times 10^{-4}$$

すなわち任意7塩基がTATAボックスである確率は，**鎖1では 4.5×10^{-4}，鎖2では 3.6×10^{-4}** である．………………………………………………………………（答）

問3 問1の計算結果に基づくと，DNA鎖1を鋳型とするRNAでは，A, G, C, Uの割合が順に0.24，0.16，0.30，0.30となる．終止コドンはUAA，UAG，UGAの3種類なので，あるトリプレット（3塩基の組）が終止コドンである確率pは，

$$p=0.30\times 0.24\times 0.24+0.30\times 0.24\times 0.16+0.30\times 0.16\times 0.24\approx 0.040$$

開始コドンを1つ目のトリプレットとして，$k+1$番目のトリプレットに初めて終止コドンが現れる確率qは，

$$q=(1-p)^{k-1}p$$

n番目までのトリプレットを考えたときに，開始コドンから最初の終止コドンまでのトリプレット数（開始コドンは含み終止コドンは含まない）の期待値E_nは，

$$E_n=\sum_{k=1}^{n}kq=\sum_{k=1}^{n}k(1-p)^{k-1}p=\frac{1-(np+1)(1-p)^n}{p}$$

RNAの長さを考えない（無限とする）なら，

$$E_\infty=\frac{1}{p}\approx 25$$

トリプリットは3塩基なので，ORFの長さの平均は，この3倍で，**約75塩基**となる．…（答）

◆**遺伝子と発現制御配列の並びは偶然（ランダム）ではない**

　タンパク質の多くは，100～1,000個程度のアミノ酸からなる．ORFでは，300～3,000塩基に相当する．タンパク質をコードする遺伝子では，こうした長いORFが，TATAボックスやその他の制御にかかわる配列と適切な関係で配置されている．単なる偶然ではそのようなことがいかに起きにくいか，今回の計算からもわかる．裏返せば，ある程度の長さのORFがあり，その上流にTATAボックスがあれば，それだけでこの部分が実際に遺伝子としてはたらいていると判断される．

演習 5-4 遺伝子頻度

20世紀初めにメンデルの法則が再発見された後，しばらくの間は，劣性遺伝子の頻度は世代を重ねると少なくなると思われていた．しかし，▼ハーディ-ワインベルグの法則によると，特に選択圧がなければ，完全なランダム交雑では，1つの遺伝子座における遺伝子頻度は世代とともに変化しない．これは通常の婚姻集団にもだいたいあてはまるとされる．

問1 2型アルデヒド脱水素酵素（ALDH2）の遺伝子（常染色体にある）に G → A 変異をもち，この酵素の487番目のグルタミン酸がリシンに変化している人は，アルコールの代謝産物であるアセトアルデヒドの代謝ができないため，お酒が飲めない体（下戸）になる．日本人集団の平均では，この変異型遺伝子をホモ接合型，ヘテロ接合型としてもつ人の比率は，それぞれ5%，45%といわれる（観測値）．この変異型遺伝子の遺伝子頻度 p_A（集団のすべての染色体で調べたときの，変異型遺伝子の比率）を求めよ．

問2 変異型遺伝子頻度を p_A にもとづいて，この変異遺伝子に関してホモ接合型，ヘテロ接合型の人の比率の期待される値を求めよ．

問3 問2の推定値と観測値との食い違いについて考察せよ．

▼背景となる知識

ヒトの集団はサイズが大きいので，遺伝子頻度が世代とともに大きく変化することはなく，大筋でハーディ-ワインベルグの法則に従うとみられる．また，お酒が飲めない原因となる変異遺伝子は，約25,000年前に生じたものが，東アジアに広まったと考えられ，少なくとも日本人の変異遺伝子はすべて同一の起源をもつと考えられている．

解答

問1 ホモ接合型では2本の染色体の両方に同じ対立遺伝子が存在するので，問題の変異型遺伝子が存在する頻度は，$\dfrac{5\times 2+45}{200}=$ **27.5%** となる．……（答）

問2 ホモ接合型の比率は，p_A^2，ヘテロ接合型の比率は，$2p_A(1-p_A)$ であるので数値を代入すると，ホモ接合型の割合は，$0.275\times 0.275=$ **0.076**，またヘテロ接合型の割合は，$2\times 0.275\times 0.725=$ **0.399** ……（答）

問3 ホモ接合型の割合の推定値は観測された値より多い．変異型遺伝子をもつことが何らかの理由で子孫を残すことに不利にはたらいた可能性がある．ただしこれは集団の婚姻が完全にランダムで，集団の人数が無限大という条件のもとでの推定であり，現実には日本社会の中での婚姻は，少なくとも数十年前までは，地域ごとに行なわれていたと考えられるので，明確な結論を得るには，詳しい調査が必要である．

◆お酒に弱い体質が証明する血縁関係

　ALDH2 遺伝子の変異型対立遺伝子は，基本的にすべて同一であるので，それらをもっている個体は非常に近い血縁関係にあることになる．親兄弟も含めて考えれば，お酒が飲めても飲めなくても，すべての日本人が非常に遠い血縁関係にあると考えられる．なお，お酒の強さには，ALDH2 の他にも，他の脱水素酵素もわずかに関係しており，特にお酒が弱い人には，さらに細かい弱さの段階があるといわれている．また，オーストラリアの先住民には，アジアのものとは異なる別の ALDH2 変異が存在するそうである．また，白人は一般にはこうした変異をもっていないため，一般にお酒が強い．

5章 まとめ

- 遺伝情報は DNA の塩基配列の形でコードされており，DNA 分子の相補性により，複製が保証されている．DNA が複製されるときには，材料となるヌクレオチドと鋳型のほか，プライマーが必要である．
- 遺伝情報が発現するときには，mRNA の塩基配列に転写され，さらにタンパク質のアミノ酸配列に翻訳される．mRNA の構造は，原核生物と真核生物では異なっている．
- 真核生物の mRNA がつくられるときには，3 種類のプロセシングが行なわれる．選択的スプライシングにより，部分的に構造の異なる多種類のタンパク質がつくられる．
- PCR 技術を使うと，目的とする DNA 断片を増幅するだけでなく，遺伝子の発現量を測定することもできる．
- 生物がもつ遺伝情報の総体はゲノムと呼ばれ，自動化されたシーケンサにより，多くの生物のゲノム DNA の塩基配列が決められている．ゲノムや遺伝子の情報は，ウェブ上で無料で公開されている．

宿題5　遺伝情報データベースの利用

　DNAの塩基配列やタンパク質のアミノ酸配列は，どちらも一次元の文字列として表される．そのため，例えばヒトゲノムの塩基配列も，A，T，G，Cの4種類の文字を並べた長い文字列として扱うことができる．こうした配列情報は，表5-1に示すいくつかのウェブサイトに集められており，無料で誰でも利用することができる．化学物質のデータベースが特許などの権利で固められているのとは対照的に，ヒトゲノムを含む生物情報は特定の個人が権利を主張するようなものではないとの国際的な了解に基づいている．そのため，配列情報を検索，取得，利用することは，誰にでもできる．また，それらを利用するソフトウエアも無料で多数公開されている．ここではデータベースを実際に活用することでどのような情報が得られるかを学ぼう．

表5-1　主要なデータベース

GenBank（またはEBI，DDBJ）	日米欧3極で維持するゲノム配列のデータベース．
PDB（Protein Data Bank）	日米欧3極で維持するタンパク質立体構造のデータベース．1971年より運営される．
UniProt	タンパク質アミノ酸配列の機能注釈データベース．デイホフのアトラスをもとにつくられたPIRと，SwissProt，それを自動化したTrEMBLデータベースを統合してつくられた．
OMIM	Online Mendelian Inheritance in Man の略．ヒト遺伝病の解説データベースMIMのオンライン版．
PubMed	米国が管理する学術文献情報のデータベース．世界中で出版される生命科学論文のうち，およそ半分が登録されている．

手順

①ブラウザで，データベースのウェブサイトに接続する．ここではNCBI[*9]を使った場合の検索方法について記載する．

②ヒトのヘモグロビンについて調べよう．検索フィールド左のDatabese＞Proteinを選び，テキストフィールドに'human[organism] AND hemoglobin'と入力する．[　]内は生物種を指定することを示し，ANDは2つの検索語の論理和をとることを意味する．ヒトを指定するには，学名を使って'Homo sapiens'と書いてもよいが，その場合には2語になるので，検索フィールドに記入する際にも，シングルクォートで囲む必要がある．

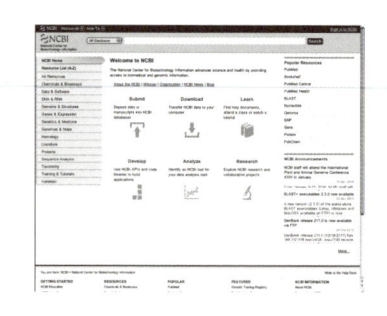

③1,500以上の項目が検索されたことが示されるが，その中には部分配列や不完全なものも含まれ

[*9] NCBI　http://ncbi.nlm.nih.gov/

る．ヒトのヘモグロビンは，α鎖とβ鎖が2本ずつ組合わさったものであるが，α鎖の配列が142 aa（aaはアミノ酸残基の個数を示す），β鎖の配列が147 aaである．表示されているものは，基本的にはこのどちらかのはずだが，1個だけ短いものは，細胞内でアミノ末端のメチオニンが除去された形のものを表していると思われる．そのほか，低分子物質と結合したものの立体構造を登録したもの（タイトルにCrystal Structureと書かれている）から得られたアミノ酸配列や，EBIに登録された配列をNCBIに移した配列など，重複して表示されている．

⬇

④ここではα鎖の代表的な配列を表示してみよう．'hemoglobin subunit alpha [Homo sapiens]'と書かれたものをクリックすると，配列の画面が表示される．1行目にはLOCUSで始まる表示があり，そこにはNP_000508と書かれている．またACCESSIONの欄にも同じことが書かれている．これがこの配列を指定する記号であり，論文などでは，これを使って配列を指定する．

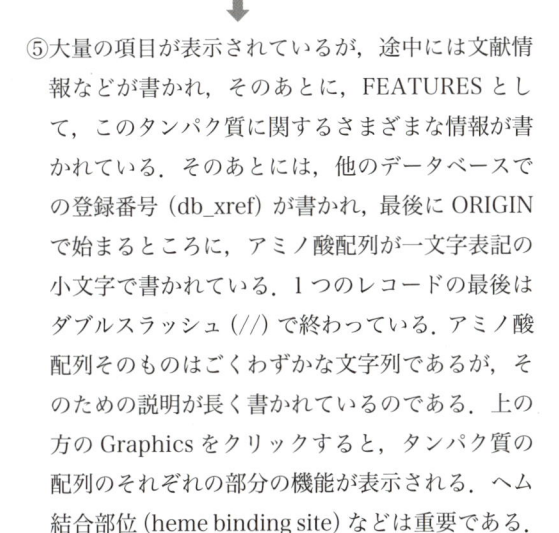

⬇

⑤大量の項目が表示されているが，途中には文献情報などが書かれ，そのあとに，FEATURESとして，このタンパク質に関するさまざまな情報が書かれている．そのあとには，他のデータベースでの登録番号（db_xref）が書かれ，最後にORIGINで始まるところに，アミノ酸配列が一文字表記の小文字で書かれている．1つのレコードの最後はダブルスラッシュ（//）で終わっている．アミノ酸配列そのものはごくわずかな文字列であるが，そのための説明が長く書かれているのである．上の方のGraphicsをクリックすると，タンパク質の配列のそれぞれの部分の機能が表示される．ヘム結合部位（heme binding site）などは重要である．

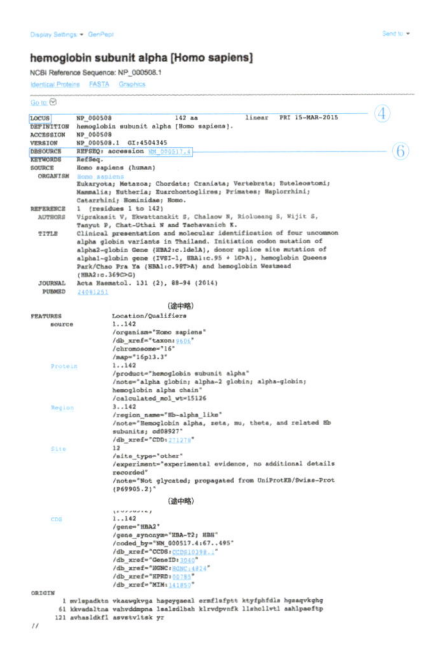

NCBIのウェブサイトで表示したヒトヘモグロビンのアミノ酸配列の例

⬇

⑥次にこれに対応するDNA配列を探してみよう．はじめの検索で，ProteinのかわりにGeneを選んでもDNA配列を検索することができるが，それぞれのアミノ酸配列と対応するDNAを得るには，アミノ酸配列のデータの最初の方にあるDBSOURCE REFSEQ: accession NM_000517.4という行のリンクをクリックする．通常，アミノ酸配列はDNAの塩基配列をもとにして，翻訳して得られているからである．

⬇

⑦するとHomo sapiens hemoglobin, alpha 2 (HBA2), mRNAというページが表示される．これは，mRNAから逆転写酵素によって合成されたcDNAの配列を登録したものである．やはり一番下にDNA配列が記載されている．いろいろなリンクをクリックし，何が表示されるか，調べてみよう．例えばCDSをクリックすると，アミノ酸配列に対応するDNAの部分が表示される．

⬇

⑧再度タンパク質に戻って，一番上の [Identical Proteins] をクリックすると，同じ配列をもつ異なる登録データの一覧が表示される．一番上のCDS Region in Nucleotideの欄で，[NC_

000016.10：172913–173600（+）］をクリックすると，ゲノム DNA の上での配列情報が表示される．mRNA join（<1..95,213..417,560.. >688）という行に書かれているのは，エキソンの領域である．これらをつなぎ合わせて mRNA ができることを示している．また，一番上の［Graphics］を表示させると，かなり細かいが，ゲノム上でのヘモグロビン遺伝子の位置やエキソンがわかる．中央の＋印がズームボタンで，ズームしながら，一番上に表示される範囲を移動させれば，ヘモグロビン遺伝子 HBA1，HBA2 の位置を拡大できる．

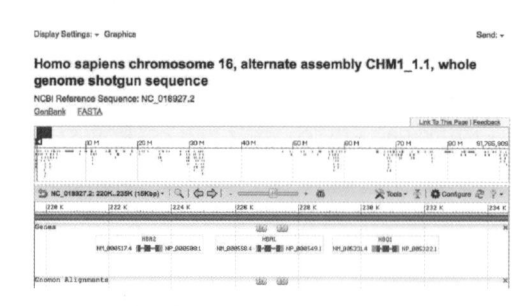

ヒトヘモグロビン遺伝子領域のゲノム地図

⑨今度はタンパク質の立体構造を表示してみよう．もう一度⑧のリストの表示に戻る．下の方を見ていくと，一番左に PDB と書かれた欄がある．［1BZ1_A］をクリックして表示される画面で，上の方にある Mmdb_id：8609 のリンク（または右側のフレームに表示される図をクリックして得られるリストの中の適当なもの）をクリックしてみよう．立体構造が表示され，ABCD 4 つのサブユニットの複合体であることがわかる．このうち A と C は α 鎖で，B と D は β 鎖である．下の方には，タンパク質のドメイン構造も説明されている．右上の PDB ID：［1BZ1］をクリックし画像下にある View in 3D：［JS mol］をクリックすると，画像を操作する画面がでてくる（**宿題 1 参照**）．

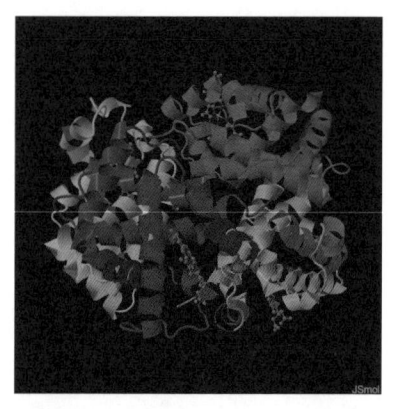

JSmol によるヘモグロビン（四量体）の表示
α ヘリックスがらせんで，ヘムが原子モデルで表示されている．

宿題6　DNAの構造と転写因子の結合

宿題2の手順を参考にして，DNAの構造を表示してみよう．

問1 B型DNA (12 bp)の構造としては，4BNA，355D，436Dなどがある．リン酸はどれで，デオキシリボースはどれだろうか．どこが塩基対だろうか．隣り合う塩基対の重なり（スタッキング）にも注意しよう．

問2 今度はDNA結合タンパク質とDNAの結合を表示してみよう．さまざまなものがあるが，ここでは2BJC，1MJO，1JWLを挙げておく．順に複雑になっている．タンパク質二量体の対称性，DNAとの結合部分の構造，タンパク質が入り込んでいるDNAの溝，DNAと接触しているタンパク質部分の荷電などに注目して，詳しく調べてみよう．

PDB	説明
2BJC	λファージCroリプレッサーとターゲットDNAの結合
1MJO	メチオニン・リプレッサーとターゲットDNAの結合
1JWL	ラクトース・リプレッサーとオペレータDNAの結合

解答

問1 4BNAの例を示す．図はChimeraによる表示である．

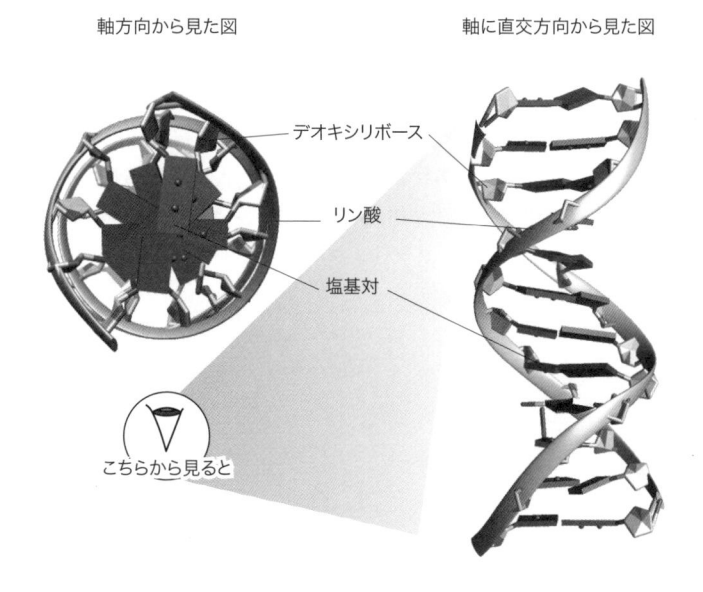

問2 1MJOの例を示す．左はDNAの軸方向から見た図で，タンパク質を二次構造で表示している．右はそれを水平軸に関して90°手前に回転した図で，タンパク質表面を表示している．DNAがタンパク質表面の塩基性のくぼみに入り込んでいる．また，タンパク質のαヘリックスがDNAの主溝に食い込んでいることもわかる．DNAの裏側にタンパク質の表面が見えている．画面上の青は塩基性，赤は酸性アミノ酸残基を示す．

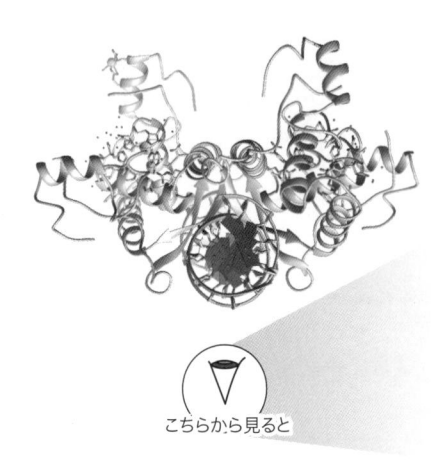

軸方向から見た図　　　　　　　軸に直交方向から見た図
　　　　　　　　　　　　　　　（タンパク質は表面表示）

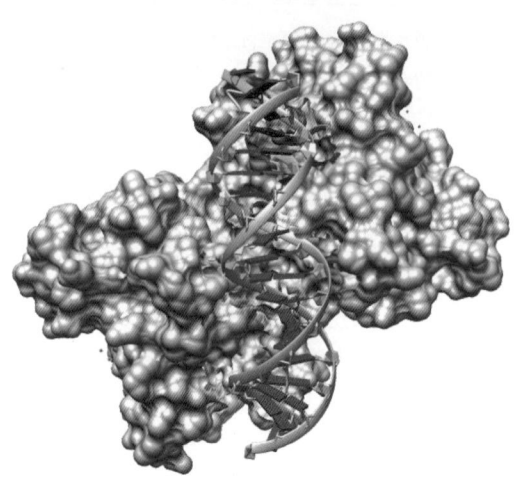

こちらから見ると

宿題7　調べてみよう①：エピジェネティクス

「エピジェネティクス」について調べてみよう．

補足説明

　エピジェネティクスについて詳しく研究が行われるようになったのは，比較的最近である．この言葉は，もとは，前成説に対する後成説の意味で使われたが，その後，従来の遺伝学では扱われないが遺伝に影響するもの全体を意味する幅広い言葉として使われている．しかし狭い意味では，DNAのメチル化など特定の化学的修飾をさすこともある．DNA の塩基配列に書き込まれていない情報も子孫に伝わるのだろうか．19世紀はじめに獲得形質が遺伝するとしたラマルクの考えは，その後ダーウィンにも引き継がれたが，ヴァイスマンによって否定された．しかし，最近の研究では，親の生活習慣などが原因で，子供の形質に影響が出ることも知られている．クロマチン構造のリモデリング，ゲノムインプリンティング，リプログラミングによる iPS 細胞の作製などの話題もある．いろいろな参考図書[1]があるので，調べてみよう．

6章 システムとしての生命の特性

- フィードバック回路の重要性
- 代謝経路と遺伝子発現制御におけるネットワーク
- ホメオスタシス
- 転写制御のモデル
- 転写のフィードバック制御
- ネットワークモチーフ
- 転写制御のベイズ推定
- 合成オペロンの進化

生命の営みは，膨大な数の生体分子の複雑な結びつきによって成り立っている．1つの生命現象だけを取り上げても，それには互いに影響し合う生体分子が多数かかわっており，これらの分子がまとまって機能している．こうしたまとまりは，関係する生体分子を構成要素とする"システム"と見ることができる．従来の分子生物学では，個々の生体分子に着目し，1つ1つ掘り下げていくアプローチが主流であった．これに対し，大量の要素とそれらの関係性を総体として捉え，生命をまさにシステムとして理解しようとするアプローチが，最近では盛んになってきている．このアプローチでは，生体分子の一対一の因果関係を見て，例えばこのタンパク質がはたらくとこうなる，として終わるのではなく，多くの因果関係が組合さりネットワークができることで生まれる全体のふるまいを重視し，さらに単純な決定論を超えて確率的なふるまいにも目を向ける．このような方向の学問領域がシステム生物学であり，バイオインフォマティクスや合成生物学，数理生物学とも関連しつつ発展している．生命のシステム的理解においては，構成要素が織りなすネットワークとその挙動を明らかにすることが大事である．生命におけるシステムの要素は，代謝物，タンパク質，遺伝子に加え，捉え方によっては細胞などさまざまであり，それらが構成するネットワークも多岐にわたる．しかし多様ななかにも生命システムに広く共通に見られる性質はあり，その代表的なものが出力を一定にする安定性である．本章では，生命システムのどのようなネットワークがどのように安定性をもたらすかを見ていくことで，生命のシステム的理解へのガイダンスとしたい．

1 フィードバック回路の重要性

生命システムを構成する要素について，要素aは要素b(の量や活性)に影響する，要素bは要素c(の量や活性)に影響する，というように要素間の関係を順次追って矢印でつないでいくと，ネットワークを流れ図として描くことができる．このような流れ図において，上流の要素と下流の要素の間に，もう1つ新たな関係が加わると，単なる逐次的直線経路にはない性質が生まれる．このような関係性には大きく分けて，下流の要素が上流の要素に影響するタイプと，上流の要素が下流の要素に影響するタイプがある．前者はフィードバック，後者はフィードフォワードと呼ばれる（図6-2A）．

フィードバックの図では，矢印が循環した回路を

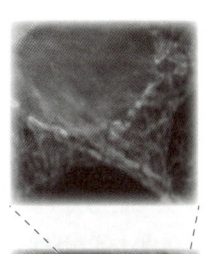

個々へ着目し掘り下げていくアプローチ

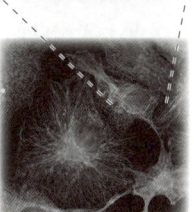

大量の要素と関係性を総体として捉えるアプローチ

図6-1 生命現象に対するアプローチの2つの方向性

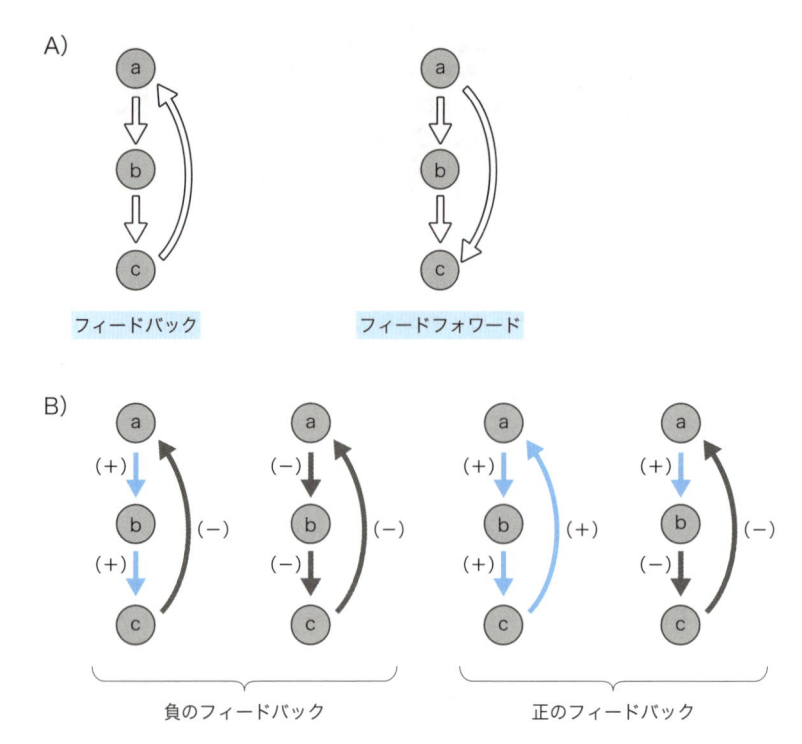

図 6-2 フィードバック回路とフィードフォワード回路
矢印の青色と横の（＋），黒色と（－）は，それぞれ促進的な影響，抑制的な影響を表す．

形成する．個々の矢印が示す影響には，活性化や促進つまり正の影響もあれば，不活性化や抑制つまり負の影響もある．フィードバック回路で，1 周する間に負の影響が奇数個ある場合を負のフィードバック，偶数個（0 を含む）ある場合を正のフィードバックという（図 6-2B）．正のフィードバックは，自己触媒的に出力の上昇ないしは低下を増幅するようにはたらく．これに対し，負のフィードバックは出力の変動とは逆の方向に作用し，出力を安定化させる効果をもつ．こうしたフィードバック回路は，生命のシステムのいたるところに組み込まれている．

図 6-2 のようなネットワークを見ると，要素間の影響（矢印）の大きさは，要素の絶対値をそのまま反映するような印象を受ける．しかし，実際の生命のシステムではそうとは限らず，ある値を基準として，それと要素の値との差に影響の大きさが依存することも多い．この場合，要素の値が基準値を下回ると，その要素が他の要素に与える影響の正負が逆転することになる．こうした要素を出力とする負のフィードバック回路では，出力が基準値を超えていればその程度に応じて出力が抑えられるが，基準値を下回るとその程度に応じて出力が上がる（図 6-3）．その結果として，出力は基準値に落ち着いて安定する．実際にはフィードバックの効果が現れるまでの時間差の存在などにより，基準値を挟む出力の振動が生じ，振幅が減衰して基準値への安定に至ることが多い．さらに条件によっては，基準値を挟んで出力が振動し続けることもある．この場合も，出力が限られた範囲内に収まるという意味では，安定化といえる．

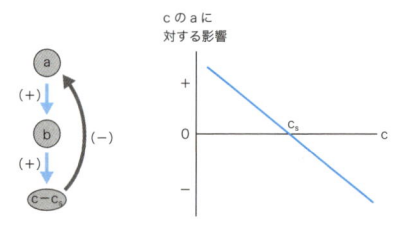

図 6-3 基準値との差で影響が決まる負のフィードバック回路
c_s は c の基準値．

基準値と要素の値の差ではなく，要素と要素の値の差，例えば隣接細胞間での要素値の差で影響が決まるようなネットワークもある．細胞1のcの値をc_1，隣接する細胞2のcの値をc_2として，図6-3のcをc_1，c_sをc_2と置き換えてみてほしい．そうすると，この負のフィードバック回路は，c_1やc_2の絶対値にかかわらず，c_1とc_2が同じになるようにはたらくことがわかるだろう．このような負のフィードバック回路は，生命のシステムに，差を解消し均一化をもたらすしくみを提供している．

2 代謝経路と遺伝子発現制御におけるネットワーク

代謝経路はいくつもの酵素反応によって成り立っており，酵素反応の連続で一連の物質変換を実現している．こうした代謝経路は，代謝産物を要素とするネットワークといえる．代謝ネットワークを調節する基本的な方式は，代謝産物が増えすぎたら代謝経路の流量を絞って産物量の過剰を抑えるというもので，これには代謝産物が酵素に直接的または間接的な影響を与えることでつくられる負のフィードバック回路が重要な役割を果たしている．直接的な影響の多くは，アロステリック制御による（4章5参照）．あるアロステリック酵素が関与する代謝経路の産物が，その酵素のエフェクターとして作用するなら，フィードバック回路が形成される．具体例を挙げよう．

解糖系の中心的酵素であるホスホフルクトキナーゼはアロステリック酵素で，ATPがエフェクターとして結合すると活性が阻害される．また，このATPの阻害作用はクエン酸によって高められる．解糖系がクエン酸回路にピルビン酸を供給すること，解糖系とクエン酸回路でATPが生産されること，クエン酸回路でクエン酸が生じることを考えると，ATPおよびクエン酸によるホスホフルクトキナーゼの阻害はまさに負のフィードバック制御であり，解糖系〜クエン酸回路の代謝流量を適正に保つのに役立っていることがわかる（図6-4）．

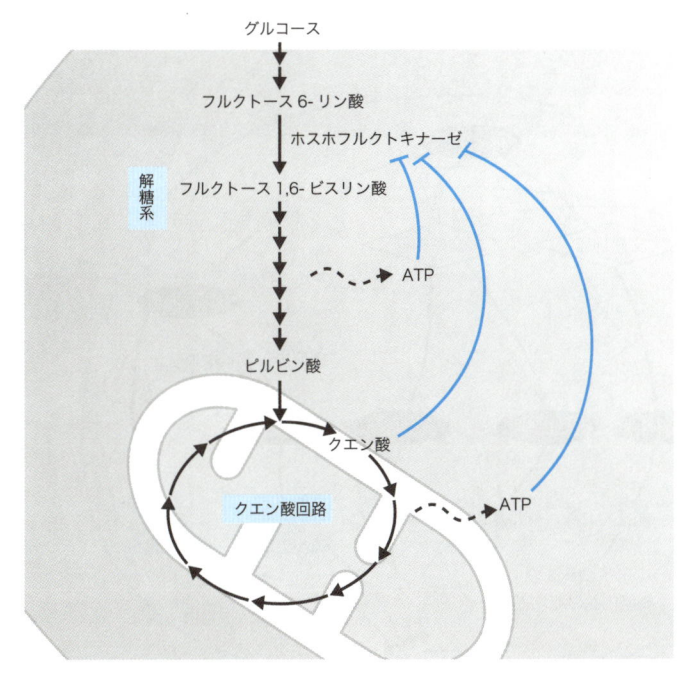

図6-4　ホスホフルクトキナーゼのフィードバック制御
Tは阻害作用を表す．

生命システムのネットワークにおいて，アロステリック制御のようなタンパク質に作用する制御と同じく，あるいはそれ以上に大きな役割を果たしているのが，遺伝子発現の変化に依存した制御である．あるタンパク質に注目したとき，その量は遺伝子発現による新たな合成と分解のバランスによって決まっている．タンパク質の合成は，転写，翻訳など，遺伝子発現の各段階で制御を受けるが，一般には転写の制御がきわめて重要である．転写制御は主に，転写因子タンパク質とプロモーター近傍の塩基配列との特異的な結合が，このプロモーターからの転写に強い影響を与えることによる（5章4参照）．ある遺伝子Xからつくられるタンパク質が，別の遺伝子Yの転写を活性化，または抑制する転写因子であれば，単純に$X \to Y$という関係となる．Xの遺伝子産物それ自体が転写因子でなくても，例えば転写因子の活性化などを通して，Yの転写にかかわるなら，やはり$X \to Y$といってよい．こうした転写制御の関係をつないでいくと，転写のネットワークを描くことができる．転写ネットワークで下流の遺伝子が上流の遺伝子に作用すれば，フィードバック回路が形成され，回路内の転写抑制の回数が奇数であれば負のフィードバック回路となって，遺伝子発現が安定化する．こうした転写ネットワークは，広範な生命現象に対して，システム的理解の基礎を提供する．

3 ホメオスタシス

ホメオスタシスは生物体がもつ基本的な特性の1つである．動物のホメオスタシスでは神経による情報伝達やホルモンによる情報伝達が主役を担っており，ネットワークもふつう神経やホルモンといった階層の異なるものが要素として混在する形で描かれる．そのため一見複雑であるが，負のフィードバック制御による出力の安定化が基本となっている点では，これまでに述べた代謝ネットワークや転写ネットワークと同様である．

血糖の調節を例にとると，図6-5のような制御ネットワークに依存している．大きく枠組みを見

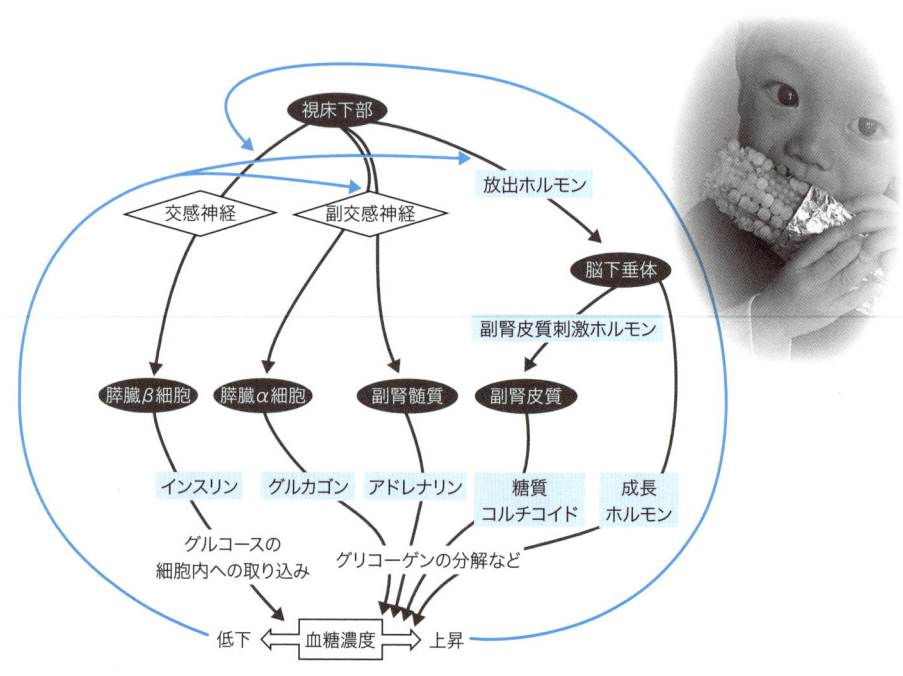

図6-5 **血糖の調節**

れば，血糖濃度が低下したときには血糖濃度を上昇させる経路が，逆に血糖濃度が上昇したときには血糖濃度を低下させる経路が活性化される．つまり血糖濃度が血糖濃度に負の影響を及ぼす，負のフィードバック回路となっている．

各演習のねらい

◆転写制御のモデル

この演習では，転写制御の標的となる遺伝子の産物が一定の速度で産生し，自身の濃度に依存して分解される，というモデルを扱う．このモデルについて考察することで，転写制御の基本と産生・分解サイクルの意味を理解することができる．

◆転写フィードバック制御

この演習では，転写因子が自身の転写を抑制する場合を扱う．これは転写ネットワークにおける最も単純な負のフィードバック回路といえる．演習を通して，負のフィードバック制御の基本特性と意味を理解することができる．

◆ネットワークモチーフ

実際の生物では，膨大な数の遺伝子が転写ネットワークを構成している．この演習では，6個の遺伝子からなる転写ネットワークをグラフ化して扱う．これによって，ネットワークの全体をシステムとして俯瞰し，特徴（ネットワークモチーフ）を捉えることができる．

◆転写制御のベイズ推定

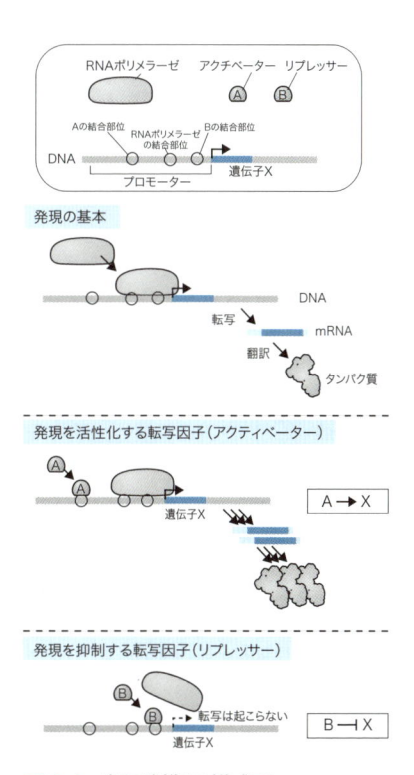

図 6-6　転写制御の模式図

生命のシステムでは，要素間の関係は必ずしも決定論的ではなく，むしろ確率的であることの方が多い．この演習では，そのモデルケースとして，遺伝子発現の制御が確率的に定まる場合を扱う．これによって，確率的なネットワークの基本を理解し，ネットワーク制御に統計的な考え方を取り入れることができる．

◆合成オペロンの進化

この演習では，大腸菌のラクトースオペロンを基礎とするモデル実験を取り上げ，遺伝子発現制御のしくみとその進化について考察する．これによって，転写ネットワークを構成する転写制御の実体がどのようなものであるかを知り，それがどのように進化してきたかについて理解することができる．

演習 6-1　転写制御のモデル

転写因子 X が遺伝子 Y を制御しているとする．すなわち $X \to Y$ である．Y の量（濃度）の変化は，Y が産生される速度と分解速度の差によって決まる（ここでは Y が拡散し希釈する場合は無視する）．Y の産生速度を β で，分解速度を α で表す（$\alpha, \beta \geq 0$）．単位時間あたりの Y の濃度変化は次のように表される．

$$\frac{dY}{dt} = \beta - \alpha Y$$

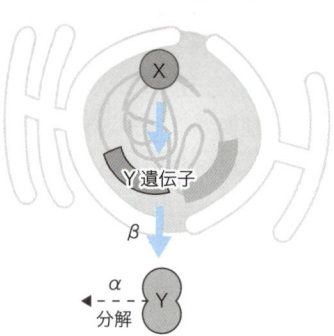

Y に関して，以下の問に答えよ．

問1　Y が定常状態，すなわち $\frac{dY}{dt}=0$ のとき，Y は定数濃度 Y_{st} となる．Y_{st} を求めよ．

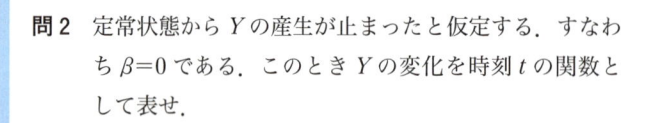

問2　定常状態から Y の産生が止まったと仮定する．すなわち $\beta=0$ である．このとき Y の変化を時刻 t の関数として表せ．

問3　Y の応答速度として，Y の産生が止まり定常状態から半分になるまでの時間 $T_{1/2}$ を考える．$T_{1/2}$ を求めよ．

問4　逆に $Y=0$ から定常状態の半分に増加するまでの時間 $T_{1/2}$ を求めよ．

問5　Y の応答速度を上げるにはどうしたらよいか．またそのときの副作用を述べよ．

解答

問1　$\beta - \alpha Y = 0$ を Y について解けばよい．したがって，$Y_{st} = \frac{\beta}{\alpha}$ ……（答）

問2　$\frac{dY}{dt} = -\alpha Y$ を解けばよい．初等的な微分方程式である．

したがって，$Y(t) = Y_{st} e^{-\alpha t}$ ……（答）

問3　$Y(t) = \frac{Y_{st}}{2}$ を解けばよい．したがって，$T_{1/2} = \frac{\ln(2)}{\alpha}$ ……（答）

問4　$\frac{dY}{dt} = \beta - \alpha Y$ を解くと $Y(t) = Y_{st}(1 - e^{-\alpha t})$ となる．問3と同様に $Y(t) = \frac{Y_{st}}{2}$ を解けばよい．問3と同様の結果となる．すなわち，$T_{1/2} = \frac{\ln(2)}{\alpha}$ ……（答）

問5　問3および問4より，応答速度を上げるには α を大きくすればよい．問1より α を大きくすると定常状態 Y_{st} も小さくなるため，応答速度を上げつつ同じ定常状態を保つには産生速度 β も大きくする必要がある．α も β も大きいということは，生物学的には産生と分解が常に高い状態で起こっていることを意味し，応答速度を向上するために普段は無益な産生・分解サイクルを維持する必要があることを意味する．

補足説明

産生速度 β は，Y が X に制御されていることから，X の関数で与えられると考えることができる．すなわち $\beta=f(X)$ である．β を詳細に記述したい場合，$f(X)$ としてヒル関数と呼ばれるモデルが使われる．X が Y のアクティベーターであるとき，ヒル関数は

$$f(X)=\frac{\beta' X^n}{K^n+X^n}$$

と定義される．ここで，β' は最大発現レベル，n はヒル係数，K は活性化係数と呼ばれている．一方 X がリプレッサーの場合，ヒル関数は

$$f(X)=\frac{\beta'}{1+\left(\frac{X}{K}\right)^n}$$

と定義される．パラメータはアクティベーターのヒル関数と同様の3つだが，K は抑制係数，β' は最大産生速度と呼ばれている．これらの関数はパラメータによって次のような形となる．

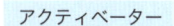

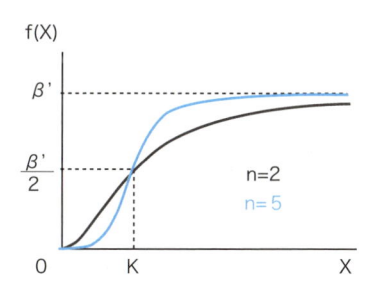

ヒル関数のグラフ
n を大きくすると変化が急激になる

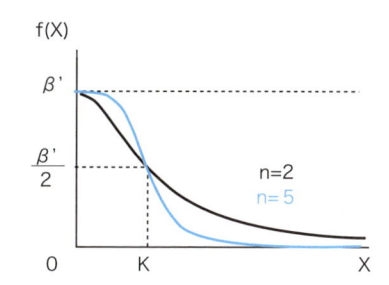

演習 6-2　転写のフィードバック制御

転写因子 X が自身の転写を抑制しているとする．つまり X は負の自己制御（一種のフィードバック制御）を行なっている．すなわち

$$\frac{dX}{dt}=f(X)-\alpha X$$

$f(X)$ として

$$f(X)=\beta\theta(X<K)$$

とする．ここで α は分解速度，β は最大産生速度，K は抑制係数である（$\alpha, \beta, K>0$）．また $\theta(X<K)$ は条件 $X<K$ が真のとき 1 を，それ以外のとき 0 を返すステップ関数である（ただし $\frac{\beta}{\alpha}\geq K$）．

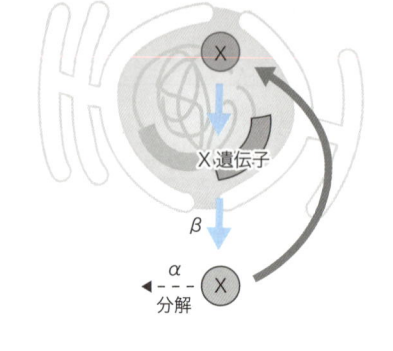

X に関して，以下の問に答えよ．

問 1　X の定常状態 X_{st} を求めよ．

問 2　単純化のため X を $X=\beta t$ で近似する．値が小さい範囲ではほぼ正しい．演習 6-1 問 4 で定義した X の応答時間 $T_{1/2}$ を求めよ．

問 3　X の応答を早めるためにはどうしたらよいか．

問 4　負の自己制御がない場合とある場合とで，同一の定常状態を仮定した場合の応答速度の違いを論ぜよ．

▼背景となる知識

生物の転写制御ネットワークには自分自身を抑制する転写因子が有意に多く存在する．例えば大腸菌の転写ネットワーク[1]には 40 個の自己制御の関係があり，これは偶然にそのようなネットワーク構造が得られる確率と比較すると有意に多い．このことは自己制御が進化の過程で保存されていることを示している．

解 答

問 1　$f(X)$ の定義により，$X<K$ では $\frac{dX}{dt}=\beta-\alpha X$，$X\geq K$ では $\frac{dX}{dt}=-\alpha X$

$\frac{\beta}{\alpha}\geq K$ より $X<K$ の範囲内では $\frac{dX}{dt}=\beta-\alpha X$ は 0 にならず常に正である．一方 $\frac{dX}{dt}=-\alpha X$ は常に負である．つまり X が K を超えると産生が止まって減少し，K を下回ると再び産生が始まって増加に転じる．したがって，定常状態は $\boldsymbol{X_{st}=K}$ ……………………（答）

問 2　$X=\beta t=\frac{1}{2}X_{st}$ を t に関して解けばよい．したがって，$\boldsymbol{T_{1/2}=\frac{K}{2\beta}}$ ……………………（答）

問3 問2より β を大きくすればよい． ……………………………………………………………… (答)

問4 負の自己制御がない場合（ここでは単純制御と呼ぶ）の応答時間を $T_{1/2}^*$，分解速度と産生速度のパラメータをそれぞれ α^*, β^* とする．**演習 6-1** より，このとき応答時間は $T_{1/2}^* = \dfrac{\ln(2)}{\alpha^*}$，また定常状態は $\dfrac{\beta^*}{\alpha^*}$ である．負の自己制御の有無によらず定常状態は同じとして，負の自己制御と単純制御とで応答速度の違いを比較しよう．問1で求めた定常状態と上記の単純制御下の定常状態が同じという仮定から，$X_{st} = K = \dfrac{\beta^*}{\alpha^*}$

この関係を使って，問2で求めた応答時間と単純制御下の応答時間の比を整理すると，

$$\frac{T_{1/2}}{T_{1/2}^*} = \frac{K}{2\beta} \frac{\alpha^*}{\ln(2)} = \frac{\dfrac{\beta^*}{\beta}}{2\ln(2)}$$

となる．これより，**負の自己制御がある場合，定常状態を決めるパラメータ K とは独立のパラメータ β を大きくすることにより，単純制御に比べて著しく短い応答時間を実現できる**ことがわかる．………………………………………………………………………………………………… (答)

> **補足説明**

ステップ関数 $\theta(X<K)$ は**演習 6-1** の補足説明で定義したリプレッサーのヒル関数

$$f(X) = \frac{\beta'}{1 + \left(\dfrac{X}{K}\right)^n}$$

の特殊な形といえる．すなわち，ヒル関数のパラメータ n を $n \to \infty$ とした場合である．アクティベーターのステップ関数は条件式の不等号を入れ替えた $\theta(X>K)$ となる．

演習 6-3　ネットワークモチーフ

下図はある A〜F の 6 個の遺伝子からなる転写ネットワークを示している．

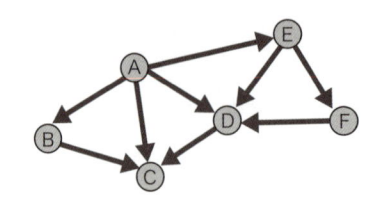

以下の問に答えよ．

問 1　ネットワークの節点や中継点をノードといい，1 つのノードに入ってくる関係（枝）の数を入次数，ノードから出ていく関係の数を出次数という．入次数，および出次数の最も多い遺伝子（ノード）はどれか．

問 2　遺伝子名の違いを考えない場合，3 遺伝子からなる部分グラフのうち，最も頻度の多いパターンはどれか．

▼背景となる知識

システム生物学では遺伝子ネットワーク（転写ネットワーク）や代謝ネットワーク，タンパク質間相互作用ネットワークなど，さまざまなネットワークが細胞内のシステムの理解のために登場する．これらのネットワークの構造上の特徴は，システムのふるまいや特定の要素の機能を予測したりするのに使用される．ノード（節点）とエッジ（枝）の集合で構成されるものを一般にグラフとよぶ．ネットワークはグラフとして表わされる．ネットワークの中で特に頻度の高い部分構造（ネットワークのグラフで特に頻度の高い部分グラフ）を，ネットワークモチーフという．演習 6-2 で扱った自己制御も，ネットワークモチーフの一種である．ネットワークモチーフは，ネットワークを特徴づける重要な意味をもっている場合が多い．

解 答

問 1　最も入次数の多い遺伝子は **C** と **D**．最も出次数の多い遺伝子は **A**．……………………（答）

問 2　のパターンが 4 回で最も多い．………………………………………………………………（答）

すべての 3 ノードの組合せは 20 通りであり，それぞれのパターンは次のようになる．

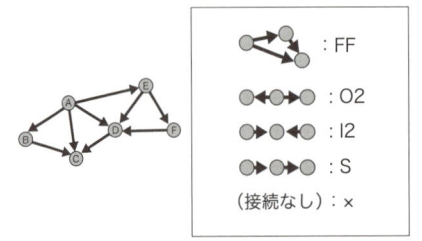

凡例：
- : FF
- ●→●←→● : O2
- ●→●→● : I2
- ●→●→●（戻り） : S
- （接続なし）: ×

ABC : FF	ADE : FF	BDF : ×
ABD : O2	ADF : I2	BEF : ×
ABE : O2	AEF : S	CDE : S
ABF : ×	BCD : I2	CDF : S
ACD : FF	BCE : ×	CEF : ×
ACE : O2	BCF : ×	DEF : FF
ACF : ×	BDE : ×	

> **補足説明**

各ノードの入次数，出次数およびその分布はグラフを特徴づける基本的なパラメータである．特に出次数の多いノードは多くの因子に影響を与えていると考えられることが容易に予想されるが，実際に重要な機能をもつ転写因子などの遺伝子である場合が多い．転写ネットワークの場合，そのような遺伝子は他の多くの遺伝子の発現を制御していることを意味する．このような遺伝子をハブ遺伝子と呼ぶ．

生物ネットワークでは，各ノードの次数の分布を見ると，少数のノードが多数の枝で他のノードにつながっていることがわかる．具体的にはノードが次数 k をもつ確率が $p(k)=ak^{-r}$（a は正の定数）のべき乗則に従う．このようなネットワークをスケールフリーネットワークという．

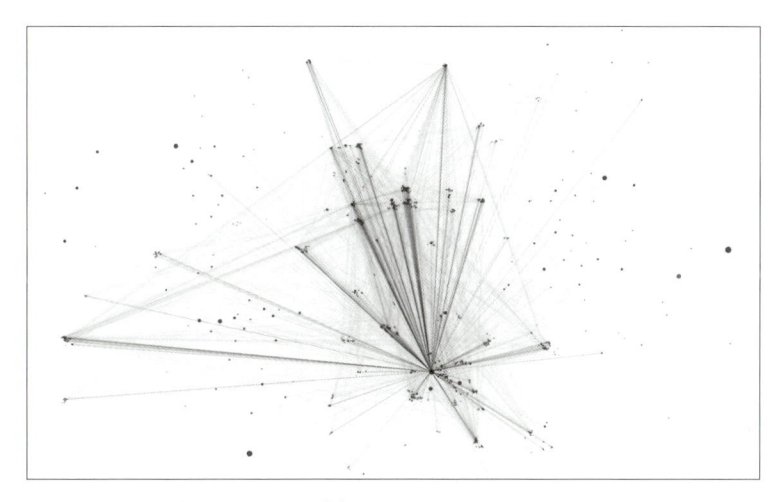

スケールフリーネットワークの例
遺伝子発現データから推定したヒト 13,731 遺伝子の遺伝子ネットワーク．点は遺伝子，線はパスである．点の大きさが次数を表している．この図から特定の遺伝子にパスが集中するスケールフリーネットワークの特徴が読み取れる．

演習 6-3 では計算の煩雑さから頻度のみでネットワークモチーフを選択させているが，実際はランダムグラフとの比較により，その出現頻度が統計的に有意なものをネットワークモチーフとすることが一般的である．

問 2 の解答のパターンはフィードフォワード回路であり，フィードバック回路とともに特に生物ネットワークで頻出する．問題図中の遺伝子 A, B, C の場合，フィードフォワード回路は，遺伝子 A が直接 C を制御しているパスと，B を介して間接的に C を制御しているパスからなる（2 つのノードをつなぐ経路をパスという）．制御パスには発現を活性化するものと抑制するものの 2 種類がありうるが，直接・間接の制御が同じ種類のときはコヒーレントなフィードフォワード回路，違うときはインコヒーレントなフィードフォワード回路と呼ぶ．

遺伝子 A, B, C のフィードフォワード回路のうち B→C のみが抑制で，それ以外が活性化の関係にあるものをタイプ I フィードフォワード回路という．**演習 6-2** の場合と同様に，この構造をもつ転写制御は応答時間を短くできることが知られている．

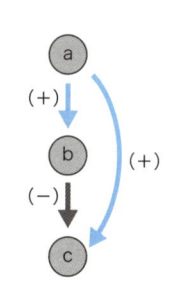

タイプ I フィードフォワード回路

演習 6-4　転写制御のベイズ推定

遺伝子の転写ネットワークを考えるときには，それぞれの遺伝子の発現量から，それらが制御する遺伝子（ターゲット遺伝子）の発現量を計算してもよいが，多くの場合，遺伝子の発現はオンかオフ，つまり発現しているかいないかのどちらかとして近似できることが多い．そのため，各遺伝子の発現がオンかオフであるとして，制御ネットワークの挙動を計算することが便利である．こうしたネットワークをブーリアンネットワークと呼ぶ．ここではその最も基本的な挙動を▼ベイズ推定に基づいて推定する問題を考えてみよう．

遺伝子 X が Y の発現を制御しているとする．すなわち $X \to Y$ である．単純化のため X および Y は 1 または 0 の値をとり，1 は発現している，0 は発現していないことを表す．今，Y は X の値に応じて確率的に定まるとする．具体的には $X=1$ のときの $Y=1$ の確率，すなわち条件確率 $P(Y=1|X=1)=0.8$ である．また $P(Y=0|X=0)=0.6$，$P(X=0)=0.4$ である．

問　ある実験での計測の結果，遺伝子 Y は発現していなかった．このとき遺伝子 X が発現している確率を求めよ．

▼**背景となる知識**

$P(A|B)$ は，B であるときに A が成り立つ条件確率である．また，

$$P(X|Y) = \frac{P(X)\ P(Y|X)}{P(Y)}$$

となることが知られており，これはベイズの定理と呼ばれる．

解　答

問　$P(X=1|Y=0)$ を求めればよい．

$P(Y=0|X=1) = 1 - P(Y=1|X=1) = 1 - 0.8 = 0.2$

$P(X=1) = 1 - P(X=0) = 1 - 0.4 = 0.6$

$P(Y=0) = P(X=0)P(Y=0|X=0) + P(X=1)P(Y=0|X=1) = 0.6 \times 0.6 + 0.4 \times 0.2 = 0.36$

ここでベイズの定理により

$$P(X=1|Y=0) = \frac{P(X=1)P(Y=0|X=1)}{P(Y=0)}$$

これに求めた値を代入して

$$P(X=1|Y=0) = \frac{0.6 \times 0.2}{0.36} = \frac{1}{3} \quad \cdots\cdots\cdots \text{（答）}$$

なお図示するとわかりやすい．

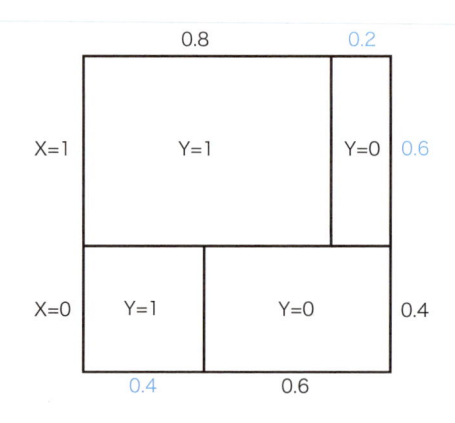

> **補足説明**

ベイズの定理の証明は次の通り．

（証明）

まず，$P(X|Y)$ は，Y が成り立つときに X が成り立つ確率である．これは，X，Y がともに成り立つ確率 $P(X, Y)$ を，$P(Y)$ で割ったものになる．

$$P(X|Y) = \frac{P(X, Y)}{P(Y)}$$

同様にして，$P(X, Y) = P(X) P(Y|X)$ である．したがって，次の関係式が成り立つ．

$$P(X|Y) = \frac{P(X, Y)}{P(Y)} = \frac{P(X) P(Y|X)}{P(Y)} \quad \text{（証明終）}$$

◆ネットワーク制御に統計的な考え方を取り入れる

因果関係の統計的推定の方法として，ベイジアンネットワーク（因果ネットワーク）を用いた方法がよく利用されており，遺伝子発現の依存関係の推定に応用されている．細胞内に産生されているタンパクを網羅的に計測することは難しいため，マイクロアレイなどのDNAチップを用いて計測された mRNA の量，すなわち遺伝子発現データを遺伝子ネットワークの推定に用いる．ベイジアンネットワークは非巡回有向グラフ（DAG）構造[*1]となる（付録A **発展7** 参照）．計測データに基づき何らかの統計科学に基づくスコア（事後確率など，**演習6-4** 参照）を用いて，このDAG構造を求めることにより因果推論が可能になる．ただしDAGは数が膨大なため，解候補すべてを列挙する方法は遺伝子数が多い場合は事実上不可能である．

より複雑で大規模なネットワーク構造での確率計算はビリーフプロパゲーション（確率伝搬法）と呼ばれるアルゴリズムなどで計算可能である．また隠れマルコフモデルなど，条件付き確率やベイズの定理を用いた確率計算が生命科学では頻出する．**演習6-4** では最も単純な2変数の場合のベイジアンネットワークを用いた例を示したが，実際にこれを用いた研究[2]がある．他にも状態空間モデルを用いたシステムの撹乱ポイントの同定の研究[3]や，あるいは微分方程式モデルを用いた研究[4]がある．

---

*1 Directed Acyclic Graph．どの2つのノードに対しても，枝の向きにノードをたどっていった場合に元に戻る経路がないグラフのことを非巡回有向グラフという．

演習 6-5　合成オペロンの進化

大腸菌のラクトースオペロンを模した以下のような人工オペロンをつくった研究がある．
$lacZ\alpha$ は β ガラクトシダーゼをコードする $lacZ$ を短くしたもので，本実験においては，$lacZ$ と同じと見なしてよい．$sacB$ はスクロース存在下で生育できなくする遺伝子，cmR はクロラムフェニコールという抗生物質の存在下でも生育できるようにする耐性遺伝子である．$lacI$ 遺伝子の産物はLacI タンパク質であり，これは $lacZ\alpha$ 以下のオペロンの上流にあるオペレーター DNA 配列に結合し，転写のリプレッサーとしてはたらく．IPTG という薬剤は，リプレッサーに結合することにより，オペレーターからリプレッサーを外し，抑制作用をなくす性質がある．

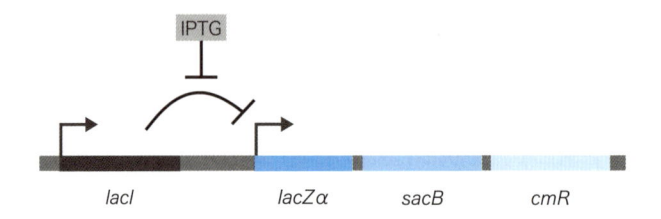

（図：IPTG が LacI を介して lacZα, sacB, cmR の発現を制御するオペロン構造）

問1 このオペロンをもつ大腸菌を次の条件下で培養した場合，生育はどのようになるか．
（ア）IPTG なし，スクロースなし，クロラムフェニコールあり
（イ）IPTG あり，スクロースあり，クロラムフェニコールなし
（ウ）IPTG あり，スクロースなし，クロラムフェニコールあり

問2 IPTG 濃度を調節すると，オペロンの発現量を変えることができる．$lacZ\alpha$ の発現量 E を β ガラクトシダーゼ活性として測定することにより，オペロンの発現量をモニターできる．その場合，スクロース存在下とクロラムフェニコール存在下のそれぞれを考え，これらの物質の濃度が高いときと低いときについて，E を横軸として，細胞の増殖速度を表すグラフはどのようになるか．概形を示せ．

問3 この遺伝子システムのなかで，$lacI$ の部分だけにランダムに変異を導入し，上の（ア）と（イ）の条件で3時間ずつ，3サイクル培養したところ，わずかに増殖する細胞が得られた．この細胞集団から，$lacI$ を取り出し，変異を導入したうえで，大腸菌に戻し，同じように（ア→イ）×3の培養を行なった．この試験管内進化実験を3サイクル行なったところ，よく増殖する大腸菌が得られた．このとき，LacI タンパク質がもつと期待される性質はどのようなものか．

▼背景となる知識

大腸菌の遺伝子発現制御の例として，ラクトースオペロンが知られている．オペロンとは，複数の遺伝子が並んでいて，共通のプロモーターから転写され，複数の遺伝子に対応する RNA がひとつながりの mRNA としてつくられるものを指す．したがって，これらの遺伝子は，同時に発現し，同時に発現が止まる．ラクトースオペロンは，ラクトース存在下で発現し，ラクトースの利用を可能にするという合目的的なシステムである．このようなシステムがどのようにして進化してきたのか，それを実証しようとするのが，この実験である．ここで，LacI タンパク質は $lacZ\alpha$ 遺伝子の上流配列に結合して，その発現を抑制する．

解答

問1
(ア) *cmR* 遺伝子が発現しないので，クロラムフェニコールで増殖が抑えられる．
(イ) *sacB* 遺伝子が発現するので，スクロース存在下で増殖が抑えられる．
(ウ) *cmR* 遺伝子が発現するので，クロラムフェニコールがあっても増殖できる．

問2 この研究を報告した論文[5]によると，以下のようになる．それぞれ青が濃くなる順に濃度を高くした場合の曲線である．それぞれの場合について，じっくりと考えてみよう．

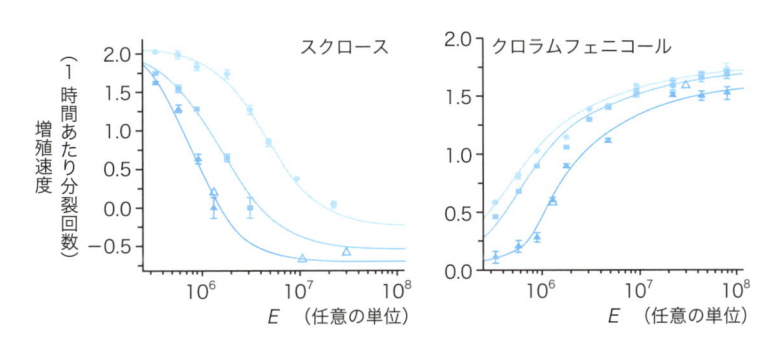

問3 もともとの LacI は，IPTG 存在下でオペレーターから離れるものだったが，進化実験の結果，IPTG 存在下でオペレーターに結合するという逆の特性をもつものに変化した．なお，この変化は，複数の変異によって可能になっている．その中でも特定の変異により，まず IPTG 応答性を失い，さらに変異が加わることによって，逆の反応性をもつものに変化したとのことである．

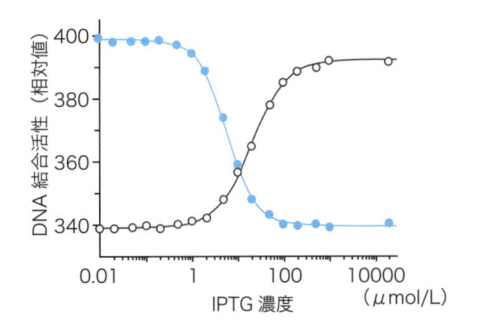

選択を繰り返すことによって得られた変異型リプレッサーが示す DNA 結合性の IPTG 濃度依存性

●：野生型リプレッサータンパク質，○：変異実験で得られたリプレッサータンパク質，結合特性が逆転していることに注意．

6章 まとめ

- 生物に見られるさまざまな営みは，代謝物や遺伝子，あるいは細胞などの要素が関係し合い，1つのシステムとして活動することによる．
- システムの各要素は，他の要素と影響の授受によって結びつけられ，ネットワークを構成している．
- ネットワークの特定の要素間にはたらく影響に複数の経路があれば，そこは回路となり，単なる逐次的直線経路にはない性質を生み出す．
- 影響が循環するような回路で，回路を1周する間に負の影響が奇数回あるものを，負のフィードバック回路という．
- 負のフィードバック回路は，システムの出力を安定化させるうえで，重要な役割を担っている．

宿題8　調べてみよう②：負のフィードバック回路

6章で取り上げた事例のほかに，負のフィードバック回路が制御する生物現象にはどのようなものがあるだろうか．「安定性」や「ホメオスタシス」をキーワードに，負のフィードバック回路を含みそうな生物現象を探してみよ．そして，その現象にかかわるネットワークを調べ，実際に負のフィードバック回路が含まれるか見てみよ．

7章 生命のダイナミクスとパターン形成

- 正のフィードバック回路
- 要素の空間内移動を伴うシステム
- 反応拡散系
- 高次の形態パターンの形成
- 孔辺細胞と浸透圧
- 神経のシグナル伝達原理
- オーキシンの極性輸送と形態形成
- Notch-Delta系による側方抑制
- 胚のパターン形成

　生命のシステムは, さまざまな状況の変化に応じて, ネットワークの特性を反映した動的ふるまい（ダイナミクス）を示す. あらゆる生命現象は, それにかかわるシステムのダイナミクスの現れともいえる. 例えば, 外的環境に対する応答などは, 入力の変更に対するシステムの反応として, ダイナミクスと関連づけて捉えやすい. 生命現象の中でも, システムのダイナミクスとの関係が特に興味深いのは, パターン形成である. 生物の形態形成は, 遡っていくと究極的にはどれも, 秩序のあるパターンが自律的に生じる過程, つまり自己組織化に行き着く. この自己組織化が, 正のフィードバック回路を有するシステムならではのダイナミクスによるのである. 本章では, こうした生命システムのダイナミクスを取り上げ, パターン形成を中心に, 生命現象とのかかわりをみていこう.

1 正のフィードバック回路

　ある条件において安定した状態にある生命システムは, 構成要素の値や要素間の関係に偶発的に起きる小さな変動（ゆらぎ）があったり, システムが置かれた条件が変わったりしたときに, どのようにふるまうだろうか. フィードバック回路をもたないシステムであれば, ゆらぎや条件の変化は, 出力の変化にそのまま直結する. 負のフィードバック回路を備えたシステムの場合は, **6章**で説明したように, 出力が安定化する性質がある. ゆらぎによる変化は打ち消されるようにネットワークがはたらき, 出力は元の安定値に落ち着く. ただし, 負のフィードバック回路は, 与えられた条件とは無関係に出力を特定の値に固定することを保証するものではない. 条件が変わると安定状態も変化し, 出力は新たな値に移って安

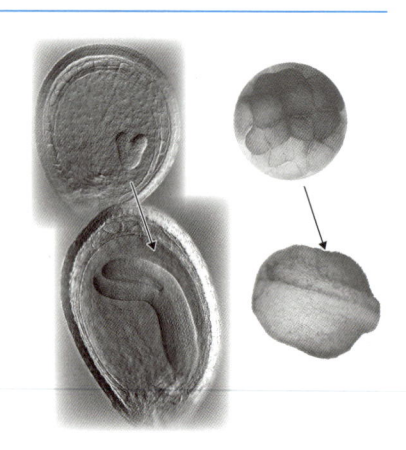

図7-1　生命現象はシステムのダイナミクスの現れである

定する. このようなシステムのふるまいは, 環境の変化などに対する応答でも, 実際によく見られる.
　状況がまったく異なるのは, 正のフィードバック回路がはたらくシステムである. **図7-2**に, **図6-3**のフィードバックを負から正に切り替えたものを示した. この場合, 要素cの値（出力）が基準値c_sを超えると, その程度に応じてcはaの値を高め, 増大したaがbを経てcの値を高めるので, cは加速度的に増大していく. 逆にcの値がc_sを割り込むと, その程度に応じてcがaを高める影響

が減じ，ひいてはaがbを経てc
を高める影響も減じるので，cは
加速度的に減少していく．cの値
がc_sちょうどで均衡が取れた状
態を初期状態としても，偶発的な
ゆらぎによってcのc_sからのわ
ずかな偏差が生じると，それが高
低いずれであっても増幅され，c
は確率的に二極化することにな
る．また，条件の変更で均衡点が
移るなどすれば，当然初期状態の
均衡はたちまち崩れ，出力は劇的
に変化する．

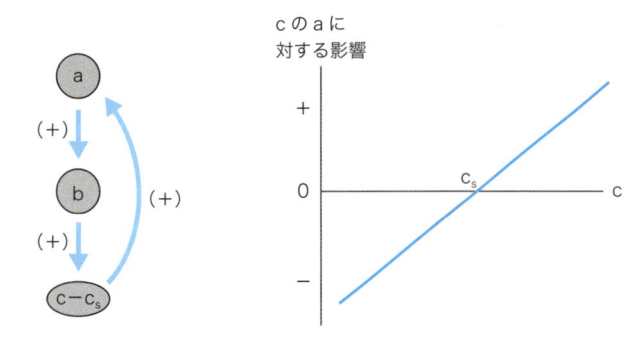

図7-2　基準値との差で影響が決まる正のフィードバック回路
c_sはcの基準値．

　正のフィードバック回路は，空間的な不均一さを生み出す原動力ともなる．例えば，図7-2の正の
フィードバック回路で，$c-c_s$に替えて，隣接する細胞1と細胞2のcの値の差c_1-c_2を置くと，c_1と
c_2にわずかでも違いがあれば，その違いが増幅されていく．つまり，細胞間差がない均一な状態は不
安定で，ゆらぎをきっかけに細胞間差が拡大して不均一な状態がつくられる．このような空間的に
不均一な状態が自然にできあがることは自律的なパターン形成の鍵であり，それを引き起こす正の
フィードバック回路を有するシステムは，さまざまな形態形成の根源である自己組織化にはたらい
ている．

2　要素の空間内移動を伴うシステム

　上の例では要素自体が空間を移動することは考えなかったが，要素の空間内の移動があるとした
らどうなるだろうか．多細胞生物の体内の空間は，多数の細胞と細胞間隙からなる．生命現象のシ
ステムではふつう細胞内にネットワークの主体があるが，細胞膜を横切って細胞内外を行き来でき
る生体分子や細胞外の生体分子がネットワークの中に要素として含まれていることもある．これら
の生体分子が細胞内から細胞外そして隣接細胞内へと，あるいはもっぱら細胞間隙を通って生体内
の空間を移動し，この移動が細胞内だけで完結するネットワークとは異なる様相を生む[*1]．こうした
生体分子の移動は基本的には拡散による．拡散では分子は濃度勾配（より正確には化学ポテンシャ
ル勾配）に従って勾配を解消する方向に移動するので，分子の移動は空間分布を一様にしようとする
一種の負のフィードバック回路として作用する．さらに別々の細胞の細胞内ネットワークが細胞間
を拡散で移動する生体分子を要素として共有していれば，均質化は移動分子の分布だけでなくネッ
トワーク全体に及び，自律的パターン形成を抑える大きな要因となる．

　実際の生命のシステムにおいては，空間的な広がりをもつネットワークはたいてい，空間内を移動
する生体分子を構成要素に含んでいる．このことと，要素の空間内の移動は一般には均質化にはた
らくこと，一方でさまざまな生物の形態形成の基盤に空間的な不均一さがもたらす自己組織化が見
られることは，話が合わないようにも思われる．要素の移動が単純拡散ではなく，指向性をもった輸
送によっていれば，移動が均質化をもたらすとは限らず，この疑問に対する1つの解答にはなる．実

[*1]　この場合，どの要素がどの程度移動できるかも重要であり，例えば細胞膜上のチャネルの開閉によって，細胞膜を
　　通過できる生体分子が変わると，その生体分子を要素とするネットワークは著しい影響を受ける．

際，植物の形態形成では植物ホルモンのオーキシンの輸送が重要であり，その方向の制御を中心とするネットワークが自律的パターン形成のシステムとして用いられている．しかし，これはオーキシンに限定されたシステムであり，他の生物のパターン形成には当てはまらない．

3 反応拡散系

拡散による要素の移動と不均一化の両立という問題に対して，より一般的な解答を与えてくれそうなシステムに，反応拡散系がある．反応拡散系は，構成要素の局所的な相互作用と拡散による空間内の移動に立脚するシステムをいう．自律的にパターンを生成できる反応拡散系は，コンピュータの誕生などへの貢献で知られるイギリスの数学者チューリングの考察に始まる．チューリングは，2つの成分が互いの濃度変化率に局所的に影響しつつ，円環状の一次元空間を拡散するような反応拡散系について論じ，条件設定によって全体が均一の状態で安定したり，濃度の振動が続いたり，波状の周期的な濃度分布が生じて安定したりすることを示したうえ，周期的な分布と生物のパターン形成との関連を指摘した．

図 7-3　チューリング

図 7-4Aに，チューリングタイプの反応拡散系の代表例として，活性化因子と抑制因子からなる系を示す．この系では，活性化因子は自身の生成を促進するとともに，抑制因子の生成も促進し，抑制因子は活性化因子の生成を抑制する．このとき，活性化因子と抑制因子の拡散速度に大きな違いがあり，抑制因子の方が拡散しやすいと，一様な状態は不安定となり，わずかなゆらぎで均衡が崩壊して，因子濃度の空間的不均一が自然にできあがる（図 7-4C）．大まかには，抑制因子が活性化因子よりも早く拡散するため，活性化因子による正のフィードバック回路の効果が強く現れるところとそうでないところが生じ，それが空間的に不均一なパターンにつながると捉えることができる．こうした反応拡散系は，斑点状のパターンのほか，単調な勾配パターン，縞状パターン，網目状パターンなども生成できることがわかっている．

すでにチューリングの考察の中で示されているように，反応拡散系が生み出すのは，時間が経てば収束するような空間的パターンばかりではない．同じような時間的変動がいつまでも繰り返される場合もあれば，空間的に不均一なパターンが時間とともに移動していく場合もある．これらも含めてより一般的に言うなら，反応拡散系が生成できるのは時空間的パターンということになる．生物現象に見られる時間的パターンについても，空間的パターンと同様に，反応拡散系から理解できることが少なくない．

4 高次の形態パターンの形成

自己組織化のシステムによって形態形成の場に何らかの空間的不均一が確立したとき，それがより高次の形態パターンを導く過程はどうなっているだろうか．初めにできる不均一さがすでにかなり複雑なパターンをもち，このパターンがそのまま目に見えるパターンにつながることも少なくないが，たいていは複雑なパターンも元は比較的単純なパターンに由来する．例えば，1つの因子の単調で連続的な濃度勾配が，場における位置の情報を与え，位置ごとに異なる（ときに離散的な）構造の発達を引き起こすことがある．このような役割をもつ因子はモルフォゲンと呼ばれ，発生や再生

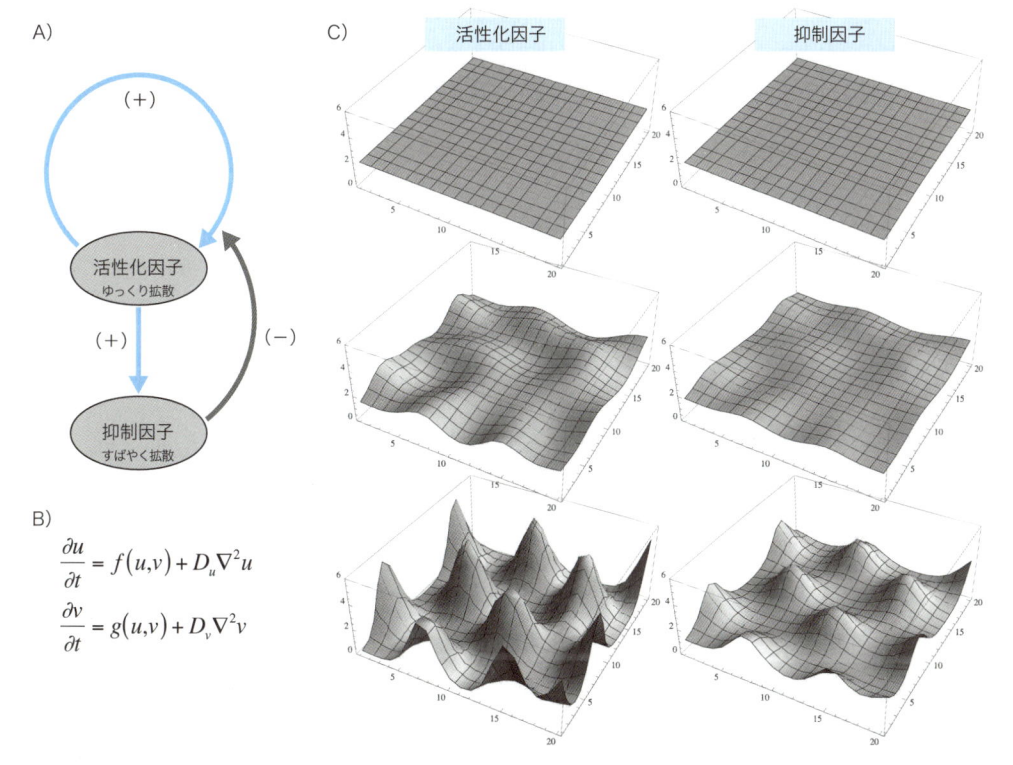

図 7-4 反応拡散系による自律的パターン形成

A) 活性化因子と抑制因子からなる反応拡散系の例．B) 2つの因子からなる反応拡散系を表す一般的な連立偏微分方程式．u，v は各因子の局所的な濃度．D は拡散係数．∇^2 はラプラス演算子で，二次元空間であれば $\frac{\partial^2}{\partial x^2}+\frac{\partial^2}{\partial y^2}$．C) Aの反応拡散系を表すのに，Bの方程式の u を活性化因子の濃度，v を抑制因子の濃度，$f(u,v)=\frac{0.02u^2}{(0.01u+1)v}-0.02u+0.0002$，$g(u,v)=0.02u^2-0.04v$，$D_u=0.01$，$D_v=0.2$ とし，20×20 の二次元空間において作動させて，活性化因子と抑制因子の濃度分布の変化を見た．一様な状態にわずかなゆらぎを与えると，濃度の不均一が拡大し，自律的にパターンが生じる．この場合は，活性化因子の濃度のピークが阻害因子の濃度のピークを伴ってほぼ等間隔に生じている（阻害因子の方が活性化因子よりも濃度の勾配が緩やかであることに注意）．

の調節における鍵因子とされる．

　一般にモルフォゲンは，濃度依存的にいくつかの転写因子の発現を誘導し，これらの転写因子がその後の発生運命を決める．モルフォゲンの濃度域によって応答する転写因子の種類が違えば，モルフォゲン濃度の差が発生運命の差につながる．さらに転写因子の組合せも発生運命にかかわるので，モルフォゲン応答性の転写因子の種類数を上回る数の発生コースを調節し，多くの構造をつくりだすことができる．

各演習のねらい

◆孔辺細胞と浸透圧

　植物の孔辺細胞は青色光を受けると，水の出入りを介した応答を示す．通常，水の化学ポテンシャルは，浸透圧と圧力（植物細胞内では膨圧）の差で決まる．これが細胞内外で等しいときが，水に関する均衡状態である．青色光を受けて孔辺細胞の浸透圧が上昇すると，均衡が破れて水の移動が起

き，新たな均衡状態に移行する．本演習はこうした孔辺細胞の応答に関する水分生理を扱い，水の移動の原理を学ぶ．それとともに，システムのダイナミクスの観点からは，条件の変化に応じてシステムの安定状態が連続的に変化し，差異の増幅や二極化を含まない基本タイプの例と捉えて，理解を深める．

◆神経のシグナル伝達原理

シグナル伝達で結ばれた神経網は，その全体が神経細胞（ニューロン）を要素とするシステムを構成するが，ここでは個々の神経におけるシグナル伝達のシステムと，そのダイナミクスを取り上げる．神経のシグナル伝達は，活動電位の伝導とシナプス伝達による．活動電位は，細胞膜のイオン透過性の変化によって発生する．そのしくみから，細胞膜を横切って移動できる物質が変わることが，システムにいかに大きな影響を及ぼすかを知ることができる．

◆オーキシンの極性輸送と形態形成

ネットワークの構成要素に空間を移動する分子が含まれるとき，その移動が拡散によるものか指向性のある輸送によるものかで，システムのダイナミクスは大きく変わりうる．植物ホルモンのオーキシンの移動では，オーキシンの化学的特性もあって，極性輸送と呼ばれる指向性の輸送が果たす役割が大きく，その制御が植物のパターン形成にも深くかかわっている．これらについて演習を通して学び，分子の移動の制御とその重要性を理解する．

◆Notch-Delta系による側方抑制

動物の発生過程で隣接細胞の差別化にはたらくNotch-Delta系による側方抑制のシステムは，正のフィードバック回路に差異を増幅させるシステムの代表例である．このシステムは，ネットワーク構成要素の細胞間移動がない点に特徴がある．単純化したNotch-Delta系について細胞差別化が自発的に起きる条件を考察することで，正のフィードバック回路に基づくダイナミクスと要素の空間内移動の有無が与える影響を理解することができる．

◆胚のパターン形成

胚の発生では，モルフォゲンの濃度勾配から，転写の調節を介して複雑なパターンができあがっていく．本演習では，モルフォゲンの機能や転写調節による胚の領域化について考察することを通して，パターン形成がどのようなしくみによって進むか，またその過程において転写調節がどのようにしてなされ，どのような重要な役割を担っているか，理解を深める．

演習 7-1　孔辺細胞と浸透圧

植物の葉には気孔と呼ばれる小さな穴が多数存在し，気体の通り道としてきわめて重要な役割を果たしている．気孔は一対の孔辺細胞に挟まれた隙間であり，孔辺細胞への水の出入りにより，閉じたり開いたりする．孔辺細胞の水分生理に関し，以下の問に答えよ．

問1　タマネギの葉から，孔辺細胞を含む表皮の断片を剥ぎ取り，340 mMのスクロースと30 mMのKClを含む溶液に浮かべて，27℃でインキュベートした．十分な時間を置いてから観察すると，孔辺細胞が原形質分離（原形質が収縮して細胞壁から離れる現象）を起こしており，膨圧（細胞壁を内側から押す圧力）が0になっていることが見てとれた．このときの▼孔辺細胞内の浸透圧を計算せよ．なお，気体定数には，$R = 8.3 \, [\text{J/mol·K}]$の値を用いよ．

問2　問1の処理に続いて，細胞壁分解酵素で処理をして，プロトプラスト（細胞壁を除いた細胞）を得た．孔辺細胞に由来するプロトプラストは，340 mMのスクロースと30 mMのKClを含む溶液中では，半径 $11\,\mu\text{m}$ の球形であった．このプロトプラストに，青色光を照射すると，膨らんで半径が $12\,\mu\text{m}$ となった．このときの溶質と水の移動について，数量も示しつつ，説明せよ．

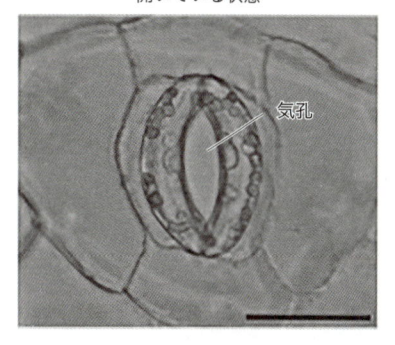

問3　葉の表皮にあるがままの状態の孔辺細胞においても，青色光の照射により，定性的には問2と同じような溶質と水の移動が引き起こされる．青色光照射前の細胞の体積，浸透圧，膨圧を順に V_i, π_i, P_i とし，照射後を V_b, π_b, P_b とする（i = initial, b = blue light）．また，照射前後で，細胞外液の浸透圧は Π_o で一定であったとする．これらの値の大小関係についてどのようなことがいえるか．

問4　孔辺細胞における問3の変化は，気孔の開き具合にどう影響するか．しくみとともに述べよ．

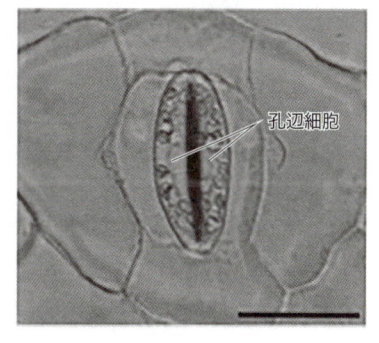

ツユクサの葉の気孔
葉から剥ぎ取った表皮の顕微鏡写真．孔辺細胞に挟まれた気孔が中央に見えている．写真右下の黒い線は長さが $50\,\mu\text{m}$ で，スケールを示す．

▼背景となる知識

同じ高さにある区画間の水の移動は，浸透圧と実際にかかっている圧力によって決まり，浸透圧から圧力を引いた差が小さい方から大きい方に向かう．希薄水溶液では，浸透圧は総溶質濃度から次のファントホッフの式によって，近似的に求められる．

$\pi = cRT$（c は溶質の総モル濃度，R は気体定数，T は絶対温度）

植物の細胞は，細胞膜の外側を細胞壁に取り囲まれている．細胞壁はセルロースなどの多糖類が厚く積み重なった構造体で，ある程度の粘弾性は有するものの，細胞膜に比べればはるかに固い．通常の植物組織では，膨らもうとする細胞が細胞壁を押し，それを細胞壁が押し返すように，細胞内に圧力がかかっている．これを膨圧という．植物では，浸透圧と膨圧の差が，水の移動の決め手となる．

　気孔は，二酸化炭素の吸入口として，光合成を支えている．また一方で気孔は，水蒸気となった水分が出ていく水の漏出口ともなっている．植物は，二酸化炭素を効果的に取り入れつつ，水分の損失を抑えるよう，環境条件に応じて気孔の開閉を細かく調節している．この調節では孔辺細胞の浸透圧変化による水の移動が重要であり，その結果として孔辺細胞が変形し，気孔の開閉が起きる．

解答

問 1　外液の総溶質濃度 c は，KCl が完全に解離することに注意すると，
$$c = 340 + 30 \times 2 = 400 \,[\text{mM}] = 0.4 \,[\text{mol/L}] = 0.4 \,[\text{kmol/m}^3]$$
外液の浸透圧は，ファントホッフの式により，
$$0.4 \,[\text{kmol/m}^3] \times 8.31 \,[\text{J/mol·K}] \times 300 \,[\text{K}] = 997.2 \,[\text{kJ/m}^3] \approx 1.0 \,\text{MPa}$$
十分な時間が経過した後では，水に関して，孔辺細胞はこの外液と平衡状態にある．また，孔辺細胞は原形質分離が起こしているので，膨圧は 0．つまり，孔辺細胞の浸透圧は，外液の浸透圧と等しく，約 **1.0 MPa** になっていると考えられる．……………………………………………（答）

問 2　最初，プロトプラストの浸透圧は外液と等しく，問 1 と同じで約 1.0 MPa．青色光を照射すると，プロトプラストの浸透圧が上昇して，水がプロトプラスト内に流入して膨らんだと考えられる．膨らみきった後の浸透圧は外液と等しくなり，やはり約 1.0 MPa．このとき，総溶質濃度 c は青色光照射前と同じになっている．プロトプラスト 1 個の体積の増加量は，
$$\frac{4}{3} \times 3.14 \times (12^3 - 11^3) \,[\mu\text{m}^3] = 1662 \,[\mu\text{m}^3]$$
なので，青色光照射でプロトプラスト 1 個に取り込まれた溶質の量は総溶質濃度 c より，
$$1662 \,[\mu\text{m}^3] \times 0.4 \,[\text{kmol/m}^3] \approx \mathbf{0.67} \,[\text{pmol}] \,\cdots\cdots\cdots\cdots\cdots\cdots\cdots\cdots\cdots\cdots\text{（答）}$$

問 3　青色光照射前も後も，平衡状態では，孔辺細胞の浸透圧と膨圧の差が外液の浸透圧と釣り合っている．したがって，
$$\pi_o = \pi_i - P_i = \pi_b - P_b$$
プロトプラストの場合と同様に，青色光照射で浸透圧上昇と体積増大が起きるが，プロトプラストと違って細胞壁があるため膨圧も高まり，
$$\pi_o < \pi_i < \pi_b$$
$$V_i < V_b$$
$$P_i < P_b$$

問 4　孔辺細胞の細胞壁は不均一で，気孔に面している側が厚い．そのため，孔辺細胞が膨らむと，気孔面の反対側が伸びて，屈曲するように変形し，気孔が開くことになる．

演習 7-2 神経のシグナル伝達原理

神経シグナル伝達について，以下の問に答えよ．

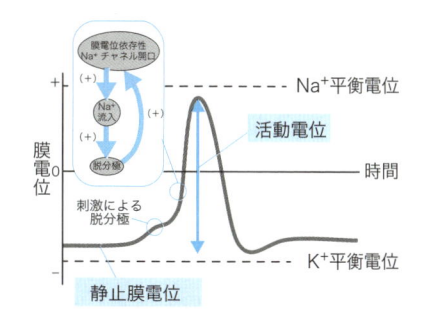

問1 静止状態の神経細胞では，細胞膜のイオンチャネルは K^+ チャネルを除いてほとんど閉じており，細胞膜を透過できる主要イオンは K^+ に限られる．このときの▼静止膜電位は，K^+ の平衡電位とほぼ等しくなるため，平衡電位を示す▼ネルンストの式に，K^+ の濃度を当てはめて求めることができる．K^+ の細胞内濃度を 200 mM，細胞外濃度を 10 mM，温度を 25°C として，静止膜電位を計算せよ．

問2 静止膜電位から活動電位が起こるしくみを説明せよ．活動電位の発生に際して，膜電位と電位依存性 Na^+ チャネルの間に見られる正のフィードバックについても言及すること．

問3 活動電位発生時には Na^+ チャネルのみが開口しており，Na^+ の拡散が膜電位を決定すると考えて，活動電位を算出せよ．なお，静止状態の細胞外の Na^+ の濃度 $[Na^+]$ は，細胞内の 10 倍で，温度は問1と同じとする．

問4 神経シナプス伝達の多くは，神経伝達物質を介した化学シグナルによって伝達される．神経シナプス伝達が電気シグナルではなく，神経伝達物質を介した化学シグナルを利用している，その利点を考えよ．

▼背景となる知識

神経のシグナルはパルスの頻度として伝えられる．膜電位は細胞内外の電位差〔(細胞内電位)−(細胞外電位)〕であり，細胞内外のイオンの不均等な分布に起因する．神経細胞においては，通常の安定した状態（静止状態）の膜電位を静止膜電位といい，興奮したときに一過的に生じる膜電位の変化を活動電位という．

静止状態における神経細胞では，細胞内が負に帯電しており，膜電位はマイナスの値をとる．また，細胞内外の主要イオンの濃度分布は，K^+ が内＞外，Na^+ と Cl^- が外＞内となっている．このとき十分に開口しているイオンチャネルは，K^+ チャネルのみである．神経細胞の細胞膜には，膜電位に応じて開口確率が高くなる膜電位依存性 Na^+ チャネルが存在する．神経細胞が適切な刺激を受けると，膜電位が少し上昇して 0

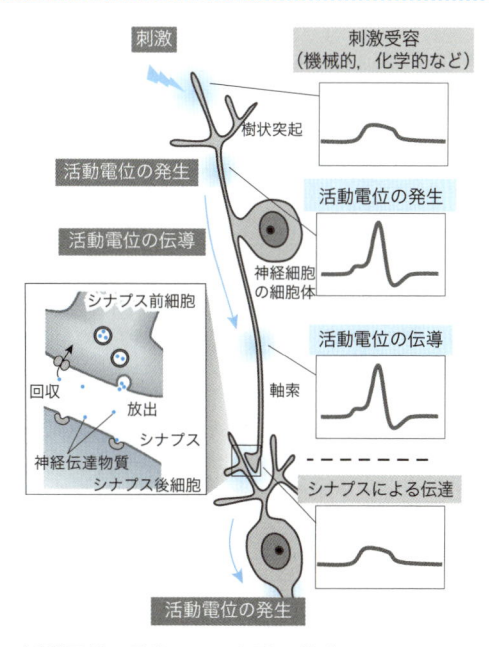

活動電位の発生とその伝導の模式図

に近づく．分極が弱まることから，これを脱分極という．脱分極があるレベルを超えると，膜電位依存性 Na^+ チャネルが開口して電気的状況が一変し，膜電位がプラスに大きく振れて活動電位が生じる．神経細胞に入力されたシグナルは，このような活動電位によって軸索内または細胞内を伝わる．活動電位がシナプス終末に達すると，他の神経細胞や組織にシグナルが伝わるシナプス伝達が起きる．

　細胞膜を横切るイオンの受動的な移動は，主にイオンチャネルを通っての拡散による．イオンチャネルを通って細胞膜を自由に透過できるイオンの移動は，濃度差を解消しようとする拡散の効果とそれを電気的に押し留めよう（引き留めよう）とする膜電位の効果が拮抗するところ（このイオンによる電流が 0 のところ）で平衡となる．このことから，細胞膜を透過できるイオンについては，平衡状態のイオンの細胞内外の分布と膜電位を関係づけることができる．この膜電位を平衡電位といい，次のネルンストの式によって表される．

$$E = \frac{RT}{Fz} \ln\left(\frac{X_o}{X_i}\right)$$

　　E：平衡電位[mV]　R：気体定数　T：絶対温度　F：ファラデー定数$=96.5$[J/mV・mol]
　　z：イオン価数　X_i：細胞内イオン濃度[mM]　X_o：細胞外イオン濃度[mM]

細胞膜を透過できるイオンの種類と濃度分布がわかっており，そのイオンについて平衡状態であるとみなせる場合には，ネルンストの式により膜電位を計算できる．

解答

問1　ネルンストの式の z を $+1$，X_i を 200，X_o を 10 とし，各定数の数値を入れて，

$$E = \frac{8.31[\text{J/mol・K}] \times 298[\text{K}]}{96.5[\text{J/mV・mol}] \times (+1)} \ln\left(\frac{10[\text{mM}]}{200[\text{mM}]}\right) = -77 \text{ mV} \quad \text{(答)}$$

問2　刺激により膜電位がある程度上昇すると，電位依存性 Na^+ チャネルが開口し始め，濃度勾配にしたがって細胞内に Na^+ が流入して脱分極が進み，電位依存性 Na^+ チャネルの開口率がさらに高まって，より一層脱分極が進む．これが膜電位の脱分極と電位依存性 Na^+ チャネルの間に見られる正のフィードバックであり，このフィードバックにより膜電位は加速度的に上昇する．

問3　活動電位発生時には，開口した電位依存性 Na^+ チャネルを通る Na^+ の移動が主要なイオン移動となるため，膜電位は Na^+ の平衡電位に近づく．よって，ネルンストの式に Na^+ の濃度比を当てはめ，膜電位は

$$E = \frac{8.31 \times 298}{96.5 \times (+1)} \ln(10) = 59 \text{ mV} \quad \text{(答)}$$

と近似できる．活動電位は，これと問1で求めた静止膜電位の差として，**136** mV と計算される．　(答)

問4　電気シグナルである活動電位は一度起こると減衰することなく，細胞終末まで伝導されてしまうが，化学シグナルの場合は，シグナル伝達物質の種類（活動電位を促進する興奮性と活動電

位を抑制する抑制性）や量，シナプス後細胞の受容体の量によって，シナプス後細胞に伝達される種類や強弱を調整することができる．さらに，複数のシナプス前細胞終末がシナプス後細胞に接することで，各々からきたシグナルをシナプス後細胞で統合することができる．

補足説明

本問では，細胞膜を横切って移動できるイオンは静止状態ではK^+のみ，活動電位発生時にはNa^+のみとみなしたが，実際には静止状態ではK^+のほかにNa^+とCl^-もいくらか，活動電位発生時にはNa^+のほかにK^+とCl^-もいくらか細胞膜を通過できる．これらのイオン全体による正味の電流を0として導出されたのが，次の関係式で，ゴールドマン-ホジキン-カッツの式（GHK方程式）と呼ばれる．

$$E = -\frac{RT}{F} \ln\left(\frac{P_{Na}[Na^+]_i + P_K[K^+]_i + P_{Cl}[Cl^-]_o}{P_{Na}[Na^+]_o + P_K[K^+]_o + P_{Cl}[Cl^-]_i}\right) \quad (P_x はイオン X の膜透過性)$$

GHK方程式によって計算される膜電位は，ネルンストの式による平衡電位よりも，実測膜電位に合っている．

◆神経伝導・伝達に関するシミュレーション

NEURONというソフトウエアは活動電位（インパルス）の発生などをリアルタイムで見ることができる．デューク大学で開発され，専門家向けにつくられたものなので，使いこなすのは難しいが，ダウンロードして試すことができる[*2]．NEURON Demonstrations パネルで選び，RunControl パネルで［Init & Run］を押すと，画面にグラフが表示される．

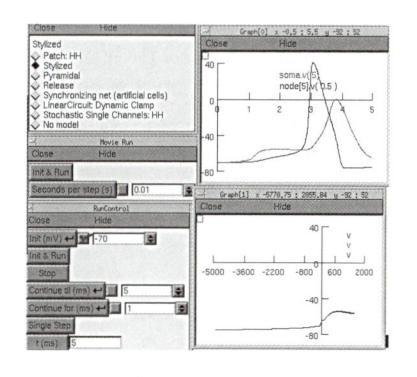

[*2] http://neuron.duke.edu

演習 7-3　オーキシンの極性輸送と形態形成

オーキシンは植物ホルモンの1つのグループで，次のような多岐にわたる生理的役割をもつ．

- 茎や根の伸長成長の制御．至適濃度までは高濃度ほど促進，それ以上では抑制．
- 屈性の制御．光の方向に向かって茎が曲がる光屈性，重量の方向に根が曲がる重量屈性などは，光や重力の方向に応じてオーキシンの分布が不均等になり，伸長成長に偏差が生じることによる．
- 頂芽優勢の制御．頂芽がオーキシンを介して側芽の成長を抑制する．
- 器官や組織の分化や形態形成の制御．根の形成，葉の形成，維管束の分化，果実の形成などを誘導する．

インドール酢酸 (IAA) は，オーキシンの代表的分子種である．IAA について，以下の問に答えよ．

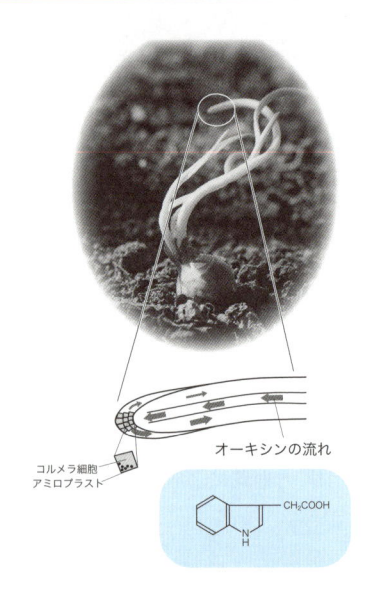

問1　植物では，ふつう細胞内の細胞質基質は中性，細胞外は弱酸性に保たれている．IAA は $pK_a = 4.8$ の弱酸であり，解離の程度は pH 環境によって大きく変わる．植物の細胞内 pH=7.0，細胞外 pH=5.5 として，細胞内外における IAA の解離の程度を計算せよ．

問2　IAA の輸送にはたらくタンパク質が細胞膜にまったく存在しないとき，細胞内外の IAA の分布はどのようになるか．細胞内 pH=7.0，細胞外 pH=5.5 として計算し，平衡に達したときの分布状態を求めよ．

問3　植物の組織内における IAA の移動は，拡散だけでなく，極性輸送にも大きく依存している．IAA の極性輸送を主に担うのは，PIN と呼ばれるタンパク質のグループである．細胞膜に存在する PIN は，IAA^- イオンの細胞外への排出にはたらく．IAA が組織内を一定方向に移動するしくみを，PIN による輸送と拡散を組合せて説明せよ．

問4　ある状況では，IAA 濃度がほぼ均一な細胞集団内に IAA の集中部が自発的に形成されることが知られている．これには PIN の膜面配置の IAA による調節がかかわっているとされる．どのような調節があれば，IAA 集中部の自発的形成が実現するか，考察せよ．

▼背景となる知識

　植物の発生・成長の調節では，植物ホルモンと呼ばれる低分子の生理活性物質が重要な役割を果たしている．主な植物ホルモンには，オーキシン，サイトカイニン，ジベレリン，アブシシン酸，エチレンなどがある．

　植物ホルモンは，器官から器官へと植物体内を広く移動して作用する．この移動には，細胞外空間の拡散や道管や師管の液体の流れのほか，細胞への出入りも深くかかわっている．解離してイオン化した植物ホルモンは，電荷をもつため，細胞膜のリン脂質二重膜を通過することができない．このような植物ホルモンの細胞への出入りには，膜タンパク質の助けが必要となる．

解答

問1 $IAA \rightleftarrows IAA^- + H^+$ の酸解離について

$$pK_a = -\log\frac{[IAA^-][H^+]}{[IAA]} = -\log\frac{[IAA^-]}{[IAA]} + pH = 4.8$$

なので，pHが7.0の細胞内では，

$$\log\frac{[IAA^-]_{in}}{[IAA]_{in}} = 7.0 - 4.8 = 2.2$$

$$\frac{[IAA^-]_{in}}{[IAA]_{in}} = 10^{2.2} \approx 158$$

となり，大部分のIAAは解離している．一方，pH 5.5の細胞外では，

$$\log\frac{[IAA^-]_{out}}{[IAA]_{out}} = 5.5 - 4.8 = 0.7$$

$$\frac{[IAA^-]_{out}}{[IAA]_{out}} = 10^{0.7} \approx 5.0$$

で，解離していないIAAも少なくない（全体の$\frac{1}{6}$が非解離）．

問2 細胞膜は基本的には電荷をもつ物質を通さないことから，輸送タンパク質が存在しなければ，細胞膜を横切ってのIAA移動は，解離していない状態での拡散によるものだけとなる．したがって，細胞内外で非解離IAAの濃度が等しくなれば，平衡である．この濃度をaとして，問2の結果を利用すると，

$$[IAA]_{in} = [IAA]_{out} = a$$

$$\frac{[IAA]_{in} + [IAA^-]_{in}}{[IAA]_{out} + [IAA^-]_{out}} \approx \frac{a + 158a}{a + 5a} = 26.5$$

解離・非解離を合わせたIAAの総濃度は，細胞内が細胞外の26.5倍に達し，輸送タンパク質がなければ，IAAは自然に細胞内に濃縮されることがわかる．生体膜を挟んでpHの異なる区画が隣接しているとき，低分子の弱酸，弱塩基には，このIAAの場合と同じように，pHの違いだけによっても区画間の濃度差が生じうる．

問3 組織内のどの細胞でも，PINタンパク質が細胞膜の同じ向きの面，例えば右の面に偏って存在すれば，各細胞とも右側の細胞間隙にIAA$^-$イオンをより多く排出することになる．細胞間隙のpHは低いので，排出されたIAA$^-$イオンの少なくない割合がすぐにH$^+$と結合して電荷をもたない非解離の状態となる．細胞間隙の非解離IAAの濃度は，細胞内の濃度に比べて高くなり，拡散で両側の細胞，つまり排出元の細胞と右隣の細胞に流入する．そして，右側に偏った細胞外排出と，偏りのない細胞内流入の総合として，右側に向かうIAAの流れが成立する．なお，実際の植物細胞では，IAA$^-$イオンの細胞内流入を仲介する輸送タンパク質や，PIN以外のIAA$^-$イオン排出タンパク質も，IAAの移動にかかわっている．

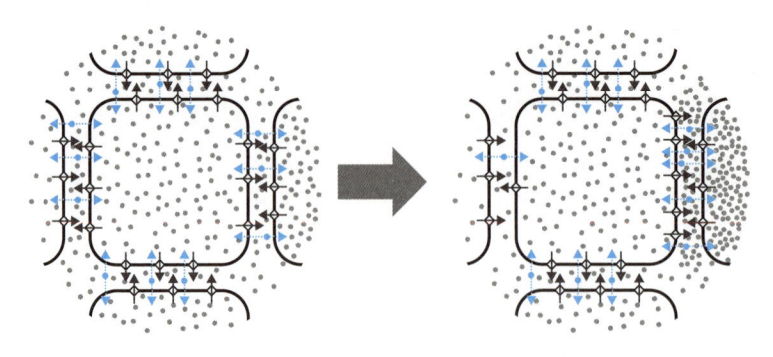

オーキシンの輸送のモデル

●は IAA⁻イオン，●は解離していない IAA，◇は PIN，←は PIN による排出，←→は単純拡散を表す．中央の細胞を取り巻く 4 つの細胞のうち，右の細胞の IAA 濃度が高く，左の細胞の IAA 濃度が低いと，中央の細胞では，左側の膜面の PIN が減り，右側の膜面の PIN が増える．すると，中央の細胞と右の細胞に挟まれた細胞外空間に排出される IAA が増大して，右の細胞に単純拡散で入る IAA が増え，右の細胞の IAA 濃度が高まって，左右の細胞の IAA 濃度差が拡大する．

問 4 IAA の集中部の自発的形成が起きるには，細胞間の IAA 濃度差が増幅するように，IAA 濃度が低い細胞から高い細胞に向かって IAA が輸送されればよい．こうした状況は，IAA 濃度がより高い細胞に接する側の膜面に，より多くの PIN が配置され，IAA 濃度がより高い細胞に向かってより多くの IAA⁻イオンが排出されるような調節により実現する．実際に植物の茎頂領域の表皮では，この調節に合致するような IAA による PIN の配置の再編と，それによる IAA 集中部の形成が観察されている．IAA の集中部の形成は，葉や花の発生位置の決定にかかわると考えられている（付録 A **発展 4** を参照）．

演習 7-4　Notch–Delta 系による側方抑制

Notch，Delta とも膜タンパク質であり，Notch は Delta の受容体，Delta は Notch のリガンドという関係にある．隣接細胞の Delta と結合した Notch は細胞内に情報を伝え，さまざまな応答を引き起こす (Notch–Delta 系)．この応答の中でも，▼側方抑制にとって特に重要なことの 1 つは，Delta の発現抑制である．今，隣接する 2 つの細胞，細胞 1 と細胞 2 だけからなる系を考える．細胞 1 の細胞 2 に面した細胞膜上にある Notch と Delta の密度をそれぞれ N_1, D_1 とし，細胞 2 の細胞 1 に面した細胞膜上にあるものを N_2, D_2 とする．単純化すれば，Delta の密度変化は，

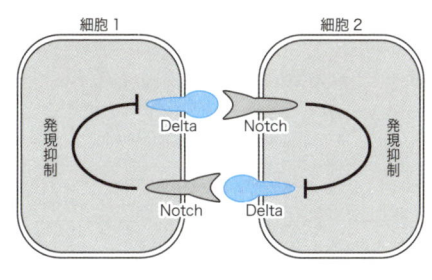

$$\frac{dD_1}{dt}=a-bD_1-cN_1D_2, \quad \frac{dD_2}{dt}=a-bD_2-cN_2D_1$$

と表せる（右辺第 1 項は最大増加率，第 2 項は Delta の細胞膜からの離脱などによる減少率，第 3 項は隣接細胞の Delta と結合した Notch の情報による Delta の生産削減，$a\sim c$ は正の定数）．さらに単純化のために，Notch 密度は細胞 1 と 2 で変わらず一定（N）とすると，

$$\frac{dD_1}{dt}=a-bD_1-cND_2, \quad \frac{dD_2}{dt}=a-bD_2-cND_1$$

Notch–Delta 系について，以下の問に答えよ．

問 1　このとき，細胞間の Delta 密度の差が縮小する条件と拡大する条件を求めよ．

問 2　Delta 密度の差が縮小する条件における安定な平衡状態を求めよ．

問 3　問 2 で求めた平衡状態は，Delta 密度の差が拡大する条件においても安定な平衡状態となるか，答えよ．

問 4　Delta 密度の差が拡大する条件において，一方の細胞の Delta 密度が 0 になったとき，もう一方の細胞の Delta 密度はどうなるか，答えよ．

問 5　もし Delta が細胞膜のタンパク質ではなく，細胞外に分泌され，細胞間隙を自由に拡散するタンパク質であったら，細胞間の相互作用はどうなるか．考察せよ．

問 6　Notch や Delta に相当するタンパク質（ホモログ）は植物には存在しないが，もし存在したとしても植物では側方抑制のシステムを構築できないと考えられる．その理由を述べよ．

▼背景となる知識

多細胞生物の発生過程においては，隣接する細胞が同じ運命を辿らないようにする制御がいろいろな場面でみられる．これを側方抑制という．Notch–Delta 系は，動物でよく知られている側方抑制のシステムである．Notch–Delta 系のように，隣接細胞間の差異を増幅する方向にはたらく細胞間相互作用のシステムは，一様な状態を不安定化し，自律的な細胞の差別化をもたらして，パターン形成を実現する．

解答

問1 2つの微分方程式の差をとると，

$$\frac{d(D_1-D_2)}{dt}=(cN-b)(D_1-D_2) \qquad (1)$$

これより，$cN<b$ のときに，D_1-D_2 が正なら D_1-D_2 の変化率は負，D_1-D_2 が負なら変化率は正で，D_1 と D_2 の差が縮小する方向に変化する．また $cN>b$ のときには，D_1-D_2 が正なら変化率も正，負なら変化率も負で，差が拡大する方向に変化することがわかる．

問2 (1) 式から，$D_1-D_2=0$ が，D_1-D_2 の変化率を 0 とする平衡状態を与えることがわかる．D_1 と D_2 の差が縮小する条件では，この平衡状態は安定である．

一方，$\dfrac{dD_1}{dt}$ の微分方程式と $\dfrac{dD_2}{dt}$ の微分方程式との和をとると，

$$\frac{d(D_1+D_2)}{dt}=2a-(b+cN)(D_1+D_2)$$

これより，$D_1+D_2=\dfrac{2a}{b+cN}$ が安定な平衡状態であることがわかる（D_1+D_2 がこの値を超えれば，D_1+D_2 の変化率が負となり，下回れば変化率が正となる）．

以上をまとめると，差が縮小する条件での安定な平衡状態は，$D_1=D_2=\dfrac{a}{b+cN}$ ………… （答）

問3 $D_1=D_2=\dfrac{a}{b+cN}$ は，差が拡大する条件 ($cN>b$) においても，$\dfrac{dD_1}{dt}=\dfrac{dD_2}{dt}=0$ を与えるので，平衡状態ではあるが，D_1 と D_2 にわずかでも違いが生じると，それが拡大していってしまうため，安定ではない．

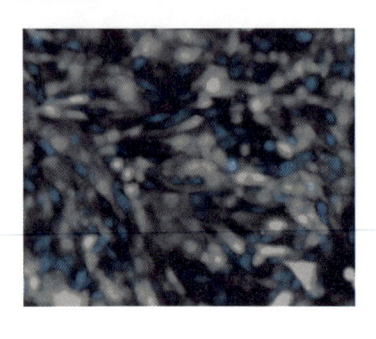

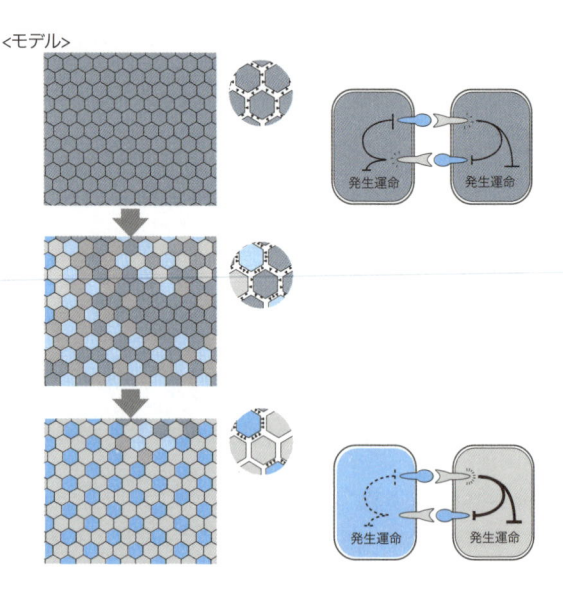

側方抑制の模式図
Delta-Notch の側方抑制機構を哺乳類培養細胞上に再構成したところ，元は均質な細胞集団から異なる 2 種の細胞が自発的に生じた．青：Delta 活性細胞，白：Notch 活性細胞

問4 D_1 と D_2 の差が拡大していって，D_1 が0になったとする．D_1 はなお減少しようとするが，密度であるため負の数値はありえず，0に張り付くことになる．このときには $\frac{dD_2}{dt}=a-bD_2$ となるので，D_2 は増加を続け $\frac{a}{b}$ に至って安定する（$cN>b$ の条件では $\frac{2a}{b+cN}<\frac{a}{b}$ であることに注意）．

問5 細胞1に由来するDeltaと細胞2に由来するDeltaに区別はなく，どちらも同じように細胞1，細胞2のNotchに結合するため，細胞の差を増幅するようなしくみは成り立たなくなる．

問6 植物の場合，隣接する細胞の細胞膜は，厚い細胞壁によって隔てられているため，一方の細胞膜にあるタンパク質が他方の細胞膜にあるタンパク質にまで届くことはない．

問1〜問4についての別解

D_1 の時間変化がないとき，つまり $\frac{dD_1}{dt}=0$ のとき，$D_2=-\frac{b}{cN}D_1+\frac{a}{cN}$

また，D_2 の時間変化がないとき，つまり $\frac{dD_2}{dt}=0$ のとき，$D_2=-\frac{cN}{b}D_1+\frac{a}{b}$

これらを表す線を D_1–D_2 平面に描き，線で仕切られた各領域における D_1 と D_2 の増減（$\frac{dD_1}{dt}$ と $\frac{dD_2}{dt}$ の正負）をそれぞれ横と縦の青い小さい矢印で示すと，cN と b の大小関係によって，次の2通りの図となる．

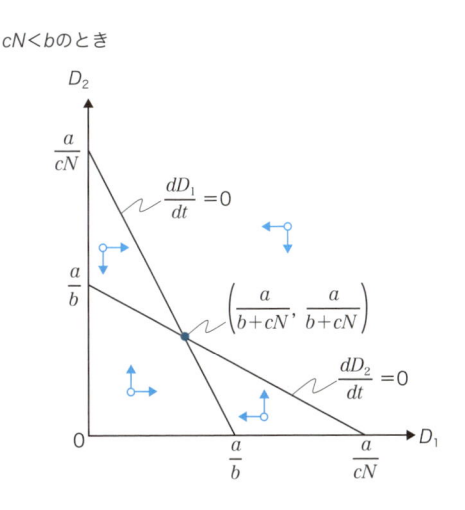

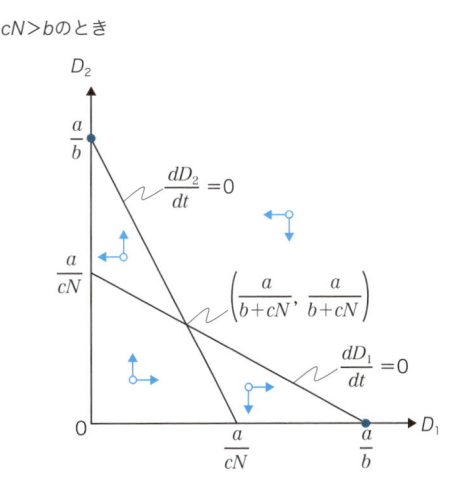

図の青矢印に従えば，各領域で D_1 と D_2 の増減がどうなるかがわかり（例えば，横の青矢印が右向きで縦の青矢印が下向きなら D_1 が増加し D_2 は減少），どこに向かって変化するかがわかる．$cN<b$ のときには D_1 と D_2 の差は縮小し，2つの線の交点となる $D_1=D_2=\frac{a}{b+cN}$ に至って安定する．$cN>b$ のときには，D_1 と D_2 の差は拡大し，D_1 と D_2 はともに0未満にはならないので，$D_1=0$，$D_2=\frac{a}{b}$ か $D_1=\frac{a}{b}$，$D_2=0$ のどちらかに行き着く（図8-3も参照）．

演習 7-5　胚のパターン形成

▼胚のパターニングに関して，以下の問に答えよ．

問 1　多細胞生物においては，モルフォゲンには細胞外で機能するタンパク質が用いられることが多い．しかし，ショウジョウバエの前後軸を決めるモルフォゲンである *bicoid* タンパク質は転写因子である．その理由を述べよ．

問 2　ここで，胚を構成する細胞集団を考える（平面でも立体でも構わない）．この集団は，ある1つの遺伝子産物（ここではAとする）の有無によって2つの領域に分けることができる．この細胞集団を図に示すような5つの領域に分ける場合，最低いくつの遺伝子（遺伝子産物）が必要か．また，具体的にどのような発現領域を与えればこの区分けができるか，図示せよ．

問 3　複数の転写因子が1つの遺伝子の発現を独立に制御するためには，遺伝子にどのような転写調節機構をもたせておく必要があるか．

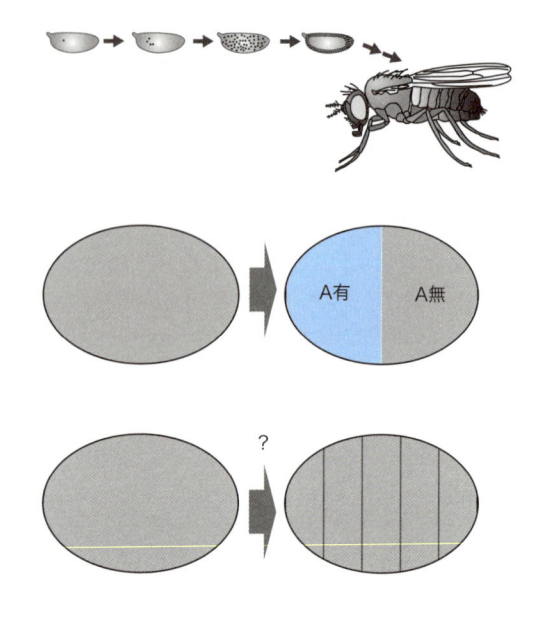

▼**背景となる知識**

初期発生における胚パターニングは，胚の領域特異的な遺伝子発現の組合せによって行なわれる．例えば，ショウジョウバエは，いくつかの遺伝子産物の分布の違いによって領域が区分される．これがさらに細分化していくことで，胚が均等に区域化されて体節が生じ，それぞれに個性が付与されて，決められた部分だけに必要な器官が形成されていく．高校の教科書でよく触れられるホメオティック遺伝子は関連した事項であるが，むしろ本問は，この遺伝子群の発現がどう決められるかを理解する助けとなる．

解　答

問 1　ショウジョウバエの胚は，はじめ細胞膜が形成されておらず多核の状態（シンシチウムと呼ばれる）で存在する．そのため細胞外因子を使うことはできない．また，直接転写因子で勾配をつくった方が，細胞外因子に比べて遺伝子までのアクセスが容易であり，転写調節に有利である．

問 2　領域を2カ所に分けるのには1遺伝子（A, notA）．2遺伝子があると4カ所に区別可能（A∩B,

A∩notB, notA∩B, notA∩notB).よって，5カ所に区分けするには最低3つの遺伝子が必要である．具体例としては，3つの遺伝子の発現領域を右のように規定すると，

1：notB∩notC∩D, 2：B∩notC, 3：B∩C, 4：notB∩C, 5：notB∩notC∩notD

となり5つの領域に分けることができる．

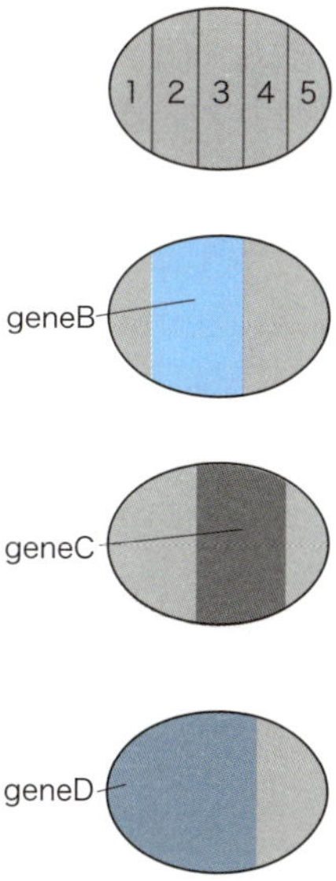

問3 遺伝子に，組織特異的な（＝組織ごとに発現の有無が違う遺伝子によって制御されることが可能な）転写調節領域，すなわちエンハンサー・サイレンサーを用意すること．

補足説明

ショウジョウバエの体節形成原理そのものは一般的な胚パターニングにも適用できる．つまり，遺伝子発現の有無によって特徴的な器官形成を制御する際，多くの場合は単一ではなく複数の遺伝子の組合せで決められる．

問1について *bicoid* タンパク質 (mRNA) の濃度勾配は多くの教科書で触れられているが，転写因子による勾配形成の意義を示したものは少ない．ショウジョウバエは受精後，核のみが分裂（約1,000個まで）し，それらが胚表面に整列した後に細胞膜が形成される．これらが形成された後では，転写因子を細胞外に存在させても核内には到達できない．逆にいえば，それまでの間は領域毎の転写調節はわざわざ細胞外因子を使う必要がない．これはすみやかなパターン形成を実現するための1つの利点である．

問2について具体的にどのような情報（遺伝子発現あるいは遺伝子産物の有無）を細胞群に与えれば領域の区分が可能となるかを追加で考察してみよう．実際のショウジョウバエの発生では，*hunchback*, *giant*, *Krüppel* をはじめとする *gap* 遺伝子群が発現し，体節の規定に重要な役割を果たす．

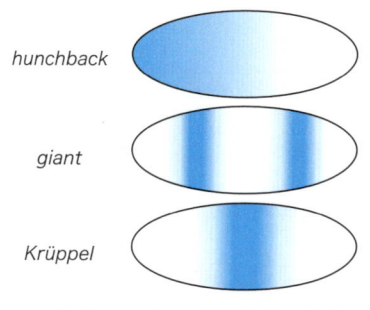

問3は知識問題であるが，そのような機構が必要とされる理由も考えてほしい．例えば問2において領域1だけで遺伝子を発現させるためには，複数の転写調節領域（Bタンパク質と結合すると転写が抑制されるサイレンサー，Cタンパク質と結合すると転写が抑制されるサイレンサー，Dタンパク質と結合すると転写が促進されるエンハンサー）が必要である．

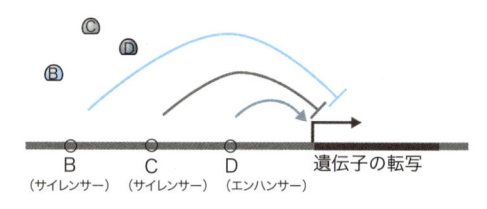

ショウジョウバエの体節決定の実際

サイレンサーとエンハンサー

7章 まとめ

- 生命のシステムは，構成要素の値や要素間関係のゆらぎ，システムが置かれた状況の変化に対して，さまざまな応答を示す．このときシステムがどのようにふるまうかは，ネットワークに含まれる回路の特徴によって，大きく異なる．

- ネットワークに正のフィードバック回路が備わっている場合には，均衡点からの出力のずれが増幅されるため，ゆらぎやわずかな状況の変化によって出力が極端に変わる．正のフィードバック回路のもつこの性質は，生命現象の多くの場面で自律的に不均一なパターンを生み出すしくみにかかわっており，特に形態形成においてはその根源をなす自己組織化の鍵となっている．

- システムの構成要素の拡散による空間内移動は一般には空間的な均質化をもたらすが，要素の拡散と要素間の相互作用の両方がある反応拡散系では，相互作用に正のフィードバックが内包されていれば拡散速度などの条件によって時空間パターンの自発的な生成が起こりうる．

- ひとたび何らかの空間的不均一が確立すると，それは場における位置の情報を与え，位置ごとに異なる応答を引き起こす．こうした応答が組合さることで，多岐に亘る発生コースの調節が行なわれ，複雑な形態形成が実現している．

宿題9　調べてみよう③：パターン形成がみられる生命現象

7章では，パターン形成について，ごく基礎的な説明を示すにとどめている．そのため，章内での記述が不十分と思われるかもしれない．しかし，こうした内容を本当に詳しく理解するには，かなり複雑な数学的な扱いが必要なのである．現実の生命現象には，数多くのパターン形成や振動現象が見られる．ここではその代表的なもののいくつかを紹介したい．各自，興味をもった現象について，ウェブサイトや関連文献などを参照しながら，理解を深めてもらいたい．

空間的なパターン形成の例

◆シアノバクテリアのヘテロシスト形成

糸状性のシアノバクテリアは，アンモニアや硝酸塩などの窒素源がなくなると，大気中の窒素ガスを還元してアンモニアにする窒素固定を行なう．窒素固定は酸素で阻害されるため，光合成をする細胞とは別にヘテロシストと呼ばれる細胞をつくり，そこで窒素固定を行なう．ヘテロシストは約10細胞に1個程度の間隔で生じる．新規ヘテロシスト分化は，固定された窒素がヘテロシストからアンモニアやアミノ酸の形で隣接細胞に輸送されていく濃度勾配と細胞外を拡散する因子により抑制されており，これによって，HetR，PatSなどの因子の発現が制御されることにより，ほぼ等間隔のパターンが形成される[1)2)]．

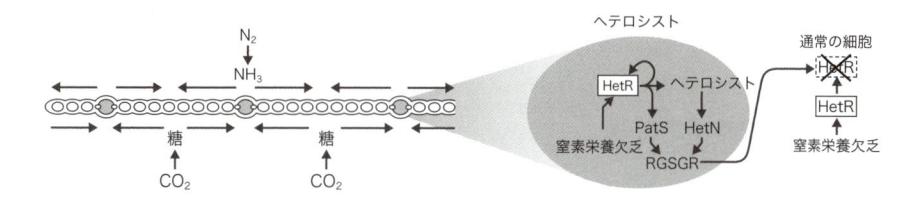

◆脊椎動物の体節時計

脊椎動物の身体の構造は，体節にもとづいている．体節の繰り返し構造がつくられるときには，頭側から尾側に向かって，一定時間ごとに1つずつ追加されていく（マウスの場合，約2時間ごと）．そしてこれを支配するしくみは，"clock and wave"モデルという拡がっていく波として説明されている．これを体節時計（分節時計）とも呼ぶ．clockにはNotchシグナルがかかわっており，waveにはFGFシグナルがかかわっている．できあがった個々の体節の属性を決めるのには，ショウジョウバエと同様，ホメオティック遺伝子群がかかわっている[3)]．

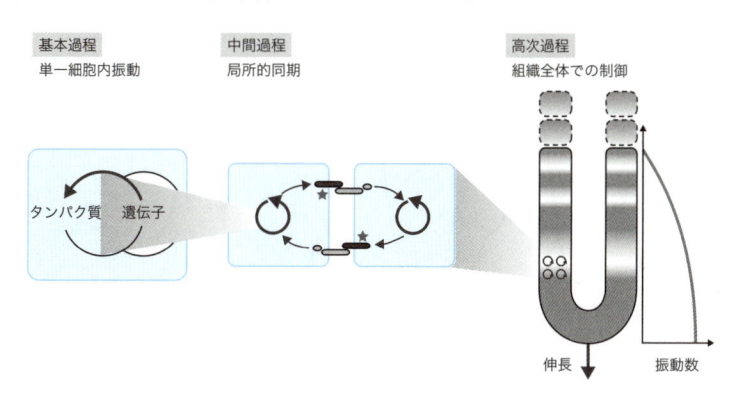

◆動物の体表の模様

　トラとヒョウなど，近縁でありながらしま模様と水玉模様の生物が見られることがある．これらの体表の模様は，2種類の色素胞の配置によって決まっているが，その形成は，反応拡散系で説明されている．タテジマキンチャクダイやゼブラフィッシュの模様形成過程が有名であるが，トラなどネコ科の動物の体表パターンについても，計算が行なわれている[4]．

◆細菌の細胞分裂位置決定

　大腸菌などの桿菌（棒状の細菌）の細胞分裂は，中央がくびれることで起きる．細胞分裂位置を決めるしくみには，MinD, MinEタンパク質がつくる高速で振動する周期的パターンがかかわっている[5]．

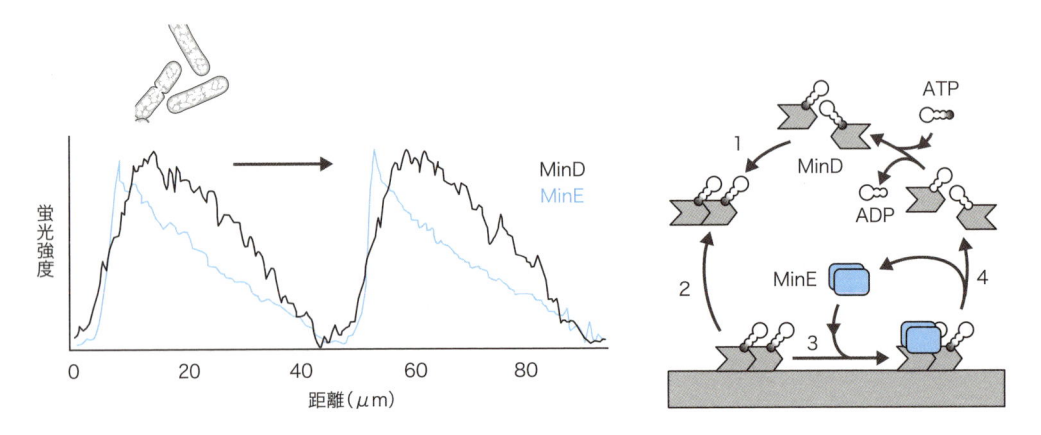

時間的なパターン形成：振動

◆細胞周期

　真核生物の細胞周期は，細胞分裂のサイクルともいえた．サイクリンとCDKによってつくられる振動は，サイクリンのレベルがある閾値を超えると，分解系が活性化されるというフィードバックによって成り立っている（宿題3参照）．原核生物の細胞周期にも制御のしくみがあると考えられるが，まだ明確にはわかっていない．

◆酵母の代謝活動リズム

　酵母の代謝活動は，細胞周期とともに大きく変化する．酸素消費（好気呼吸）の非常に高い時期（物質合成の時期），酸素消費の低下した還元的な時期（DNA複製から細胞分裂），還元的だが次に備える時期（脂肪酸酸化，解糖）がある．細胞周期との関係も研究されている[6]．

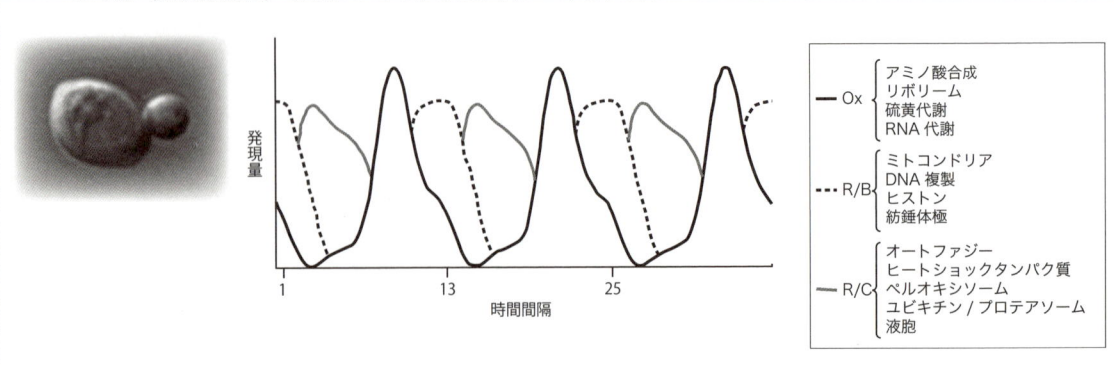

◆ **生物時計，概日リズム**

ほとんどの生物の活動は約 1 日の周期をもっていて，これを概日リズムと呼ぶ（サーカディアンリズムともいう）．これを可能にしている内在的な「時計」機構を生物時計と呼ぶ．生物時計を構成する物質と制御のしくみは，生物ごとに異なる．これまでに，シアノバクテリア（*kaiA*, *kaiB*, *kaiC* 遺伝子），ショウジョウバエ（*PER*, *TIM* 遺伝子とそれを制御する *dCYC*, *dCLK* 遺伝子），マウスやヒト（*PER*, *CRY* 遺伝子とそれを制御する *BMAL1*, *CLK* 遺伝子），被子植物（*LHY/CCA1* 遺伝子とそれを制御する *TOC1* 遺伝子）などで詳しく調べられている．いずれも，フィードバック回路があって振動が起きる．振動を起こすのは細胞であるが，多細胞生物の全体で同期した振動が起きるしくみについてもさまざまな研究が進められている[7)8)]．

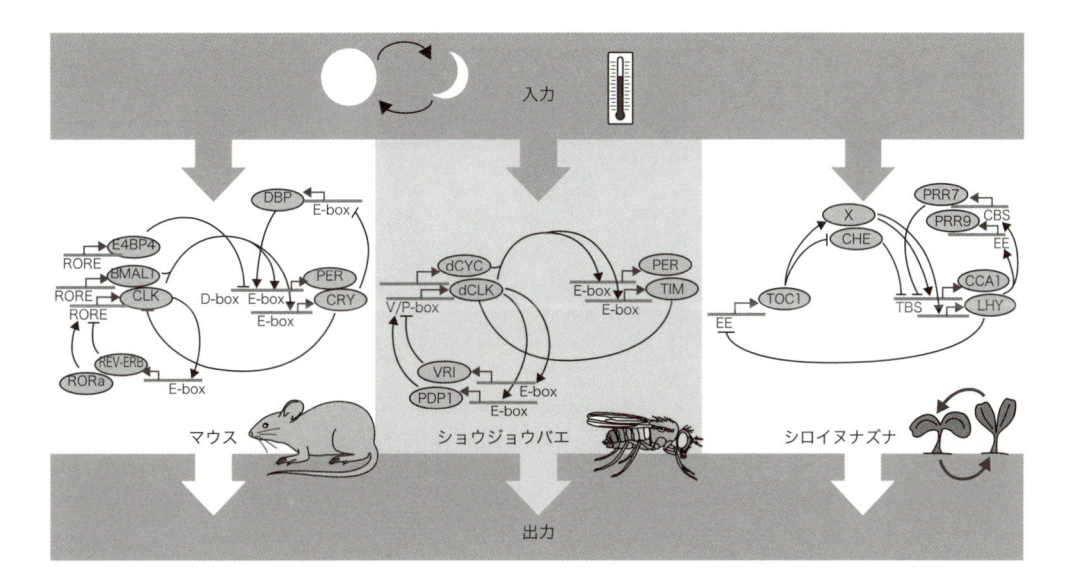

◆ **哺乳類の性周期**

ある種の哺乳類のメスには排卵周期がある．マウスは 4 日，ヒトは 28 日など，生物によっても大きく異なる．これには，性ホルモンのフィードバック調節がかかわっている[9)]．

◆ **被食-捕食系**

餌と捕食者からなる生態系が振動する現象である（**8 章**参照）．

分岐の例

◆性決定

　ショウジョウバエの性決定では，XXがメス，X0がオスとなる．この場合，X染色体と常染色体との量比が1であるか1/2であるかという違いでしかない．しかしこの違いが，*Sxl*遺伝子の選択的スプライシングにおいて，正のフィードバックにより増幅され，最終的にオスメスの区別を明確なものにすると考えられている[10]．

　なお，シアノバクテリアの細胞運命決定などにも，分岐が含まれている．

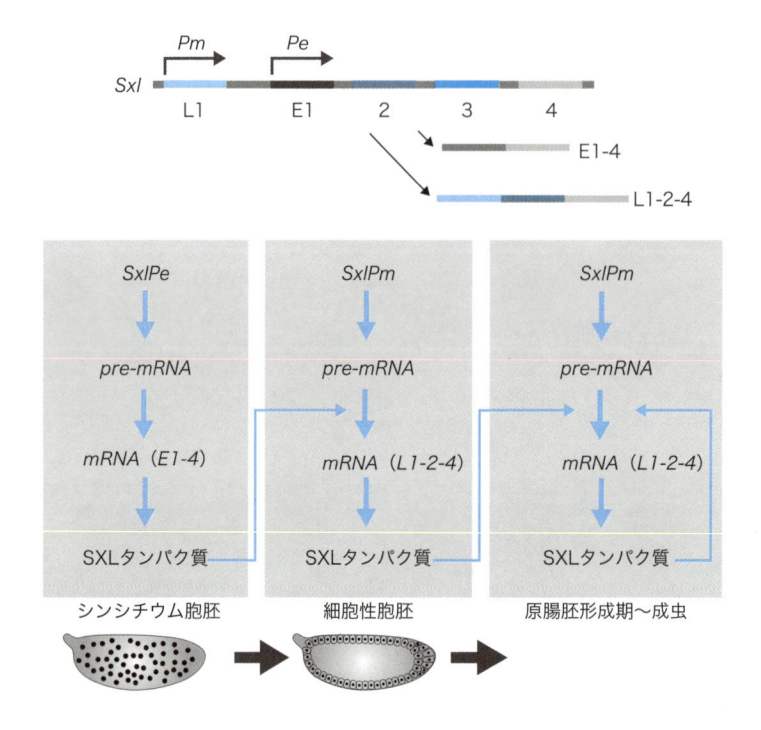

8章 マクロスケールのダイナミクス

- 生物と環境：生物間相互作用と生物群集　　● 生態系の構造と動態　　● 進化と系統

地球の生物は現時点で約180万種が記載されているが，まだ見つけられていない種がさらに何百万種も存在する．こうした生物はさまざまな環境に生育している．生物は環境から影響を受けるだけでなく，逆に生物も環境に影響を与える．さらに，生物は相互にさまざまな方法でかかわり合っている．さまざまな環境の中で，生物は生きて子を残し，そして死んでいく．その世代の繰り返しの中で，長い年月にやがて遺伝的には異なる種に分かれることもある．さらにそれを繰り返すことで，多様な系統へと進化が進むのである．本章では，マクロスケールのダイナミクスについて手を動かしながら理解する．

1 生物と環境：生物間相互作用と生物群集

◆個体群の増加

地球の生物は，深海や深い地中の岩盤の中から大気の成層圏まで，乾燥しきった砂漠から硫黄泉まで，ありとあらゆる環境に分布している．地球上で生物が生息している領域を全体として生物圏という．ある地域に生息し相互作用し合う同種の生物集団を個体群と呼ぶ．

生物種は，食糧（本章では餌と記す）や生活場の空間的制限がなければ，指数関数的に増える[*1]と想定されるが，実際には，種内の個体間で競争する密度効果が加わるので，頭打ちになる可能性が考えられる．この個体群密度の時間的変化（＝増殖速度）を記述したのが，ロジスティック方程式である．

$$\frac{dN}{dt}=r\left(1-\frac{N}{K}\right)N$$

ここで，N は個体群密度，r は増加率，K は環境収容力である．N が小さいときには増殖速度は大きいが，N が K に近づくにつれ増殖速度は小さくなり，シグモイド曲線となる（図8-2）．

図 8-1　生物はかかわりあいながら生きている

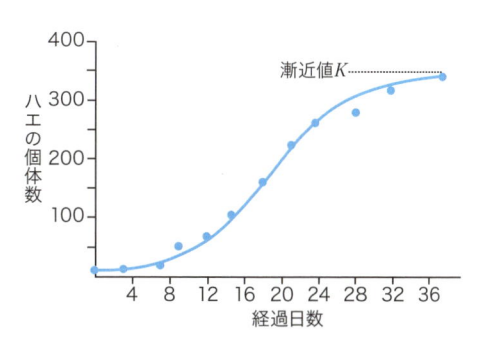

図 8-2　ショウジョウバエの個体数の時間変化
環境収容力 K に収束する．文献1より．

[*1] $\frac{dN}{dt}=rN$（r：比増殖速度）をマルサス方程式という．すなわち，マルサス方程式（例題3-2と相同）の r を $r\left(1-\frac{N}{K}\right)$ としたものがロジスティック方程式である．

◆ 例題 8-1　ロジスティック方程式

問1 ロジスティック方程式 $\dfrac{dN}{dt}=r\left(1-\dfrac{N}{K}\right)N$ について微分方程式 $\dfrac{dx}{dt}=r\left(1-\dfrac{x}{K}\right)x$ とみなして[*2]変数分離法を用いて代数的に解け．

問2 得られた式をRで描画せよ．ただし増加率 r は0.02，環境収容力 K は1000，初期密度 N_0 は100とする．

問3 Rを使うと微分方程式の近似解を得ること（数値計算）が可能である．ロジスティック微分方程式を数値計算で解け．ただしシミュレーションは時間0から500まで行ない，計算回数はその5倍とする．増加率，環境収容力，初期値は問2同様とする．

例題の解答

問1 $\dfrac{dx}{dt}=r\left(1-\dfrac{x}{K}\right)x$ であるので，変数分離法により，$\dfrac{1}{r\left(1-\dfrac{x}{K}\right)x}dx=dt$

部分分数法により，$\dfrac{1}{r}\left\{\dfrac{1}{K-x}+\dfrac{1}{x}\right\}dx=dt$

積分 $\displaystyle\int\dfrac{1}{K-x}dx+\int\dfrac{1}{x}dx=r\int dt$

$-\ln|K-x|+\ln|x|=rt+C$ （C：積分定数）

$0<x<K$ なので，$\ln\dfrac{x}{K-x}=rt+C$

すなわち $\dfrac{x}{K-x}=e^{rt}\cdot e^{c}$ 　　　　　(1)

$t=0$ のとき $x(0)=x_0$

すなわち $e^{c}=\dfrac{x_0}{K-x_0}$

よって(1)式は，$\dfrac{x}{K-x}=e^{rt}\cdot\dfrac{x_0}{K-x_0}$ 　　　　　(2)

(2)式を整理すると，$x(t)=\dfrac{K}{1+\dfrac{K-x_0}{x_0}e^{-rt}}$ すなわち $N(t)=\dfrac{K}{1+\dfrac{K-N_0}{N_0}e^{-rt}}$ となる．………（答）

問2 問1よりK/(1 + ((K-x0)/x0)*exp(-r*t))と書けることから，

```
logistic <- function(t){
    r <- 0.02  #増加率
    K <- 1000  #環境収容力
    x0 <- 100  #初期密度
    K/(1 + ((K-x0)/x0)*exp(-r*t))
}
curve(logistic, 0, 500, ylim=c(0,1000), xlab="Time",
ylab="Population Size")
```

[*2] N を連続変数 x で置き換えている．

問3 Rでの数値計算にはロジスティックモデルのスクリプトに加え，常微分方程式（ODE）の定義とルンゲ–クッタ法による計算をプログラムする必要がある．すなわち
①常微分方程式（ODE）の定義は #--微分方程式の定義-- 以下の関数定義文で決める．
②常微分方程式の計算自体は #--ルンゲ–クッタ法でode計算をする-- 以下の1行ode関数で実行している[*3]．

```
#---Logistic model---
library(deSolve)      # ライブラリーdeSolveを読み込む
tf <-500              # シミュレーションする最終時間ステップ
Step <-5*tf           # 計算回数
init_x <-100          # xの初期値
h <-tf/Step           # 刻み幅
ti <-0                # 開始時間
parameters <- c(r = 0.02, K = 1000)
times <-seq(ti,tf,h)  # 開始時間，最終時間，刻み幅をセットする
popul_max <- 1.2*parameters[2]

#-- 微分方程式の定義 --
Logistic <-function(t,x,parameters){
    with(as.list(c(init_x,parameters)),{
        dx <-r*x*(1-x/K)
    list(c(dx))
    })
}

#--ルンゲ–クッタ法でode計算をする--
out <-ode(y = init_x,times = times,func = Logistic,parms = parameters,method ="rk4")
plot(out,xlim = c(ti,tf),ylim = c(0,popul_max),main ="Logistic eqation",xlab ="time",ylab ="population size",col ="red")
```

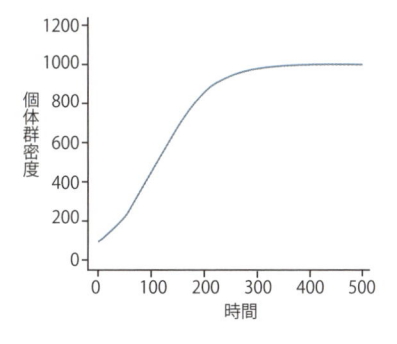

[*3] 計算法は method＝"rk4" で R-K 法を指定する．

数学的に解いた問 2 と数値計算で解いた問 3 とで全く同じ曲線のグラフが得られる．このように個体を要素とみなして個体群をシステム的に理解することは生態学分野では 20 世紀前半から行なわれており有名なモデルがいくつもある．

◆ロトカ-ボルテラの種間競争式

自然界では生物種間での相互作用もあり，競争，捕食，共生などがある．競争とは，餌や生息場所などの資源をめぐって争う関係であり，共生とは，ある生物が他の生物から利益を得る関係である．捕食や競争は，相互作用する種の一方または両方が負の影響を受けるので，負の相互作用と呼ばれる．一方，共生は，相互作用する種の両方が正の影響を受けるので，正の相互作用と呼ばれる．種間相互作用によって結ばれたこれら各種個体群の関係の総体を生物群集といい，この生物群集においては，これらの正負の相互作用によって多くの生物が互いに関係しあっている．

生物種間の個体数のダイナミクスを示すモデルに，ロトカ-ボルテラの種間競争式と被食-捕食式がある．種間競争方程式はロジスティック方程式を拡張したものであり，以下となる．

$$\frac{dN_1}{dt} = r_1\left(1 - \frac{N_1 + \alpha_{12}N_2}{K_1}\right)N_1$$

$$\frac{dN_2}{dt} = r_2\left(1 - \frac{N_2 + \alpha_{21}N_1}{K_2}\right)N_2$$

ここで，添え字は種 1 と種 2 を表し，r と K はロジスティック方程式と同じ意味である．α_{12} は種 2 から種 1 への競争係数，α_{21} は種 1 から種 2 への競争係数となる．この結果，種間競争によって有利不利が生じ，不利な種はやがて消滅する（図 8-3）．これを競争的排除と呼ぶ．

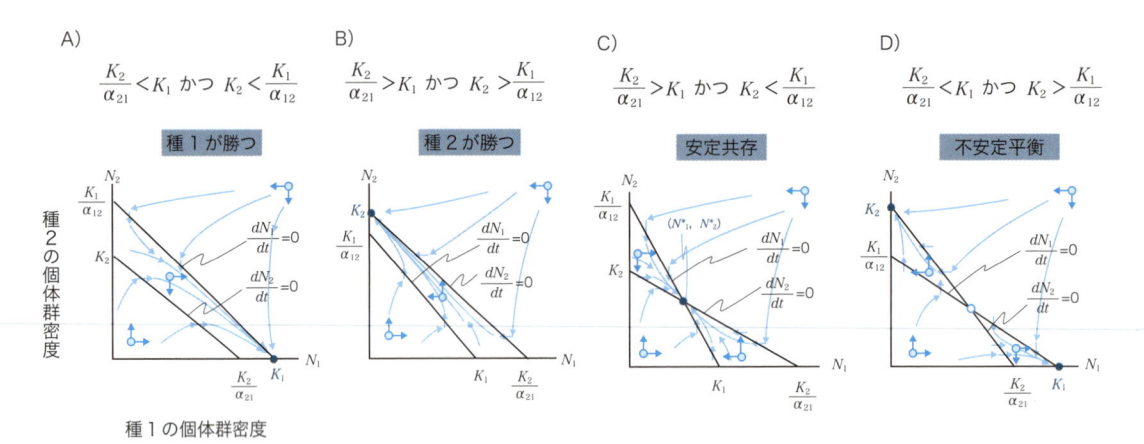

図 8-3　ロトカ-ボルテラの種間競争式のアイソクライン分析

矢印は個体群密度が変化する方向を表し，例えば A の条件下の 2 つのアイソクラインに挟まれた領域では，種 2 の個体群密度 N_2 が減少すると種 1 の個体群密度 N_1 は増加し，N_2 はさらに減少する．このような増減を繰り返して $(N_1, N_2) = (K_1, 0)$ に落ち着く，つまり種 1 が勝ち，種 2 は消滅する．C は安定共存，D は不安定平衡の条件で，**演習 7-4** でも扱った形である．$(N_1, N_2) = (N^*_1, N^*_2)$ を平衡点という．なお，2 本のアイソクラインの意味は，2 元連立微分方程式の 1 つの変数を $\frac{dN_1}{dt} = 0$ または $\frac{dN_2}{dt} = 0$ と設定したときの，他方の変数の平衡関数（iso-cline）である．よって，$\frac{dN_1}{dt} = 0$ のアイソクライン上では，N_2 だけが垂直移動し，$\frac{dN_2}{dt} = 0$ のアイソクライン上では，N_1 だけが水平移動する．軌道がアイソクラインをまたぐときは，そのような軌道となるので注意したい．

◆ 例題 8-2　ロトカ-ボルテラの種間競争式

ロトカ-ボルテラの種間競争式をルンゲ-クッタ法（詳しくは**付録 B 参照**）を使って R で数値計算してみよう．

増加率 r_1 が 0.2，環境収容力 K_1 が 2,000 の種 1 が 100 個体，増加率 r_2 が 0.4，環境収容力 K_2 が 1,400 の種 2 が 600 個体いたとする．競争係数 α_{12} が 1.2，α_{21} が 0.6 のとき，1,500 時間経過までの種 1，2 の個体群密度変化を示せ．

例題の解答

```r
#---- Lotka-Volterra competition model ---
library(deSolve)    # ライブラリー deSolve を読み込む
tf <-1500           # シミュレーションする最終時間ステップ
Step <-5*tf         # 計算回数
init_x <-100        # 種 1 の初期値
init_y <-600        # 種 2 の初期値
Pmax <-1500
h <-tf/Step         # 刻み幅
ti <-0              # 開始時間

#solve ODE with deSolve
parameters <-c(r1=0.2,r2=0.4,K1=2000,K2=1400,a12=1.2,a21=0.6)
            # パラメータをセットする．r は増加率，k は環境収容力，a は競争係数
init_state <-c(x=init_x, y=init_y)
times <-seq(ti,tf,h)# 開始時間，最終時間，刻み幅をセットする

#-- 微分方程式の定義 --
LV <-function(t,init_state,parameters){
    with(as.list(c(init_state,parameters)),{
        dx <-r1*x*(1-(x + a12*y)/K1)
        dy <-r2*y*(1-(a21*x + y)/K2)
        list(c(dx,dy))
    })
}
#-- ルンゲ-クッタ法による数値計算 ---
out <-ode(y=init_state,times=times,func=LV,parms=parameters,
method ="rk4")

# 種 1 について描画する
plot(out[,2],xlim=c(ti,tf),ylim=c(0,Pmax),xlab="time",ylab="
Population Size",col="red", type="l")
par(new=T)# 更新
```

```
# 種2について描画する
plot(out[,3],xlim=c(ti,tf),ylim=c(0,Pmax),xlab="",
ylab="",main="L-V competition model",col="blue",type="l")
# 凡例
cols<-c("red","blue")
lwds<-c(1,1)              # グラフの線の太さ
ltys<-c(1,1)              # グラフの線のタイプ
labels<-c("sp.1","sp.2")  # ラベル
legend("topleft",legend=labels,col=cols,lwd=lwds,lty=ltys)
                          # 凡例をグラフ左上隅に置く
```

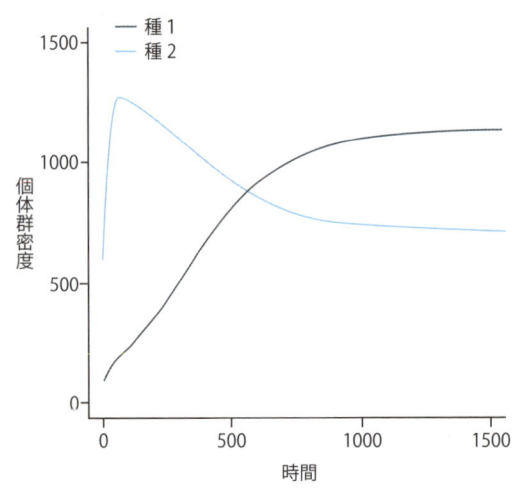

ロトカ–ボルテラの種間競争式の数値計算で得られたグラフ

◆ロトカ–ボルテラの被食–補食式

ロトカ–ボルテラの被食–捕食式は以下のようになる．

$$\frac{dN}{dt}=rN-aNP$$

$$\frac{dP}{dt}=bNP-dP$$

ここで，N は被食者，P は捕食者の個体群密度であり，NP は捕食作用[*4]を表し，a と b はその係数である．つまり，$-aNP$ で被食者が食べられて減少し，bNP で捕食者が増える．そして，$-dP$ は捕食者の自然死亡である．ロトカ–ボルテラの被食–捕食式では，両者の振動が生じる（図8-4）．

[*4] 化学反応においてランダムに2種の気体分子が遭遇する現象を質量作用の法則で表すが，それと同様とみなす．

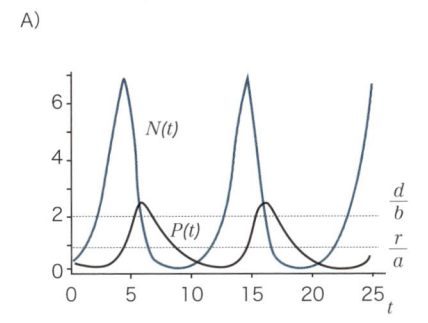

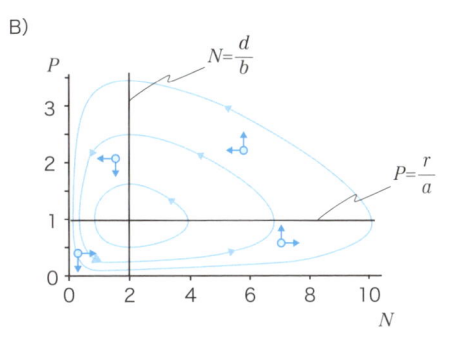

図 8-4　ロトカ-ボルテラの被食-捕食式

A) $N(t)$ と $P(t)$ は周期的に変動し，$N(t)$ のピークの後に $P(t)$ のピークが続く．パラメータの値は $r=a=1.0$，$d=0.5$，$b=0.25$ である．B) ロトカ-ボルテラの被食-捕食式の右辺の符号を調べることによって，2つの直線アイソクライン（$P=r/a$ と $N=d/b$）で分けられた領域の変化する方向（軌道の方向）が決まる．軌道は平衡点を反時計回りに回る閉曲線となる．

◆ **例題 8-3**　**ロトカ-ボルテラの被食－捕食式**

ロトカ-ボルテラの被食－捕食式をルンゲ-クッタ法を使って R で数値計算してみよう．

例題の解答

```
#--- Lotka-Volterra prey-predator model ---

library(deSolve)           # ライブラリー deSolve を読み込む
tf <-500                   # シミュレーションする最終時間ステップ
Step <-5*tf                # 計算回数
init_x <-100               # 被食者 x の初期値
init_y <-50                # 捕食者 y の初期値
Pmax <-200
h <-tf/Step                # 刻み幅
ti <-0                     # 開始時間

parameters <-c(r=0.4,a=0.01,e=0.15,d=0.1)
    # r は被食者の増加率, a は捕食作用係数, d は捕食者の死亡率, e は生態効率(後述)
init_state <-c(x=init_x,y=init_y) # 初期状態をセットする
times <-seq(ti,tf,h) # 開始時間, 最終時間, 刻み幅をセットする

#-- 微分方程式の定義 ---
LV <-function(t,init_state,parameters){
    with(as.list(c(init_state,parameters)),{
        dx <-r*x-a*x*y
        dy <-e*a*x*y-d*y
        list(c(dx,dy))
```

```
    })
}

#-- ルンゲ-クッタ法 --
out <-ode(y = init_state,times = times,func = LV,parms = parameters,
    method ="rk4")

# 被食者のダイナミクスを描画する
plot(out[,2],xlim = c(ti,tf),ylim = c(0,Pmax),xlab ="time",
    ylab ="population size",type ="l", col = 3)
par(new = T)
# 捕食者のダイナミクスを描画する
plot(out[,3],xlim = c(ti,tf),ylim = c(0,Pmax),xlab ="",ylab ="",main ="",
    type ="l", col = 2)

# 凡例
cols <-c("green","red")          # 色
lwds <-c(1,1)                    # 線幅
ltys <-c(1,1)                    # 線のタイプ
labels <-c("prey","predator")    # ラベル
legend("topleft",legend = labels,col = cols,lwd = lwds,lty = ltys)
```

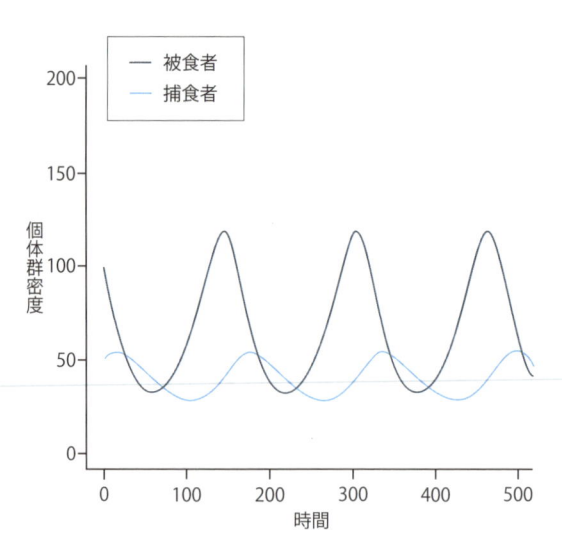

ロトカ-ボルテラ被食-捕食式の数値計算で得られたグラフ

N と P の振動が現れ N のピークの後に，1/4周期遅れて P のピークが現れる．つまり，捕食者の密度が十分に低下すると餌種は増え始めるが，捕食者はまだ減少し，1/4周期遅れたところで増加に転じる．図 8-4B のアイソクラインの回りを周回する軌道を確認すること．

2 生態系の構造と動態

◆生態系の物質循環

　生物は，光・温度・水分・土壌・大気などの無機的要因から影響を受けるが，さまざまな生物によって生じる作用もある．生物が生活することで，逆に環境条件を変えていくはたらきを環境形成作用という．その例としては，裸地に草が生え，やがて明るい林を形成するに従い，木立の中の照度や気温条件などが変化することがあげられる．そして落葉による土壌中の有機化合物が増加していく．生態系とは生物群集とそれを取り巻く無機的環境をひとまとめにして，物質循環とエネルギー流の面から捉えたものである．生態系の構成要素であるそれぞれの生物種は，各々の栄養段階に配置される（図 8-5A）．

　栄養段階は，太陽からの光を受けて光合成によって無機化合物から有機化合物を合成する生産者（主に植物），それを食べる植食者である一次消費者，植食者を食べる肉食者である二次消費者，さらに上の段階の高次消費者に分けられる．一般に，消費者は何種類もの生物を捕食し，その餌も複数の栄養段階にわたっている場合もあるので，被食と物質循環の関係は図 8-5A のような 1 本の直線的なものではなく，複雑な網目状になる．そのため，これを食物網という．

　また，生物の遺骸や排出物などを細分するデトリタス食者[*5]，それをさらに生産者が再び利用できる無機化合物にまで分解する役割をもった細菌・菌類などを分解者という．分解者は生態系の物質循環に大きな役割を果たしている．

◆一方向に流れる生態系のエネルギー流

　生態系のエネルギー源は地表に降り注ぐ太陽光のエネルギーであり，光エネルギーは光合成によって化学エネルギー（自由エネルギー）に転換され，有機化合物中に蓄えられる（**4 章**参照）．生態系のすべての生物は，この有機化合物中の化学エネルギーを利用して生活している．化学エネルギーは物質と違って生態系内を循環しない．食物連鎖によって上の栄養段階へ移行する過程で，各々の段階で一部が代謝や運動などの生命活動に利用されたのち，エネルギーは最終的に熱となって生態系外へ発散される．

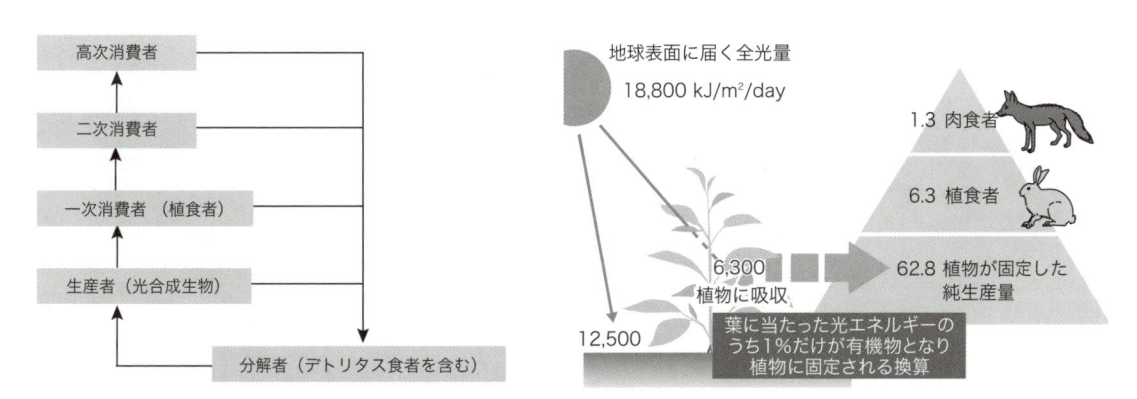

図 8-5 食物網と物質循環の概念図（A）と栄養段階ごとに少なくなる生態系のエネルギー流（B）
地球表面に届く全光量は，陸上生態系の森林を対象として計算した結果である．[その栄養段階での純生産量]＝[1 つ下の栄養段階での純生産量]－[上の栄養段階の動物に摂食されず枯死した量]－[摂食されたが消化できなかった量]－[呼吸量]．文献 2 より．

[*5] 落ち葉を食べて分解するトビムシやミミズ，川底の死骸を食べるザリガニ，有機物を食べるユスリカ・アブの幼虫など．

この場合，各栄養段階を経るごとに，10〜15％程度のエネルギーが上の栄養段階に取り込まれるにすぎないことに注意してほしい（リンデマンの10％の法則）．そのため，単位期間に利用するエネルギー量を尺度に各栄養段階をまとめるとピラミッド構造になり，これを生態ピラミッドと呼ぶ（図8-5B）．10％の法則により，栄養段階を数段階経ただけで，はじめに植物が固定した化学エネルギーは相当に減少する（10％とすれば，4段階で1/10,000）．そのため，陸上ではたかだか5栄養段階くらいまでしかみられず，栄養段階数には限りがある．

3 進化と系統

◆自然選択と適応進化

自然界で生物は個体群として生活している．個体群中の個体はそれぞれ子どもをつくり，その遺伝子を次世代に伝えていく．その際，環境により適合した性質をもち，よりよく成長し，より多くの子孫を残すことが，繁殖力の増大に重要である．したがって，世代を繰り返すたびに，より環境に適した遺伝的形質をもった個体が平均してより多くの子孫を残す．この繰り返しが長期間続いた結果として，過去および現在の環境による自然選択を受けて，現在みられるような環境に適合した形質をもつようになる．環境によって選択されて遺伝的に固定された形態的・生理的・生態的な性質と環境との適合を適応という．

表8-1　自然選択が作用する条件

① 個体間に変異がある
② その変異が遺伝する
③ その変異に応じて生存や繁殖に有利・不利が生じる

自然選択が作用する条件はシンプルである．3つの条件（表8-1）が成立すると，自律的に自然選択による適応進化は進む．適応は，砂漠のような乾燥地帯，豪雪の地方，極北の寒帯地方など，特殊な環境で生活する生物に特にはっきりとみることができる（例えば，ラクダ，ユキツバキ，ホッキョクグマ）．温暖な環境においても，表8-1の自然選択の3条件が満たされれば，適応はあまねくみられる．例えば植物の生活史の最適な成長スケジュールを考えてみよう．

◆ 例題 8-4　最適成長スケジュール

植物は光合成産物から，葉・茎・根という自らの成長に必要な栄養器官を合成するとともに，花・種子という次世代を担う生殖器官をつくり出す．これらの成長は次のような微分方程式で表すことができる．

$$\frac{dx}{dt}=(1-u)rx$$

$$\frac{dy}{dt}=urx$$

x は栄養器官，y は生殖器官のバイオマスである．r は相対成長速度と呼ばれるが，栄養器官の単位バイオマスが単位時間に光合成でつくり出すバイオマスのことである．u は光

合成産物の生殖器官への投資率であり，0から1の間で植物が自由に決定できる．

一生の間に生産する生殖器官のバイオマスを最大にする方法は最適成長スケジュールと呼ばれるが，この植物の最適成長スケジュール，100日目での生殖器官を最も成長させるようなuの組を動的計画法で求める．Rを用いて本問題を解くための手順の概略を考えよ．

▼ **背景となる知識**

動的計画法とは，最適化問題を多段階に分けて，逐次的に解いていく方法である．各段階での最適化は全体の最適化問題よりも簡単であるため，1回で全体の問題を解く代わりに，比較的簡単な問題を多数回解くことによって計画全体を最適化できる．主な応用例として，スケジュールの最適化の場合には，最終時刻$t=T$の最適状態を決めて，そこからtを1つずつ戻りつつ最適値を決めながら，$t=0$へと解き戻る計算を実施する．これにより，ポントリャーギンの最大原理と同値の解が得られる．

例題の解答

以下の（ ）は**宿題12**のスクリプトに対応する．

① 生殖器官の成長への投資量uは毎日変えることができるとし，各日での投資量をsub-strategyと呼ぶことにする（sub-strategyの数はsubで決まる）．

② uの値は0，0.1，0.2，…，1.0の11通りと仮定する．この場合の数をpとする．

③ とりあえず最適なuは毎日$u=0.5$だと仮定する（Uoptimalがこれに相当する）．なお，ここの値は任意でよい．またyの最大値$ymax=0$と設定しておく．

④ 100日目のuについて最適な値を探す（for (i in sub: 1)がこれに相当する）．

⑤ 100日目のuの値を$u=0$だと仮定して代入する（for (j in 1: p)がここに相当する）．

⑥ deSolveを利用してルンゲ–クッタ法で常微分方程式を解く．ただし，uの値は日付が変わるごとに変わるのでfor (k in 1: sub)以降のように適宜uの値を更新して積分していく．outの最終行のデータを抽出しているのはuの値を変えて積分する際の初期条件を取り出すためである．

⑦ 100日目のyの値が他のuの値のときの$ymax$より大きければ，100日目の最適なuの値を更新してUoptimalに代入する．また$ymax$も更新する．100日目のuに代入する値を変えて⑤に戻る．

⑧ これにより100日目の最適なuの値が決定され，Uoptimalに代入される．次は99日目の最適なuを探すために④に戻る．

⑨ 以上，100日目 → 99日目 → 98日目 → … → 2日目 → 1日目を繰り返すことで100日間の最適なuの組合せが動的計画法から得られる．

⑩ 最後に最適成長スケジュールuに基づいて微分方程式を解けばよい．

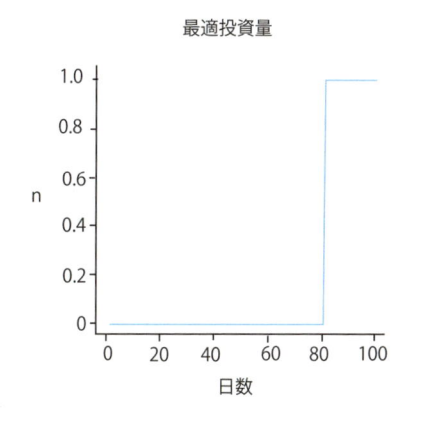

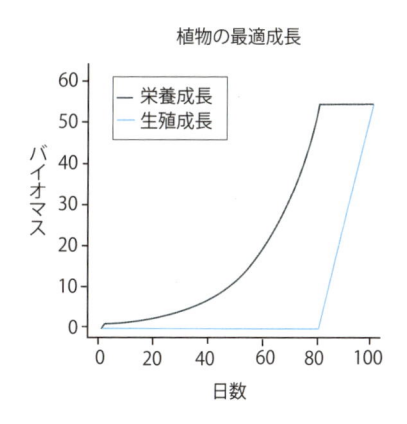

最適な投資量 u はスケジュールの途中で一挙に切り替えるやり方（バンバン制御と呼ばれる）で決まっている場合が多い．今回の動的計画法で求めた最適スケジュールも，そのようになっている．

こうした最適成長スケジュールという考え方は，植物以外にも適用できる．例えば，春に形成が始まり，秋に消滅するスズメバチのハチの群れ（コロニー）は，その形成初期には働きバチだけを増やしていき，秋になると次世代の女王とオスバチだけを育てる．上の図と似ていることに気づくだろう．

◆確率論的にふるまう遺伝子頻度：遺伝的浮動

進化においては，適応的でも有害でもない遺伝子変異が，単なる確率論的な浮動で集団内に広がり，固定される（集団内のある遺伝子座が100％の個体でその遺伝子型や形質をもつようになること）場合がある．個体数の少ない小さな集団には，遺伝的浮動が強くはたらく．遺伝的浮動とは，遺伝子頻度の確率的な揺らぎである（図8-6）．ちょうど，コイントスで2回だけトスすると必ずしも表裏が1：1の期待値通りにはならずに，表だけや裏だけになることも多いのと同じ現象である（大数の法則の崩れ）．コイントスが10万回もあれば表と裏はだいたい1：1に収束していくだろうが，ごく少数のトスだと期待値通りにはいかない．

これを対立遺伝子の頻度の変動に置き換えてみると，遺伝的浮動が理解できる．ランダムな変動だけで遺伝子頻度は変化し，有限時間内にどちらかが集団中に固定する（もう一方からみれば消失する）．固定するのに要する時間は，集団が小さいほど速くなる．つまり小集団ほど遺伝的浮動は強い効果を示す．

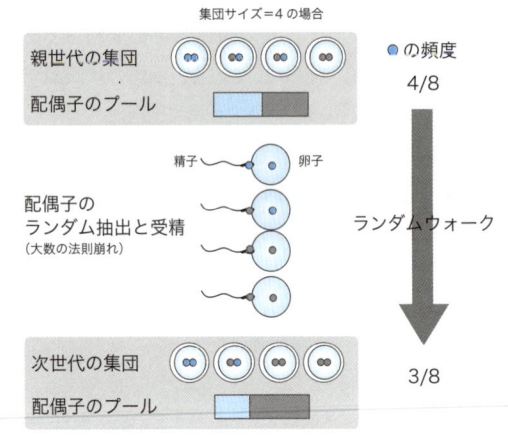

図 8-6 遺伝的浮動の説明図
4個体に制限された小さな集団中に黒い対立遺伝子と青い対立遺伝子を想定する．2倍体の生物の場合，4個体計8個の黒青の対立遺伝子は半々，つまり4：4だと仮定する．雄雌の性比は1：1とし，各個体は精子と卵を産む．精子も卵も多産生まれるが，受精して胚発生が進行し，親になるときには集団サイズ4個体に制限されるものとする．受精はランダムに黒青の組合せで生じるが，次世代の4個体がもつ対立遺伝子の合計8個は，必ずしも4：4にはならない．ときには3：5になったり，6：2になるだろう．

◆ 例題 8-5　遺伝的浮動のシミュレーション

遺伝的浮動について以下の問に答えよ．

問 1　個体数1,010の集団内に，適応的でも有害でもない遺伝子変異Xが50％の頻度で存在したとする．いま地殻変動によりこれら集団から10個体が小さな離島に隔離されてしまい，2つの集団に分かれた．この2集団は互いに交雑する個体が現れることなく，しかも集団サイズを保ったまま，独立にそれぞれ50世代，世代交代が行なわれた．こうした現象が独立に10回起こった場合の，▼世代数と遺伝子頻度の関係について次のRスクリプトを用いてシミュレー

ションし，その結果を示せ．ただし，個体が生殖可能年齢まで生き残り，生殖に成功するかどうかはすべて偶然によって決定されているとする．

```
drift<- function(Population, init_Freq, total_Gen, Rep) {
  Freq<- numeric(total_Gen+1)
  Num<- numeric(total_Gen+1)
  Gen<- numeric(total_Gen)
  Freq[1]<- init_Freq
  par(new=F)
  for(j in 1: Rep) {          # 集団別に Rep 回，繰り返し
     for(i in 1: total_Gen) {# 総世代回数だけ繰り返し
        Gen[i]<- i
        Num[i]<- rbinom(1, Population, Freq[i])# 二項分布から乱数取得
        Freq[i+1]<- Num[i]/Population
     }
     Gen[i+1]<- i+1
     plot(Gen,Freq,ylim=c(0,1),xlim=c(1,total_Gen),type="l",lty=1)
     par(new=T)
  }
}
```

問2 ある研究者が，離島に生息する個体数の少ない小集団が，大陸側の大きな集団の亜種であることを発見した．この生物のゲノムを調べた結果，大陸側では半数程度の個体しかもたない遺伝子変異 X が，離島集団ではすべての個体に存在することを発見し，「この変異は，離島では適応的に有利だった」という結論を導いた．この論理の危うさについて次の[ ]の単語を用いながら論じなさい．
［個体数　遺伝的浮動　適応的］

▼背景となる知識

drift（Population, init_Freq, total_Gen, Rep）と定義したので集団サイズ＝300，初期頻度＝0.3，総世代数＝15，試行回数＝5 の場合，drift（300, 0.3, 15, 5）のように入力すれば，上記のスクリプトを実行することができる．
rbinom は二項分布に従う乱数を取得するための関数．rbinom（n, size, prob）という形で使用し，n は発生させる乱数の数，size は乱数におけるベルヌーイ試行の回数，prob は各ベルヌーイ試行における成功確率．今回は，n＝1，size＝population，prob を集団内での頻度にすることで，次の世代の変異遺伝子数を二項分布に従う乱数から取得している．

例題の解答

問1 R コンソールに R スクリプトを入力したうえで次に drift(10,0.5,50,10) と入力すればよい．同様に drift(1000,0.5,50,10) と入力した両者のシミュレーション結果を以下に示す．

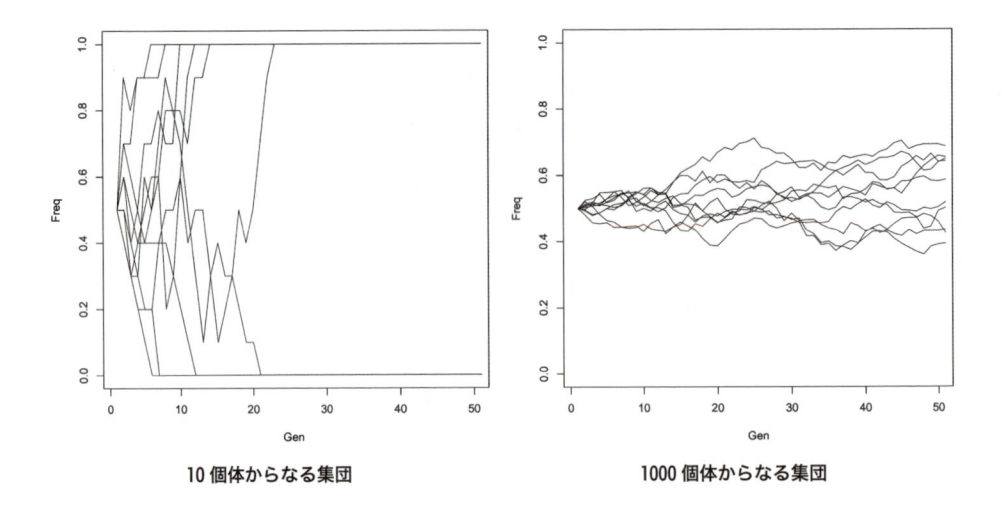

10 個体からなる集団　　　　　　　　　　1000 個体からなる集団

次世代を残す確率（≈適応度）が同じであっても集団サイズによって大きく運命がかわることがわかる．特に個体数の少ない小集団ではこの影響が顕著に表面化する．10 個体の集団サイズだと 10〜20 世代で固定・消失が頻繁に起こるが，1,000 個体の集団サイズだと遺伝子頻度が 0.4〜0.7 くらいの範囲におさまっている．それでも世代が 100 世代，1,000 世代と進むにつれて固定・消失が起こり始める．

問 2　離島集団内で広まった遺伝子変異 X は，**離島集団の個体数が少ないがゆえに起こった遺伝的浮動の結果である可能性が考慮されておらず，必ずしもこの変異が適応的だったとは言い切れない**．……………………………………………………………………………………（答）

◆中立進化

　実際の集団には絶えず突然変異によって新しい対立遺伝子が供給されているので，突然変異による供給と遺伝的浮動による消失とが反対の効果をもつことになる．この両者の作用によって DNA 配列の進化速度が決定されているという考え方が，次に述べる分子進化の中立説である．

　遺伝的浮動が集団中の対立遺伝子をどれか 1 つに固定させる効果をもつことはすでに述べた．木村資生による分子進化（DNA 配列やタンパク質のアミノ酸配列の進化）の中立説は，突然変異とこの遺伝的浮動の作用を基礎においた進化学説である．DNA 配列やそれが発現したアミノ酸配列に生じる突然変異には，形態や生活様式の違いと違って，適応度の点で有利でも不利でもない中立な変異や中立に近い変異が多い．その場合には自然選択は効果を示さないので，突然変異による新たな対立遺伝子の供給と，遺伝的浮動による対立遺伝子の消失の両方の作用によって，遺伝子の進化，すなわち DNA 配列における塩基対の置換や，それに伴うアミノ酸配列の変化が起こるという考え方である．

　ある中立な遺伝子座において，今，中立な対立遺伝子 1 個が突然変異によって個体数 N の集団（1 つの遺伝子座の対立遺伝子は $2N$ 個ある）に新たに出現したとすると，その運命は遺伝的浮動によって，$\frac{1}{2N}$ の確率で集団中に固定するか，$1-\frac{1}{2N}$ の確率で集団から消えるかのいずれかである．突然変異は単位時間あたり μ の確率で生じ，そのうち中立なものは f とすると，出現した $2Nf\mu$ 個の突然変異遺伝子が

$$(\text{単位時間あたりに集団中に固定する確率})=2Nf\mu\times\frac{1}{2N}=f\mu$$

となって，この中立な突然変異の生起率に等しい．すなわち，中立な遺伝子の進化速度（単位時間あたりの遺伝子が置き換わる確率）は，中立な突然変異の生起率に等しいことになる．現生生物の分類群間でのDNA配列の比較と化石による分岐年代から，1つの塩基対に突然変異が起こる頻度は，1年間でおよそ10^{-9}という値が知られている．中立説の予測に従えば，DNA配列は時々刻々と一定の率で塩基が置換することになる．そのため，この一定速度での置換を分子時計という．

◆分子系統樹

中立説は自然選択（適応度の低い変異個体を排除する負の自然選択）が作用する場合にも成立し，元のDNA配列から塩基置換が起こったとき，どの程度強い負の自然選択が作用するかに応じて，進化速度が変わってくる．すなわち，機能的に重要で，塩基置換による負の自然選択が強いほど，進化速度は遅くなる（表 8-2．非同義置換は遺伝暗号表（パネル 1）を参照）．

このような分子進化のパターンを利用して，系統関係に応用したのが，分子系統樹である．いま，いくつもの生物種で同じ遺伝領域でDNA配列が得られたとしよう．ここから簡単に系統樹を作成するソフトウエアの使い方は**宿題 11** を参照にしてほしい．

表 8-2 16 種類の真核生物遺伝子における同義置換速度と非同義置換速度

遺伝子	コドン数	非同義置換速度	同義置換速度
ヒストン H4	101	0.004	1.43
アクチン α	376	0.014	3.67
ガストリン	82	0.15	3.52
インスリン	51	0.16	5.41
副甲状腺ホルモン	90	0.44	1.72
糖タンパク質ホルモン α	92	0.67	6.23
成長ホルモン	189	0.95	4.37
プロラクチン	195	1.29	5.59
α-グロビン	141	0.56	3.94
β-グロビン	144	0.87	2.96
免疫グロブリン V_H	100	1.07	5.67
$\beta 2$ ミクログロブリン	99	1.21	11.77
インターフェロン $\alpha 1$	166	1.41	3.53
フィブリノーゲン γ	411	0.55	5.82
アルブミン	590	0.92	6.72
α-フェトプロテイン	586	1.21	4.90
42 個*の遺伝子にわたる平均		0.88	4.65

*上記の16個の遺伝子とその他26個の遺伝子から計算された．
ここで与えられた速度のほとんどは 8,000 万年前に分岐したと考えられる哺乳類の目間の比較から得られた．速度はすべて，年あたり塩基対あたり 10^{-9} の単位で示されている．文献 3 より．

8章 まとめ

- 個体群増加の理論モデルとして，指数関数増加モデル（マルサス型モデル）と，密度効果を入れたロジスティックモデルがある．
- 種間競争はロトカ–ボルテラの種間競争モデルで表される．これはロジスティックモデルの異種間の競争を含めた拡張モデルとなっている．
- 被食–捕食作用はロトカ–ボルテラの捕食モデルで表される．これは捕食作用を「質量作用の法則」に従って含めたもので，食う者と食われる者とに振動が発生する．
- 生態系の特徴は物質循環とエネルギー流であり，開始は太陽の光エネルギーを利用した植物の光合成である．エネルギー流の生態効率は生態系で栄養段階を1つ上がるごとに10%しか伝わらない（10%の法則）．
- 生物の適応進化は，自然選択によってもたらされ，①個体間の変異，②変異は遺伝する，③その変異に応じて生存・繁殖に差が生じる，の3条件が成立すれば自律的に進む．
- 小集団では対立遺伝子の頻度に遺伝的浮動が生じる．遺伝的浮動をもとに「分子進化の中立説」が提唱された．
- 遺伝子のDNA配列の変異を利用して分子系統樹を作成できる．

宿題10　調べてみよう④：生態効率10%の理由

生態効率はなぜ10%の低いレベルで規定されているのか．その原理を「生態効率（ecological efficiency）」と「R. Lindemanの10%の法則（the Ten percent law）」をキーワードにして，調べよ．

宿題11　配列アラインメントと系統樹の作成

タンパク質のアミノ酸配列は，遺伝子DNAの塩基配列で指定されている．進化とともに，それぞれの生物種がもっている対応するタンパク質の遺伝子配列も変化するため，タンパク質のアミノ酸配列も変化する．例えば，ヘモグロビンα鎖について考えてみると，ヒトと，ウマ，マウス，ニワトリ，カエルを比較すると，この順に違いも大きくなっている．これは，脊椎動物の共通祖先からいろいろな分類群が時間をおいて分岐してきたことを反映している．すなわち，たった1つの種類のタンパク質を比較するだけでも，生物進化の歴史がわかると考えられるのである．これが分子系統樹である．ただし遺伝子は進化の過程で生物種を越えて受け渡されたり，重複したり，消滅したりする．そのため，生物種の進化を表す系統樹を推定するには，多数の遺伝子（タンパク質）の系統樹を比べる必要がある．

表　代表的なアラインメントソフトウエア

ソフトウエア名	特徴
Clustal Omega, Clustal W	標準的なアライメントソフトウエア．
MAFFT	九州大学で開発されたアラインメントソフトウエア．
MEGA	近隣結合法，最尤法，ベイズ法など使えるフリーの系統樹作成ソフトウエア．
MrBayes	ベイズ法による高度な系統樹作成ソフトウエア．

系統樹作成には，DNA配列を使うこともできるが，タンパク質の場合，一般にはアミノ酸配列を利用する．進化はDNAのレベルで起きているが，変異が固定される段階はタンパク質の機能に依存しているので，結局，アミノ酸配列の変化で見る方がよいようである．ここでは，成人の赤血球に含まれるヘモグロビンを構成するα鎖とβ鎖のうち，α鎖のデータを取得して，アラインメント作成の作業を進める．なお，胎児には異なるタイプのものが含まれる．

手 順

比較する配列の選択

①ブラウザで，ヨーロッパの生命情報学のセンターであるEBIのウェブサイト[*1]にアクセスし，まず，［Services］をクリックする．

⬇

②次に表示される画面で［Proteins］＞［UniProt: The Universal Protein Resource］＞［UniProtKB］とクリックしていく．

⬇

[*1]　EBI　http://www.ebi.ac.uk

③一番上にある入力欄に'hemoglobin alpha'と入力する.

④たくさんの配列の名称が表示される. UniProt では配列名として, タンパク質名を表す言葉と生物種名を表す言葉が組合されている. ヒトのヘモグロビンα鎖は, HBA_HUMAN という名称である. β鎖なら HBB である. 不思議なことにα鎖だけでなく, β鎖の配列も含まれているが, おそらく, 配列を記述する際の言葉の中にアルファが含まれているのであろう. ここでは, いくつかの生物のα鎖の配列を取得しよう. たくさんの配列を一度に表示するため, 右にある[Show]>[100]を選ぶ.

⑤まずヒトのヘモグロビンα鎖を入手する. HBA_HUMAN と書かれた行の左のチェックボックスをチェックする. 同様に, HBA_HORSE (ウマ), HBA_MOUSE (マウス) の行, HBA_CHICK (ニワトリ) の行, HBA_XENLA (アフリカツメガエル) にチェックを入れる.

⑥系統的に関連したタンパク質だけでは, どれが一番根元であるのか判断できない. そのため, 外群と呼ばれる明らかに異なる系統に属するものの少し似ているタンパク質を1つ使う. ここではヒトのヘモグロビンのβ鎖 HBB_HUMAN を選ぶ.

マルチプルアラインメントと系統樹の作成

⑦選択ができたら, 実際の配列を使ったマルチプルアラインメントを作成するため, 上の方にある[Align]を押す. なお, この段階で, アラインメントを行なわずに, 配列の集合をダウンロードすることも可能である. また, [Add to basket]を使うと, システム上で保存しておいてくれる.

マルチプルアラインメントの一例
5種類の動物のヘモグロビンα鎖とヒトのヘモグロビンβ鎖を含むもの.

⑧しばらくして結果が表示される. 画面では, 最初に Alignment, 次に Tree, さらに Result information が表示されている. 最後の部分に表示されている Query sequences という項目には, それぞれの個別の配列がそのまま表示されている.

これをコピーして, 各自のコンピュータで, 専用のソフトウエアを用いて, いろいろな微調整をしたうえで, アラインメントや系統樹作成をやり直すことも可能である. マルチプルアラインメントをコンピュータ上にダウンロードするには, 上の方の[Download]を押す. その際, フォーマットはどうするか, 圧縮するかを聞かれるが, 通常はテキスト形式, 非圧縮(uncompressed)でよい. 画面に表示されたデータを, ブラウザから適宜保存する.

⑨画面の中段に Tree と表示されているのが, 系統樹である. ただし, こ

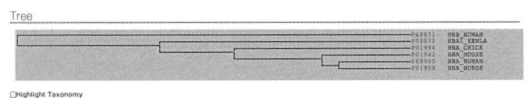

EBI ホームページ上でつくられたヘモグロビンα鎖の系統樹
ヒトのヘモグロビンβ鎖 (一番上) を外群としている.

れはClustal Omegaと呼ばれるソフトウエアで計算された簡易的な系統樹であり，確率モデルに基づく精密な計算に基づくものではないことに注意が必要である．

⑩系統樹を見ると，最初にHBB_HUMANが分かれているが，これは外群として加えたものなので，当然の結果である．つまり，動物進化のかなり早い段階で，ヘモグロビンのα鎖とβ鎖が分かれたことになる．α鎖ではHBA1_XENLA（両生類）が分岐し，さらにHBA_CHICK（鳥類）が分かれる．そのあとは哺乳類が集まっていて，まずマウスが分かれ，最後にヒトとウマが来ている．これは一般的とされる生物の進化の順番と一致していることがわかる．

補足説明

ここでつくられた系統樹は簡易的なもので，研究するうえではもっと複雑な処理が必要である．アラインメントをつくることに関しても，さまざまなソフトウエアがあり，今回使用しているClustal Omegaは比較的標準的なものではあるが，日本で開発されたMAFFTなど，さらに高度な能力をもつものもある．

系統樹作成法としては，大別して，距離法，節約法，最尤法がある．ここで用いているのは距離法の中でも最も単純なUPGMA法である．距離法として一般的なのは，近隣結合法と呼ばれるもので，多数の配列を効率よく計算することができる．節約法は計算量が少ないので以前は用いられたが，現在では，進化速度や塩基置換速度についての確率モデルを利用して最適化計算をする最尤法が普通になっており，またベイズ法を用いる研究者も多い．

ここではヘモグロビンα鎖についての計算を扱ったが，基本的に，同様のことはどんなタンパク質を使ってもできる．名前を聞いたことのあるタンパク質について，英語名を調べて，系統樹をつくってみよう．

宿題12　最適成長スケジュール

例題8-4で扱った最適成長スケジュールについてRによる数値計算で解いてみよう．手順の概略は例題の解答に示してある．ただしRでの計算は遅いので約5〜7分ほど待つこと[*2]．

スクリプト

```
#--- plant adaptive life-schedule ----
    p <-11              #pは投資量uが0から1となるときの場合の数である
    sub <-100           #subはsub-strategyの数である
                        #pの値は毎日変わる
    library(deSolve)    #ライブラリーdeSolveを読み込む


    Tf <-100            # 最終時間ステップ
    us <-seq(0,1,length = p)  # 最適なuを探す
```

[*2] 動的計画法の計算はRには向いていない．ふつうはMathematicaかMATLABで行なう．

```
            U <-matrix(0.5,sub,1)        # 最適なuは毎日u=0.5と仮定するがこの値は変えてもよい
            Uoptimal <-matrix(0.5,sub,1)
            ymax <-0

            for(i in sub: 1)             # i日目の最適戦略をj=1～p(11種ある)で探す
                {
                    for(j in 1: p)
                       {
                        U[i,1]<-us[j]    # i日目のU値を選ぶ
                        # 初期化
                        x0 <-1           # xの初期値
                        y0 <-0           # yの初期値
                        ti <-0           # 開始時間
                        for(k in 1: sub)    #sub-strategyごとのuの値
                           {
                            parameters <- c(u = U[k,1] , r = 0.05) #パラメータをセットする
                            state <- c(x = x0, y = y0)    # 初期状態
                            tf<-Tf/sub*k                  # sub-strategy u の最終時間ステップ
                            st <- 0.1                     # 刻み幅
                            times <-seq(ti,tf,st)
                        #-- 微分方程式の定義 --
                            OGS <- function(t, state, parameters)
                               {
                                with(as.list(c(state,parameters)),
                                   {
                                    dx <- (1-u) * r * x
                                    dy <- u * r * x
                                    list(c(dx,dy))
                                    })
                                }
                        #-- ルンゲ-クッタ法 ---
                            out <- ode(y = state, times = times, func = OGS, parms =
                            parameters, method ="rk4" )
                        # 最終行がi日目の結果である
                            l<-tail(out,n = 1)
                            ti <- l[1,1]
                            x0 <- l[1,2]
                            y0 <- l[1,3]
                            } # kのforループの終わり
                            if(y0 > ymax)
                                {
```

```r
                    ymax <-y0                    # ymax を更新
                    for(l in 1: sub)
                        {
                        Uoptimal[l,1] = U[l,1] # Uoptimal を更新
                        }
                    }
                } # j の for ループの終末 i 日目の sub-strategy のすべての値の比較
            for(m in 1: sub)
                {
                U[m,1] = Uoptimal[m,1]      # U を更新
                }
        }         # i 日目の最適戦略の終わり

# 動的計画法を終了し最適な u を得る


#-- solve the ODE with optimal U --
    # 初期化
    x0 <-1
    y0 <-0
    ti <-0
    # 結果の行列をセット
    f <-c(x0,y0,U[1,1])  # 各 sub-strategy の集団
    for(k in 1: sub)
                        # 各 sub-strategy での最適 u の値を求める for ループ (k) の始まり
        {
        parameters <- c(u = U[k,1], r = 0.05) # パラメータのセット
        state <- c(x = x0, y = y0)           # 初期状態
        tf <-Tf/sub*k                         # sub-strategy u の最終時間ステップ
        st <- 0.01                            # 刻み幅
        times <-seq(ti,tf,st)                 # 開始時間，最終時間ステップ，刻み幅
#-- 微分方程式の定義 --
        OGS <- function(t, state, parameters)
            {
            with(as.list(c(state,parameters)),
                {
                dx <- (1-u) * r * x
                dy <- u * r * x
                list(c(dx,dy))
                })
            }
```

```r
    #--- ルンゲ-クッタ法 ---
        out <- ode(y = state, times = times, func = OGS, parms = parameters,
        method ="rk4" )
        # "out(output 成長の結果)"から最終行を得る
        l <-tail(out,n = 1)
        ti <- l[1,1]
        x0 <- l[1,2]
        y0 <- l[1,3]
        # 計算をマトリックスに保存する
        for(n in 2: nrow(out))
            {
            f <- rbind(f,out[n,1: 3])
            }
        }       # k の for ループの終わり(最適 u の計算終了)
    x <-f[1,2] # x と y の初期データを入力する
    y <-f[1,3]
    for(i in i: 100)
        {
        x <-rbind(x,f[i/st + 1,2])  # それぞれの日のデータを入力する
        y <-rbind(y,f[i/st + 1,3])
        }
# 栄養器官の成長を描く
dev.set(1)
plot(x,xlim = c(0,100),ylim = c(0,60),type ="l",lty = 1,xlab ="",ylab ="",
col = 3)
par(new = T)# 更新
# 生殖器官の成長を描く
plot(y,xlim = c(0,100),ylim = c(0,60),xlab ="Day",ylab ="Biomass",
main ="Optimal Growth of Plant",col = 2,type ="l",lty = 1)
# 凡例
labels <-c("vegitative","reproductive") # ラベル
cols <-c("green","red")                 # 色
lwds <-c(1,1)                           # 線幅
ltys <-c(1,1)                           # 線のタイプ
legend("topleft",legend = labels,col = cols,lwd = lwds,lty = ltys)
# 最適な u を描く
dev.set(1)
plot(U,xlim = c(0,sub),ylim = c(0,1),type ="l",lty = 1,xlab ="Day",ylab ="u",
main ="Optimal u",col = 4)
```

9章 生命科学の新しい潮流
大規模計測・システム・計算科学

- 生命科学と大規模計測　　● 生命のシステム科学的理解　　● 生命システムと計算科学
- 生物にヒントを得た計算手法　　● 物理・化学・数理に根ざした生命の動的な理解に向けて

ここまで繰り返し述べてきたように現代の生命科学では，従来の生物学的な方法だけではなく，物理学的あるいはシステム的な方法が導入され，その重要性はますます高まっている．本章では，現代生命科学における数理的な方法の導入とその活用について，特に数理的な方法を生命科学に導入するばかりでなく，生命現象をもとにした数理解析手法が生まれたことなども紹介する．

1 生命科学と大規模計測

　19世紀までの記述的な生物学を，分析的な科学の土俵に載せたのは，20世紀前半の生化学と遺伝学の進歩であったが，分子や遺伝子と生物との間は結びついていなかった．20世紀後半に爆発的な進歩を遂げ，生物学の革命の時代を象徴するのが，分子生物学や細胞生物学である．生体反応を触媒する酵素とそれをコードする遺伝子が次々と同定されたことにより，遺伝子，生体物質，マクロな表現型の間につながりが見えてきた．

　それでも従来の生物学では，職人芸的な観察能力や天才的なセンス，あるいは類いまれなねばり強さが新たな発見の契機とされることが多く，その発見の質も，定量的というよりは定性的なものが重視されてきた．現在の生命科学のトップジャーナルに掲載される論文でも，新しい遺伝子を発見したというタイプのものが重視され，何かの生命現象に関する論文を世にだすためには，その現象にかかわる鍵となる酵素や遺伝子を同定することが求められる．実際に生命活動を理解するには，そうして発見された多数の遺伝子の発現やそれらの相互作用を定量的に解析することが重要になるが，そうした地道な研究は高い評価を受けることが少なく，生命科学の研究は定性的なものにとどまる傾向が強かった．

◆ポストゲノム研究とは

　この状況に変化の兆しが見られたのは，ポストゲノム研究の始まりからである．「ゲノムが解読できれば，ヒトに関することは何でもわかるようになり，どんな病気も治せるようになる」という説明のもと，大量の資金と人員が投入された国際プロジェクトが20世紀後半に進められた．2003年のヒトゲノム解析完了宣言以降，ゲノム研究の方向が大きく変わった．すなわちゲノムの塩基配列はすべてわかっているので，あとはそこにどんな遺伝子があり，それらの遺伝子がどのように発現し，どのように相互作用しているか，そして，そうしたことの全体がどのように病気とかかわっているのかを解明することを目的としたプロジェクトがスタートした．これを全体としてポストゲノム研究と呼ぶ．こうした研究のなかで，細胞内に存在するRNAやタンパク質，代謝産物など，あらゆる物質の量を網羅的かつ精密に定量するということが始められた．大量データの取得と大量データの解析には，同じ頃に大きく発展した微弱な光を計測する技術やロボット技術，またコンピュータの性能向

上とソフトウエアの進歩も活用された．

◆オミックスとは，トランスクリプトームとは

　細胞内のあらゆる遺伝子の発現状態を調べれば，その細胞の「生き方」がわかるという見方が生まれた．全遺伝子の発現状況をまとめて調べる手法をトランスクリプトーム解析と呼ぶ[*1]．また，こうした大規模解析に基づく学問は，オミックスと呼ばれ（図9-1），タンパク質の全体像を調べるプロテオーム解析（プロテオミクスともいう）などもある．

　トランスクリプトーム解析には細胞内のあらゆるRNAの配列と存在量を一度に測定するRNA-Seqという解析技術が役立つ．これは，RNAを逆転写してDNAに変えた後に両端に目印（タグ）となる配列をつけ，これをまとめて次世代シーケンサを使って配列解読する，というものである．それぞれの読まれた配列（リードと呼ぶ）をゲノム配列と比較して，ゲノムのどの部分が転写されているのかがわかり，また同じ部分のリードの数により，発現の強さも推定できる．これによってわかったことの1つは，従来，遺伝子と思われていた領域以外のゲノムも転写されていること，コード領域の逆鎖でも転写されている部分があること，その結果，ゲノムの大部分の領域が転写されていることであった．これは遺伝子の部分だけが転写されているというこれまでの分子生物学の常識を覆す大きな発見であった．

　これとともに，それまで少しずつ知られていた低分子RNAが転写や翻訳の制御を行なっていることも，より広範囲にゲノム全体にわたって行なわれていることが判明し，低分子RNAが遺伝子発現調節における新たな制御因子として注目されるようになった．

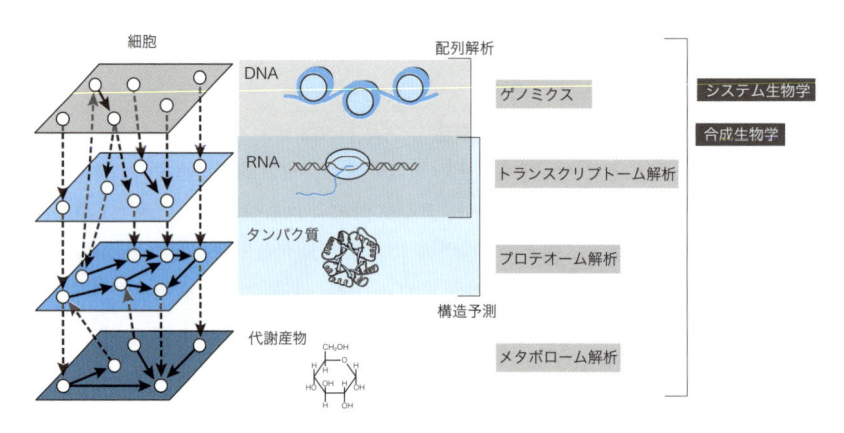

図9-1　オミックス
細胞内の現象は核酸の配列（DNAとRNA），タンパク質，代謝産物の各階層において観測できる．各階層において計測を網羅的に行なうアプローチをオミックス解析と呼び（横方向），それらを統合する形（縦方向）でシステム生物学や合成生物学と呼ばれる分野が生まれている．

◆メタボローム解析により多くの生体成分の定量が可能となった

　オミックス解析には，代謝産物量を網羅的に測定するメタボローム解析（メタボロミクス）もある．これは生物試料から抽出した水溶性成分を，キャピラリー電気泳動と質量分析（CE-MS）を用いてまとめて同定・定量するものである．脂溶性成分の場合には，液体クロマトグラフィーと質量分析の組

[*1] ゲノムという言葉が遺伝子geneの全体という意味で接尾語omeをつけてつくられているのと同様にして，転写産物transcriptの全体という意味でtranscriptomeという言葉がつくられた．同様にタンパク質全体の解析をプロテオームproteome解析，代謝物全体の解析をメタボロームmetabolome解析などと呼ぶ．

み合わせ（LC-MS）を使い，さらに揮発成分であれば，ガスクロマトグラフィーと質量分析（GC-MS）を使う．

まだすべての成分の同定ができるわけではないが，未同定成分も含めて，多くの生体成分の定量を行なうことができるようになった．これに安定同位体である^{13}Cや^{15}Nなどで標識した物質を投与して，その後どのような物質にどのような時間経過で変換されるのかを測定することを加えることにより，生体内における物質の動態の全体像を調べることができるようになった．

2 生命のシステム科学的理解

生命・生物の謎を数理的に理解しようとする試みは，実は昔から行なわれてきた．しかしコンピュータのパワーに限界があるだけでなく，大量の実データが得られなかったため，本格的な実現はポストゲノム時代に持ち越された．

◆分子レベルのサイバネティクスはシステム生物学や合成生物学の基本を示していた

分子生物学者モノーは，1970年に『偶然と必然』という本を書き，生命の機械論的理解の提唱として大きな反響を呼んだが，21世紀の生命科学の発展に通じる重要な示唆も数多く与えていた．その1つが，分子レベルのミクロなサイバネティクスという考え方である．オペロン説では，遺伝子の発現調節がDNA結合タンパク質による転写調節によって行なわれるとされ，この説により細胞のもつ合目的な馴化現象[*2]を見事に説明できると考えられた．これを一般化すると，遺伝子とDNA結合タンパク質の組合せによりどんな調節回路もつくれる，という考えがモノーの示したサイバネティクスである．もともと数学者ウィーナーのサイバネティクス理論に感化された考え方であったが，最近のシステム生物学や合成生物学の基本的な考え方を提示していた．

◆システム生物学の登場

細胞内ではたらく遺伝子，mRNA，非コードRNA，タンパク質（酵素）は，全体として大きな制御ネットワークをつくり，全体としての新たな性質を表す．多数の物質の相互作用から生命が創発するともいえる．細胞内の制御ネットワークのシミュレーションにより，細胞の挙動を再現しようとするのが，システム生物学である（6，7章）．システム生物学は細胞内のさまざまな物質の量や合成速度を実測したデータを使い動的なシステムを記述しようとする．その場合，前述のオミックスデータのように膨大なデータをどのように処理するか，またモデルのパラメータをどのようにデータとフィッティングするかなどの問題があり，統計的な手法が重要になる．こうして，代謝系や転写ネットワークなどの解析が進められている．

◆制御システムを現実化する合成生物学

DNA結合タンパク質による遺伝子発現制御は，遺伝子制御回路のもっとも基本となるものである．非コードRNAによる制御の重要性についてもすでに述べた．制御回路には，ふつう，制御に直接関係する遺伝子や制御タンパク質しか含まれていないが，実際には，細胞という入れ物がなければ動かすことは難しい．そこで，制御因子と制御される遺伝子をプラスミド[*3]上につくり込み，いくつものプラスミドを大腸菌の細胞に導入することによって，制御回路が実際に思った通りに動くことを実証しようという研究が始まった．これは合成生物学と呼ばれている．この言葉は，有機化学で，分析

[*2] 馴化は acclimation，これに対して進化による適応は adaptation と呼ぶ．
[*3] 大腸菌などの細胞内で自己複製できる小さなDNA．

によって推定した構造を確定するために合成が行なわれるのに倣って考えられたものである．しかし，生物の場合には，入れ物となる細胞を前提としなければならないので，すべてを合成することができるという意味にはならない．

◆遺伝情報から制御回路，そして生命へ

6, 7章で説明されているように負のフィードバックと正のフィードバックの組合せによって，システムの安定化，振動，発散など，さまざまな動作を行なう回路がつくられる．

遺伝子はこのような制御回路の形成を通じて，細胞内の代謝活動に道筋をつけたり，多細胞体の発生過程を導いたりする．複雑な細胞構造や細胞の活動，多細胞体の構築などが可能になるのは，こうした遺伝子のもつスイッチ的な性質によるものである．それが遺伝情報の情報たる意義である．細胞活動や細胞構造をつくる過程そのものは，代謝的な自由エネルギーを消費して行なわれているが，それに道筋をつけるのは遺伝情報であり，これが，限られた情報量しかもたないゲノムを使って生きなければならない生物にとって，複雑な生命活動が可能になる主な理由である．遺伝情報として，DNAの塩基配列情報の他に，DNAのメチル化やヒストンの修飾などによるエピジェネティックな情報もある（**5章**参照）．また，遺伝情報が適切に発現することを支えるのは細胞構造である．細胞構造がもつ情報には遺伝情報にコードされる部分も多いが，その他に物質の空間的配置などの情報もあり，こうしたものも，付加的な情報として生物体の複雑さを形づくるのに寄与している．

3 生命システムと計算科学

バイオインフォマティクスと呼ばれる学問分野は，生物のもつさまざまな情報をコンピュータを駆使して処理することをめざしている．主に核酸やタンパク質の配列情報を扱う分野（**宿題5**参照），タンパク質の立体構造を扱う分野（**宿題1，2**参照），系統解析を通じて進化を扱う分野（**宿題11**参照），大量のオミックスデータを処理する分野（前述）などがある．

なかでもバイオインフォマティクスが大きな役割を果たしてきたのが，類似の配列を探し出すアルゴリズムの開発とソフトウエアへの実装である．配列情報は一次元の文字の並びなので，情報科学的な取り扱いに適していたこともあり，20世紀の間にすでに，類似の配列を見つけ出す方法（相同性検索）はほぼ完成した．現在，大量の配列情報を効率よく検索できるウェブサイトがあるが，こう

	UniProtデータベースのアクセッション番号とID記号		
ニワトリ赤色光オプシン	P22329	OPSR_CHICK	AFHPLAAALPAYFAKSATIYNPIIYVFMNRQFRNCILQLFGKKVDDGSEVS-TSRTEVSS 353
ヒト 赤色光オプシン	P04000	OPSR_HUMAN	AFHPLMAALPAYFAKSATIYNPVIYVFMNRQFRNCILQLFGKKVDDGSELSSASKTEVSS 357
サケ オプシン	O13018	OPSO_SALSA	YLDPRLAAAPAFFSKTAAVYNPVIYVFMNKQVSTQLNWGFWSRA--------------- 323
ヒト ロドプシン	P08100	OPSD_HUMAN	NFGPIFMTIPAFFAKSAAIYNPVIYIFMNKQFRNCMLTTICCGKNPLGDDE--ASATVSK 339
ウシ ロドプシン	P02699	OPSD_BOVIN	DFGPIFMTIPAFFAKTSAVYNPVIYIMMNKQFRNCMVTTLCCGKNPLGDDE--ASTTVSK 339

横方向 − ：ギャップ
最下段 ＊ ：完全一致
： ：強いコンセンサス
・ ：弱いコンセンサス

図9-2 アミノ酸配列アラインメントの例
光を検出するGタンパク質共役型受容体オプシン類のアラインメント（レチナールに結合する部分のみを示してある）．アミノ酸を示す文字は，酸・塩基性や極性ごとに色分けしてある．ヒトとウシのロドプシンがほぼ完全に保存され，この配列がサケを含む脊椎動物間で保存されていることがわかる．また置換されている場合もアミノ酸の性質が類似する点に注意したい．

したところでは，単に配列の名称を使って検索できるだけでなく，手持ちの配列と相同な配列を速やかに検索してくれる．これを可能にしたのは，BLAST[*4]と呼ばれるソフトウエアの開発である．相同配列検索の原理は，2つの類似配列をできるだけよく似ているように並べて点数化する動的計画法と，検索を高速化するためのさまざまな工夫による．このように並べられた配列をアラインメントと呼び，ある条件下で客観的に生成されることにより，手動で配列を並べる際の曖昧さをなくすことができる（図9-2）．その結果は主に類似性スコアとE-値という指標によって表される．E-値は本来無関係な2つの配列が偶然似ていたとして，その確率を求めるもので，この値が低いほど配列の類似性が高いことになる．生物学的には，こうした配列は，共通起源をもつと考えられる．

また，このようなアラインメントをもとにすると，よく保存された領域を見つけることができる．そうした領域については，どのアミノ酸がどんな頻度で出現するかを確率モデルで表現したモデルをつくることができる．図9-3に示したのは確率モデルとまではいえないが，それぞれのアミノ酸の出現頻度に基づいて情報量を表示したプロファイルであり，配列ロゴなどと呼ばれている．

タンパク質の立体構造は，平面表示ではなかなか把握しにくいが，**宿題1，2，6**で扱ったように，現在のコンピュータソフトウエアは，タンパク質やDNAの姿を画面上に表示するだけでなく，マウスを使って回転させたり拡大縮小したり，断面を表示することもでき，その立体的な特徴がわかりやすくなるように工夫されている（図9-4）．問題は，タンパク質のアミノ酸配列がわかっても，立体構造を推定することがかなり難しいということである．構造の推定には，既知のタンパク質の構造の知識を利用することによって類似タンパク

図9-3　プロファイルの例
PROSITEデータベースに登録されているオプシンのレチナール結合モチーフは図のような配列ロゴで表現される．文字の大きさがアミノ酸組成における重要度（情報量），色はアミノ酸の性質を表す．このロゴが図9-2のどの部分に相当するか，確かめてみよう

A）リボン表示　　B）主鎖のみ　　C）空間充填表示

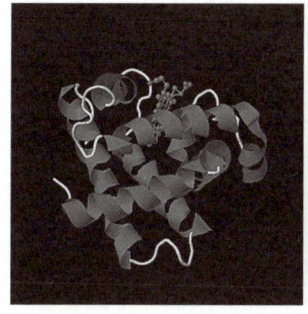

二次構造やドメインの確認に用いる　　類縁タンパク質との構造の重ねあわせに用いる　　表面電荷や凹凸の確認に用いる

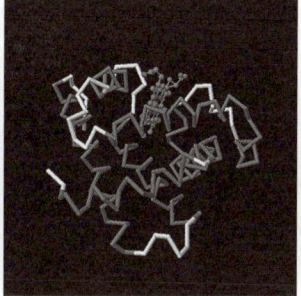

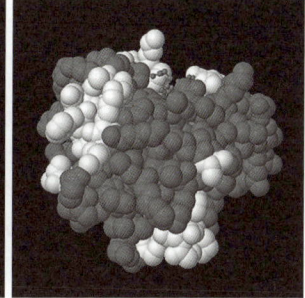

図9-4　タンパク質構造情報の例
データベースには水素以外の原子座標が記され，共有結合の情報は記載されない．座標の他には，αヘリックス・βシート・ジスルフィド結合の位置，構造の決定法，著者や文献情報が登録されている．図はケンドリューらが1958年に明らかにした最初のタンパク質，ミオグロビンの立体構造である．三次元画像は原子座標と二次構造の情報から描画プログラムが自動作成するもので，目的に応じて使い分ける．PDB ID 1mbnで確認してほしい（手順については**宿題1，2**参照）．

[*4]　Basic Local Alignment Search Tool

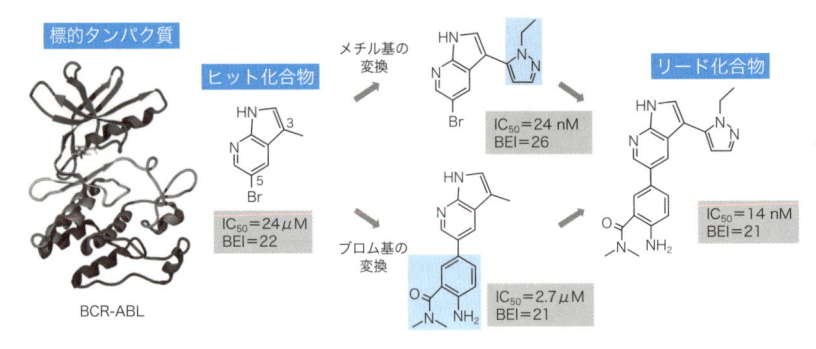

図 9-5　構造解析を用いたヒット化合物探索
IC_{50} は BCR-ABL の酵素活性を 50% 阻害する薬剤濃度を示し，結合定数に相当する．

質の構造を推定する，ホモロジーモデリングが利用されている．しかし，類似タンパク質の構造がまったくわからない場合にゼロから構造を推定することは，依然として難しい．一方で，アミノ酸配列上は似ていなくても，立体構造として似ているタンパク質を検索するという方法も生まれている．

創薬で期待されている方法は，疾患のかなめとなるタンパク質に注目して，そのタンパク質と結合する物質を探し出すというものである．予め基本的な化合物のセットを準備しておき，それらと目的タンパク質との結合定数を測定する．この結果に基づいて，さらによく結合できると思われる化合物群を設計し，実際の結合を試していく．この過程で，タンパク質とリガンドとのドッキングをコンピュータ上で調べていくことにより，無駄な実験の数を大幅に減らすことができる（図 9-5）．

疫学として成立する量のゲノム情報を統計処理して疾患の原因遺伝子や多型を見出すアプローチをゲノムワイド関連解析（GWAS）と呼ぶ．個人ゲノムの解析結果から，ヒトの 1 塩基多型（SNP）は平均して 1,000 塩基毎にあることがわかっている．すなわちヒトゲノム上に単純計算で 300 万箇所の SNP があり，この中から特定疾患と関連する因子を探し出すために，多数の患者と非患者がもつ SNP の解析が行なわれる．対象とする疾患の有無と最も関連が高いと判断された SNP の近くに，原因遺伝子が存在する可能性があると考えられる．

4　生物にヒントを得た計算手法

◆ニューラルネットワークや遺伝的アルゴリズムが生み出された

生物の情報をコンピュータを使って解析するのとは逆に，生物のしくみを利用して新たな計算手法が生み出された．ニューラルネットワーク（NN）や遺伝的アルゴリズム（GA）という計算手法は，もともと生物にヒントを得て開発されたコンピュータのアルゴリズムである．

ニューラルネットワークは一種の機械学習のしくみであり，データと答えのセットの集まりを最初に学習させ，それによって内部変数を調整したうえで，新規のデータを与えて，正解を出させようとするものである．これは，中枢神経系をまねて考えられたもので，多数のユニットを含むいくつかの階層からなる（図 9-6）．1

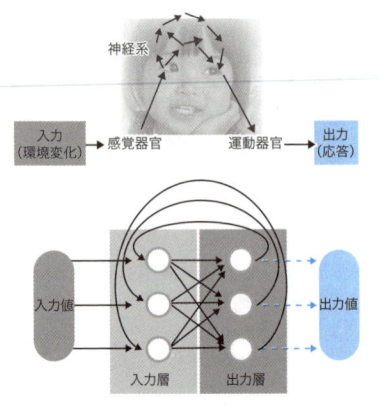

図 9-6　ニューラルネットワークのしくみ
リカレントニューラルネットワークは海馬にヒントを得ている．

つの階層のあるユニットがとる値は，前の階層のいくつかのユニットの値から計算されるようになっており，その際の係数の組を学習によって最適化するものである．これは何も知識のない子どもの脳が，新しいデータと答えに遭遇しながら学習していくのに似ているかもしれない．

遺伝的アルゴリズムは，近似解探索システムで，解の候補となるデータ（個体という，解空間に対応するように二進数で表示される）をランダムに発生したり（変異という），一部分で入れ替えたり（交叉という）しながら，評価関数にしたがって正解に近いと判断される，成績のよかったものを残す（選択），ということを繰り返し，システムを進化させ，最終的に近似解を得るものである．生物進化にヒントを得て生み出された計算手法である．これを拡張してグラフ構造や木構造など構造的な表現をデータとして扱えるようにしたものは，遺伝的プログラミングと呼ばれる．

◆ DNA を使って計算？

DNA を計算に使うという発想が生まれた．DNA コンピューティングは，並列計算の手法として期待されている．通常の計算では，CPU（中央演算装置）は一度に 1 つのことしかできない．そのため，大きな行列の演算など，部分的な計算が互いに独立であるような場合には，それぞれの計算を分担して同時に進められれば，全体のスピード向上が期待される．これを並列計算という．現在の CPU では，はじめから複数のコアをもつように設計され，さらに複数の CPU を実装したコンピュータがつくられている．代表的なものは，話題となった理化学研究所の「京」である．これに対して，DNA 分子の相補鎖との特異的結合を利用すれば，溶液中で同時に複数の計算をさせたり，多数の選択肢の中から最適化する問題を解くことができると考えられる．これが DNA コンピューティングの原理である．現在さまざまな工夫がなされているが，まだコンピュータと呼べるものにまでは至っていない．

◆ ALife は生命なのか

人工生命（Artificial Life：ALife）は，一種のコンピュータゲームのようなものだが，ある適当なルールのもとで，システムを自己発展させる過程で，あたかも生物のようなふるまいが現れることを利用したものである．その過程で，変異を加えたり，選択を加えることもできる．セルオートマトンも関連したもので，複数のセルが相互の間で定義された演算ルールに基づいて状態遷移を繰り返していくものである．有名なものにコンウェイが開発したライフゲームがある（図 9-7，宿題 13 参照）．

では ALife は生命なのだろうか．もう一度 1 章に書かれた生身の生命の特徴を思い出してほしい．①細胞にあたるのは，コンピュータ上の二次元の枠と思えばよいだろう．また②自由エネルギーの利用（駆動力）は，コンピュータが次々に実行する演算であろう．③複製に相当するのは，同じパターンがいくつも生成されるような場合であろうか．④環境への応答のみ，このままでは外界に応答するようにはなっていないが，もちろんそのようにプログラムを組むことはできそうである．変異もランダムに発生させることはできるだろう．こうして見ると，ALife は，形式的には生命の特徴をかなり満たすように思

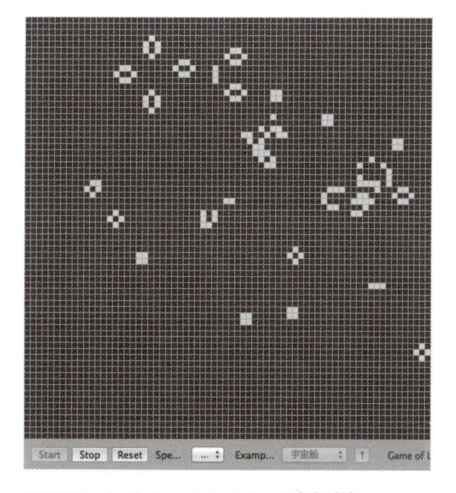

図 9-7　セルオートマトンの実行例
左上のパターンはこれ以上変化しないが，右の方のパターンは時々刻々変化を続けている．

える．しかし生身の生命とはだいぶ異なる．このあたりは私たちの認識の問題かもしれない．このようなコンピュータ上の「生命もどき」がさらに生命に近づいていく日も近い．また，こうしたALifeの開発が，生身の生命の理解にも貢献するのかもしれない．

5 物理・化学・数理に根ざした生命の動的な理解に向けて

生命や生物の謎を科学的に理解する努力は，長く続けられてきた．しかし，本当に生命を理解できるようになり始めたのは，20世紀後半，分子生物学などの進歩とともに数理的な科学の進歩による．さらに2000年ごろから始まったポストゲノム研究の急速な発展が，生物のもつ神秘を払拭した．今私たちが生命を理解するために必要なのは，あくまでも物質そのものの性質の解明や物理・化学・数理科学・情報科学に基礎を置いて，そこから何が導き出せるのかを注意深く研究することである．

生物がきわめて合目的的にできていることをもって，特別なデザインによって，はじめから複雑なしくみをもつ生物がつくり出されたという説明が，いまだにまことしやかに語られている国もある．生命のもつ創発的な性質は，太陽光が与える駆動力と，遺伝情報がもつ制御作用だけで説明できるにちがいない．生物の適応的な合目的性は，遺伝子やエピジェネティックなゲノム（染色体）変異の生成と，ゲノムを含む生物体の複製の繰り返し過程によって長い時間をかけて醸成されてきたにちがいない．生命の理解は，こうしたことの1つ1つを解明し実証する地道な努力にかかっている．

9章 まとめ

- ポストゲノム時代の到来とともに，生命科学には大規模解析が導入されて，大量のデータを扱う研究分野が生まれ，疾病の原因の解明などに威力を発揮している．
- 生命をシステムとして理解するシステム生物学や合成生物学が生まれ，生物を利用した新しい物質生産の技術の道が拓けた．
- バイオインフォマティクスは，生物関連のさまざまなデータを，コンピュータを用いて処理する技術である．
- 生物にヒントを得た計算科学の手法も開発された．

宿題13　誕生，絶滅のようなシミュレーション

セルオートマトンの例として表があげられる．ここでは Conway's Game of Life をとりあげ，パターンが画面上を移動する様子を観察してみよう．ある形が移動していくように見えたり，繰り返し同じ動作をするように見えたりする．生命の誕生，絶滅を思い浮かべながら眺めるとよい．

表　セルオートマトンのソフトウエア

ソフトウエア名	特徴
golly	ライフゲームのソフトウエア．二次元の画面上で，最初に定義したパターンから，一定のルールに基づいて状態遷移が起きるもの．
Cellumat3D	三次元のセルオートマトン．
Conway's Game of Life	Javascript によるウェブアプリケーション．
2次元のセルオートマトン	日本語で書かれた Java ウェブアプリケーション．

手　順

①ブラウザで Conway's Game of Life[*1]に接続する．

⬇

②Conway's Game of Life では，画面上のセルが青のとき（青マス）は生命の生存，緑の場合（緑マス）は死を意味している．はじめに，ルールを把握しよう．ルールは，隣接する青マスが3つあれば次の世代では青マスになる（生命の誕生），青マスの周囲に2つか3つの青マスがあれば次の世代でも青マスになる（生命の維持），青マスに隣接する青マスが1つ以下ならば緑マスになる（過疎による死），青マスに隣接する青マスが4つ以上なら緑マスとなる（過密による死），の4つである．

⬇

③Controls の［Run］をクリックしてみよう．シミュレーションがはじまり，配置されていた青マスが移動する様子が観察できるはずである．Running Information の Generation は世代，Live cells は青マスの数を表している．

⬇

④Controls の［Clear］からパターンを消去後，リセットされた画面をクリックし青マスを配置する．配置が終わったら［Run］をクリックしパターンが移動する様子を観察してみよう．あるいは Patterns からは世代が進んでも同じ状態を保つパターン（Still Life），無限に成長し続けるパターン（Gosper Glider gun）などが観察できる．

⬇

⑤Run 中に，画面をクリックすることで青マスを追加することもできる．さまざまなパターンを試してみよう．

---

*1　http://pmav.eu/stuff/javascript-game-of-life-v3.1.1/

宿題 14　ニューラルネットワークのシミュレーション

脳の多くの部分では，情報を多数のニューロンによって「パターン」として分散的に表現し，それをやはり多数のニューロンの協調によりパターン処理している[*2]．生体情報処理の特徴であるパターン情報表現とパターン処理の一例として，連想記憶（リカレントニューラルネットワーク）のシミュレーションを行なう（図9-6 参照）．ハードウエアには普通のコンピュータを使用するが，情報の表現と処理の方法は，ここでは簡易に，表計算ソフト（Excel など）を使用してパターン処理が行なわれるように工夫する．1ビットが「フラグ」（記号）としてはたらく現在のコンピュータ（フォン・ノイマン型コンピュータ）と大きく異なるパターン処理を体験してみよう．

概略
1．3つの文字を連想記憶ニューラルネットワークの中に埋め込む（記憶する）．
2．ここに，ある画像を入力すると，埋め込まれたベクトルのうち最も入力に近いベクトルがパターン処理によって選ばれる（想起される）．

手順

記憶する

「A」「C」「J」という白黒の文字を3つ用意した（HW14_start_sheet.xls）．予めセルの大きさを調整（例えば1 cm 四方など）した表計算ソフトのシートを使い，縦5ピクセル（セル），横4ピクセルの20ピクセルで表現されている．これは，黒に1，白に−1を割り当てて，3つの文字それぞれに対応する，長さが20の3つの縦ベクトル s_1, s_2, s_3, ただし $s_\mu = [s_{\mu 1} s_{\mu 2} \cdots s_{\mu 20}]^T$ （$\mu = 1, 2, 3$）で表現できる．ここでは単純に，二次元の白黒情報を横方向（列）そして縦方向（行）に順番に読み取って，一次元のベクトルとできる．

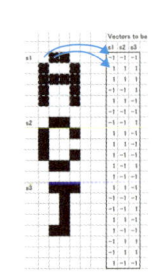

① ここから作業してみよう．まず，以下の演算に使うため，これらの転置ベクトル s_1^T, s_2^T, s_3^T（横ベクトル）をつくろう．

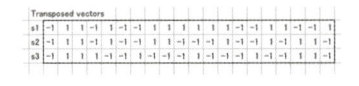

> 【Excel の場合の操作（参考）】
> 「転置」は，まず書き込み先となるセルを過不足なく必要な数（この場合は 3×20 セル）だけ選び，関数 transpose(配列) として，配列として縦ベクトル s_1, s_2, s_3 を選択し [SHIFT] と [CTRL]（mac なら [command]）を押したまま [ENTER] を押す．

② 文字情報「A」「C」「J」をニューラルネットワークの中に埋め込もう．連想記憶ニューラルネットワークにおいて情報はパルス密度，すなわちそれぞれのシナプスの重みづけ（荷重行列）で表すことができる．シナプスの荷重行列 W は，行列の積を用いた $W = \sum_\mu s_{j\mu} s_{\mu i}$ としてつくればよい．

[*2] 連想記憶ニューラルネットワークでは，ニューロン1細胞の興奮の有無ではなく，エリアでどのくらいの興奮がみられるかというパルス密度の状態を「情報」と捉える．イメージ的には fMRI 画像のようなものを想像するとよい

【Excel の場合の操作】
「行列の積」は，まず書き込み先のセルを過不足なく必要な数（この場合は 20×20 セル）だけ選び，関数 mmult（配列 1，配列 2）と入力して，配列 1 として縦ベクトル s_1, s_2, s_3 を，配列 2 として転置ベクトル s_1^T, s_2^T, s_3^T を選択し，［SHIFT］と［CTRL］を押したまま［ENTER］を押す．

これで s_1, s_2, s_3 が埋め込まれた荷重行列が構成され，これら文字情報（ベクトル）が記憶された（連想記憶ニューラルネットワークを作成した），といえる．

想起する

いま作成した連想記憶ニューラルネットワークに，新たな入力ベクトル x を入れると出力ベクトル y はどうなるだろうか．すなわち，ある入力情報から埋め込まれた文字情報の連想に成功するか，試してみよう

③ まず，新たな入力画像を用意する．ここでは「C」（$=s_2$）に似ているもの（いくつかの値が反転したもの；右図）を入力画像（＝入力ベクトル x）とした．このベクトル表示は白を−1，黒を1として［−1 −1 −1 −1 −1 1 −1 1 1 1 1 −1 1 −1 −1 −1 −1 1 −1 −1］である．

④ 出力 y を得よう．出力ベクトル y は，新たな入力ベクトル x と荷重行列 W の積を引数にした関数 $y=f(Wx)$，ただし，f は飽和型の非線形関数であり，ここでは符号関数（サイン）[*3]を計算すればよい．

【Excel の場合の操作】
「$y=f(Wx)$」は，関数 SIGN（数値）で計算する．数値には，荷重行列 W とベクトル x の mmult（配列 1，配列 2）の結果が入る．

⑤ 続けて，この出力 y について評価してみよう．出力の，予想に対する評価は内積を用いて考えればよい．例えば内積 $s_2 \cdot x$ が 1 に近ければ同じものを想起した，0 に近ければ想起できていない，とみなせる（内積が −1 になる場合には白黒が反転した文字となり，パターン情報としては想起された，ともいえる）．

【Excel の場合の操作】
「行列の内積」は，新しいセルに関数 mmult（配列 1，配列 2）/rows（配列 3） と入力して，配列 1 として想起されると予想された横ベクトル（ここでは s_2），配列 2, 3 として出力の縦ベクトル（ここでは出力 y）を選択する．

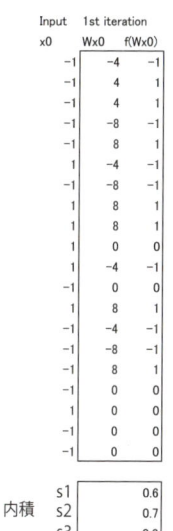

[*3] 挙動をわかりやすくするため f はステップ関数で表す，ということである．また，この「2. 想起する」における結果は毎回変化するため，示しているキャプションは一例に過ぎない．

⑥ 連想記憶ニューラルネットワークでは，出力は再度，ネットワークに入力され，新たな出力を得ることが特徴である．ここではこのような処理を3回繰り返す．出力ベクトル y はどう変化するか観測してみよう．予想の s_2 が想起されただろうか．

Input x0	Wx0	f(Wx0)	Wx1	f(Wx1)	Wx2	f(Wx2)
			1st iteration		2nd iteration	3rd iteration
-1	-4	-1	-22	-1	-16	-1
-1	4	1	22	1	16	1
-1	4	1	22	1	16	1
-1	-8	-1	-30	-1	-36	-1
-1	8	1	30	1	36	1
1	-4	-1	-22	-1	-16	-1
-1	-8	-1	-30	-1	-36	-1
1	8	1	30	1	36	1
1	8	1	30	1	36	1
1	0	0	2	1	20	1
1	-4	-1	-6	-1	0	0
-1	0	0	2	1	20	1
1	8	1	30	1	36	1
-1	-4	-1	-22	-1	-16	-1
-1	-8	-1	-30	-1	-36	-1
-1	8	1	30	1	36	1
-1	0	0	2	1	20	1
-1	0	0	-2	-1	-20	-1
-1	0	0	-2	-1	-20	-1
-1	0	0	2	1	20	1
2	0.6		0.9		0.95	
4	0.7		0.4		0.35	
-2	-0.2		-0.5		-0.45	

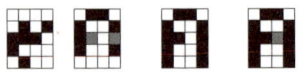

補足解説

　私たちの脳では，毎日かなりの数の脳細胞すなわちニューロンが死んでいる．しかし私たちはあまり困らずに生活できる．もし私たちの手許のコンピュータの中で，メモリや計算回路を構成するトランジスタが毎日1つずつでも壊れていったら，コンピュータはまったく機能しない．この相違は脳内のニューロンの多さにのみに起因するものではない，なぜならコンピュータも非常に多くのトランジスタでできているからだ．重要な理由は，情報の表現方法の相違とその処理方法の相違にある．現在のコンピュータはビットという「シンボル（記号）」を扱っており，情報をシンボルで表し，論理によるシンボル処理を行なっている．それに対して脳の多くの部分では，情報を多数のニューロンによって「パターン」として分散的に表現し，それをやはり多数のニューロンの協調によりパターン処理している．すなわち，情報の表現と処理の根本原理が異なっている．これが，生物が賢く頑健に生き抜いていける理由の1つである．

　なお，ニューラルネットワークでは，ある程度多くの数のニューロンが協調しないと（本例では20個）機能しない．また，シミュレーションによっては想起に失敗することもある（本例は失敗して s_1 を想起している）[*4]．

[*4] 数が必要なこと（①）と想起の成功・失敗（②）は，次の作業で確かめられる．
　①ベクトルの長さを変えて上記の処理を行なう．
　②ランダムな入力ベクトルを準備して処理を行なう．　HW14_B_randoms_recall.xls は，どこかのセルを書き換えるたびに記憶ベクトル（ランダム）が更新され，さまざまな状況が出現するようにしてある．どのようなときに想起が成功し，どのようなときに失敗するか，議論せよ．

付 録

付録A　発展問題

付録B　微分方程式の数値計算

付録C　関連図書・参考文献

付録 A 発展問題
多面的な生命理解につながる9題

発展 1　バイオマスのさまざまな利用

バイオマスにはさまざまな利用方法がある．以下の問に答えよ．
生態学では，生物の総量を表すが，産業分野では，化石資源ではない，生きている生物体由来の産業資源をバイオマスと呼ぶ．

問 1　バイオエタノールの原料には大きく糖，デンプン，リグノセルロースといった種類がある．これらそれぞれの原料からエタノールを合成するためのプロセス生体内でのプロセスの概要を，キーワードとともに述べよ．

問 2　化石資源の最終需要をエネルギー利用，非エネルギー利用などをキーワードに調べ，再生可能資源による代替を推進するためにとりうるバイオマスの役割について考察せよ．例えば，太陽光や風力といった，他の再生可能資源と比べて，植物は物質生産能力がある．この点から考えられることを述べよ．

発展 2　バイオマスエネルギー生産

図を参考にしながら，バイオマスによるエネルギー生産に関連して以下の問に答えよ．

ボイラー・発電機に関する図

燃料（熱量 Q_f）→ ボイラー〔変換効率（燃焼効率）η_b〕→ 蒸気（熱量 Q_s）→ 発電機（蒸気タービン）〔変換効率（発電効率）η_p〕→ 電力（熱量 Q_e）

問 1　化石資源からつくられる LNG（液化天然ガス），ガソリン，灯油，軽油，A 重油について，単価を体積あたり（JPY/L）と熱量あたり（JPY/MJ）で示すと表のようになった．
ここで LNG による発電を行なうことを考える．電力価格 [JPY/kWh] は燃料価格によってのみ決まるとする．300 MW の蒸気タービンの火力について，発電機に供給される熱量あたりの発電効率 η_p が 40％，50％（いずれも HHV ベース[*1]．それぞれ LNG 火力 1，火力 2 と呼ぶこと

[*1]　HHV：蒸発潜熱を発熱量に含めた高位発熱量．LHV（蒸発潜熱を発熱量に含めない低位発熱量）と数値が異なることに注意．

にする)であるとき,燃料価格由来の電力価格［JPY/kWh］を求めよ.なお,ボイラーの燃焼効率 η_b を98％,1 kWh＝3.6 MJ とする.

	体積あたりの単価 JPY/L	熱量あたりの単位 JPY/MJ
LNG	—	1.47
ガソリン	142.6	4.27
灯油	85.1	2.33
軽油	121.4	3.19
A 重油	65.8	1.69

JPY は日本円,1 MJ＝$1.0×10^6$ J を表す.

問 2 木質バイオマスチップ[*2]を用いた蒸気タービン発電所の事業性評価を行なう.ここで事業性評価とは,事業によって得られる収益が元となる燃料の購入費を上回るかどうか評価することである.簡単のため,燃料購入費以外の,発電所建設に伴う費用やメンテナンス費用などは考慮しないこととする.以下に示すパラメーターを用いて,木質バイオマス発電は行われるものとする.

木質バイオマスチップ価格	2,000～10,000 ［JPY/t-chip］
木質バイオマスチップ発熱量	$10.0×10^9$［J/t-chip］(＝10 GJ)
木質バイオマスボイラーの燃焼効率 η_b	98％

木質バイオマスチップ価格が6,000［JPY/t-chip］,木質バイオマス由来蒸気タービンの発電効率 η_p が10％であったとき,バイオマス由来の電力価格［JPY/kWh］を求めよ.

問 3 蒸気タービンのような熱機関は規模が大きくなるほど効率がよくなる.この法則を2/3乗則(もしくは2乗3乗則)という.これを,半径が r の球体の体積と表面積の公式を用い,熱機関のエネルギーロスが表面からの熱ロスのみに由来すると仮定して簡単に説明せよ.

問 4 問3の法則により,蒸気タービンは発電規模を P［kW］とすると,その発電効率 η_p は以下の式に近似できるとする.
$$\eta_p = 2.672 × \ln(P) - 4.128 \quad (1000 \leq P \leq 20000)$$
問2と同じ条件で,発電規模を1,000 kW から20,000 kW まで変化させたとき,事業性はどうなるか,数値とともに説明せよ.

問 5 バイオマスチップ価格,発電規模の両方を変化させたとき,この木質バイオマス発電についてLNG 蒸気タービン(LNG 火力1)と比較したときの事業性について分析せよ.横にバイオマスチップ価格,縦に発電規模をとった表などを作成し,定量的に説明すること.

発展 3　光合成エネルギーの量子変換効率

　光合成は,太陽光のもつ自由エネルギーを,酸化還元の自由エネルギーや ATP の自由エネルギーに変換し,最終的にデンプンの形で保存するプロセスである.光合成のしくみの中でグルコースが出てくることはないが,実際にデンプンを利用する過程では,加水分解によりグルコースがつくられ,それを酸素で酸化することによって,生体が利用できる自由エネルギーが生成する.ここでは,光合

[*2] 間伐材などの木質資源を細かくしたチップ.t-chip：チップ重量.

成のエネルギー変換の効率を計算してみよう．

　植物の葉緑体を考える．光を吸収するクロロフィルの大部分は光を集めるはたらきをもつアンテナ色素として機能し，光化学反応中心に光の励起エネルギーを供給している．アンテナ色素が，地表面に降り注ぐ太陽光のうち300～700 nmの波長の光を90%の効率で吸収可能であるとし，光合成産物としてはグルコースを考える．なお，エネルギー変換効率を，入力したエネルギー（ここでは太陽光のエネルギー）に対する，蓄積エネルギー（糖として固定された化学エネルギー）の比として定義し，

（グルコースの化学エネルギー／入射太陽光エネルギー）×100%

で表す．

A．光化学反応によるNADPH生成のエネルギー変換効率

問1 太陽光（表面温度6,000 K）から放出される光の波長（$\lambda = \dfrac{c}{\nu}$）と熱放射エネルギー密度との関係は，プランクの熱放射式（黒体放射の式，黒体輻射の式とも呼ばれる）に従う．

$$B(\nu, T) = \frac{8\pi h \nu^3}{c^3} \times \frac{1}{\exp\left(\dfrac{h\nu}{k_B T}\right) - 1} \; [\text{J/Hz} \cdot \text{m}^3]$$

ここで，c：光速度 3.0×10^8 [m/s]，ν：振動数，k_B：ボルツマン定数 1.38×10^{-23}，h：プランク定数 6.62×10^{-34} とする．また植物はアンテナ色素により吸収するものする．地表面に降り注ぐ全太陽光エネルギーのうち，光合成に利用可能なものは何%か．

問2 アンテナ色素が吸収した光エネルギーは，光化学系I，光化学系IIの反応中心に移動した段階で，すべて700 nmの光のエネルギーとして利用され，また吸収した全エネルギーのうち70%が利用可能である（残りは熱となる）とする．このとき光化学系が光を吸収する過程におけるエネルギー変換効率はいくらか．

B．電子伝達から炭素固定反応までのエネルギー変換効率

　電子伝達でつくられたNADPHとATPを利用して，炭素固定によりデンプンを生成する過程は，以前は暗反応と呼ばれていた．現在では，本当の意味での明反応は，最初の光化学反応だけであり，それ以降の電子伝達反応も炭素固定反応もすべて，光に依存しない「暗反応」である．実際には光合成の炭素固定ではグルコースが生じることはないが，便宜上，デンプンの1残基分のグルコース（グルコース残基）が生成するまでを考える．

問3 カルビン–ベンソン回路で1分子のグルコース残基を生成するには，6分子の二酸化炭素が必要である．二酸化炭素と水から酸素とグルコースが生成する反応では，グルコース1分子あたり，$\Delta G°' = 2{,}870$ kJ/mol である．1 molの炭素固定をするのに必要最小限の光子エネルギーは何molの光子に相当するか．すべて600 nmの光であるとして計算せよ．

問4 1分子の二酸化炭素を固定するには，1分子の酸素を生成しながら，光合成の電子伝達で4個の電子が流れる必要がある．これらを2つの光化学系が駆動することを考え，必要な光子の量を求めよ．さらにA，Bを総合して，光合成全体のエネルギー変換効率を求めよ．

発展 4　植物の葉序

▼植物の葉の配列を葉序という．葉序には，1つの節に1枚ずつ葉がつく互生と，複数の葉がつく輪生がある．互生葉序には，黄金角[*1]やフィボナッチ数列[*2]と関係する，面白い規則性がある．互生葉序とその規則性について，以下の問に答えよ．

問1 互生葉序において，ある葉と次の葉が茎を中心としてなす角度を開度（ここでは d で表す）という（図1）．葉を発生順に辿っていったとき，a 枚の葉で茎をほぼ b 周したなら，$\dfrac{d}{360°} \approx \dfrac{b}{a}$ である．ほとんどの互生葉序では，d は黄金角に近く，$\dfrac{b}{a}$ は

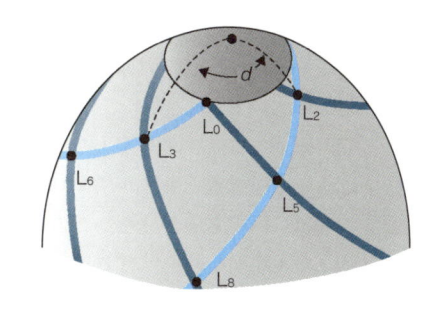

図1　茎頂領域における葉序の模式図
L_0 は誕生したばかりの葉，1つ前の葉を L_1，2つ前を L_2，……と表す．青い太線は右回りの斜列線．赤い太線は左回りの斜列線．d は開度．

$\dfrac{b}{a} = \dfrac{F_k}{F_{k+2}}$ というようにフィボナッチ数列の1つ飛びの項の比になっているといわれる．黄金角とフィボナッチ数列はどういう関係にあるか，考えよ．

問2 互生葉序において，近接する葉を結ぶことで描かれるらせん曲線を斜列線という（図1）．右回りの斜列線の本数と，左回りの斜列線の本数の組を，交走斜列数対という．ほとんどの互生葉序で，交走斜列数対はフィボナッチ数列の連続2項になっているといわれる．実際にそうか，図2のサボテンで確かめてみよ．また，互生葉序を示す植物を観察してみよ．

図2　サボテンを上から見たところ
サボテンではとげの配列が葉序に相当する．

問3 葉は近傍に別の葉が発生するのを抑える影響を周囲に及ぼしており，この影響を避けて新しい葉が発生する結果，規則性のある葉序のパターンが生じる，と考えられている．これをごく単純な形で扱うモデルに，抑制的影響による各葉固有の領域を円で表し，この円が重ならずに密

[*1] 円を黄金比になるよう大小2つの弧に分割したときの，小さい弧の中心角を黄金角という．黄金比を τ，黄金角を g とすると，$\tau = \dfrac{1+\sqrt{5}}{2}$，$g = \dfrac{360°}{1+\tau} \approx 137.5°$．

[*2] $F_k + F_{k+1} = F_{k+2}$ という規則に従って生成される数列．ふつう単にフィボナッチ数列といった場合には，$F_1 = F_2 = 1$．

着するように，茎を切り開いた展開図に配置する，というものがある（図3）．新しい葉が発生する場所は茎頂分裂組織の周縁部であり，モデルでは展開図の上の辺に相当する．植物の成長に対応して，モデルでは展開図を上方に拡張し，上の辺上に新しい円を置く余地が生まれたら，すかさずそこに新しい円を描き込む．このモデルにおいて，徐々に展開図の幅を拡げると，交走斜列数対はどう変化するだろうか，考えてみよ．さらにこの考察をもとに，交走斜列数対がフィボナッチ数列の連続2項になる理由も考えてみよ．

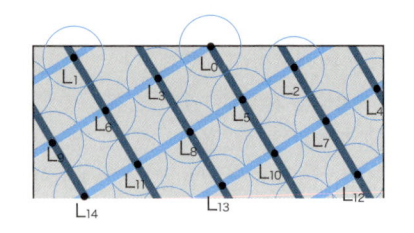

図3 茎の展開図上に葉の固有領域を円で表したモデル
この図では交走斜列数対は $\{3, 5\}$ である．太線や L_1, L_2, …… の記号は図1に対応．

▼**背景となる知識**
新たな葉が発生する場所は，茎頂分裂組織の周縁部に限られている．この周縁部のどこに発生するかが，先行する葉との関係で決まり，葉と葉の位置関係が葉序のパターンを生み出す．

発展5　植物の根の成長

▼植物の根の成長と細胞分裂について，以下の問に答えよ．

問1 寒天培地の表面に沿って成長しているシロイヌナズナの根に，グラファイト粉を散布して付着させ，目印とした．このときの目印の位置と1時間後の目印の位置から，根の各地点が根端（厳密には静止中心）から遠ざかる速度を測定し，得られたデータを平滑化して，根端からの距離 x [μm] と変位速度 v [μm/h] との関係をグラフ化した（図1）．この関係から，伸長成長の空間プロフィールについて，どのようなことがいえるか．

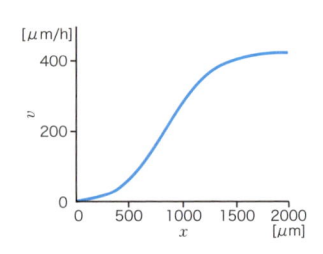

図1 根端からの距離 x と変位速度 v の関係

問2 シロイヌナズナの根の皮層と呼ばれる組織は，根の軸に平行な8本の細胞列からなり，各細胞列では細胞が一次元的に並んでいる．この皮層の細胞列に着目して，さらに解析を行なった．問1で用いた根を，変位速度測定直後に固定して，顕微鏡標本を作製し，根の各地点における皮層の細胞の長さを調べた．得られたデータを平滑化して，根端からの距離 x [μm] と皮層細胞長 l [μm/個] との関係をグラフ化した（図2）．根端から距離 x の地点までの間に1本の皮層細胞列に含まれる細胞の数を N [個]，距離 x の地点を1時間に横切る皮層の細胞の数を細胞の流れ F [細胞数/h]，時間を t [h]

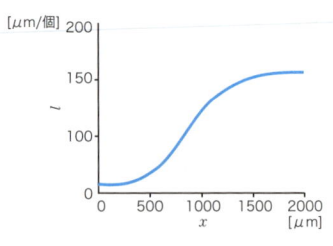

図2 根端からの距離と皮層細胞 l の関係

とする．x, v, l, N, F, t を関係づける式をひととおり書き出せ．なお，$v(x)$ は距離 x の地点を1時間に横切る皮層細胞列の長さでもあることに注意せよ．

問3 問1と問2で用いた根が定常的な成長下にあり，x-v のグラフ，x-l のグラフとも常に同じで変化しないとして，根の各地点における単位長さあたりの皮層細胞の生産率 $P=\dfrac{\partial\left(\dfrac{dN}{dt}\right)}{\partial x}$ [細胞数/μm・h] と皮層細胞1個あたりの細胞生産率 $D=\dfrac{\partial\left(\dfrac{dN}{dt}\right)}{\partial N}$ [細胞数/細胞数・h] を求める方法を考えよ．

問4 D と細胞周期の長さ c [h] との関係を式で示せ．なお，細胞周期とは，細胞の分裂期から次の分裂期までの時間をさす（3章参照）．

▼**背景となる知識**

植物の基本的な体軸をなすのは，茎と根である．茎も根も先端部分に，幹細胞を含む頂端分裂組織（茎ではシュート頂分裂組織，根では根端分裂組織）を有する．頂端分裂組織における細胞分裂と，その後の急激な細胞伸長が，植物の体軸の成長を支えている．根端分裂組織では，静止中心と呼ばれる分裂活性の低い細胞群の周りに幹細胞があり，幹細胞とそれに由来する細胞が盛んに分裂する．植物種と組織によっては，根端領域での細胞分裂がほぼ垂層分裂に限られ，幹細胞から始まってきれいに細胞が並んだ列を観察することができる．このような細胞列は，細胞の時間経過を一次元空間に置き換えて示している．

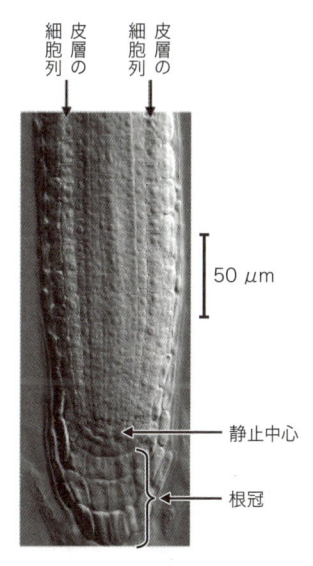

シロイヌナズナの根端の微分干渉顕微鏡写真
皮層の細胞列が2本見えている．

発展6　遺伝様式といとこ婚

以下の文章の空欄に適当な言葉・数値・式を入れよ．

［（ア）］の法則によると，ヒトの通常の婚姻集団のなかでは，▼遺伝子頻度は世代とともに変化しない．しかし，劣性致死変異遺伝子の頻度は，［（イ）］するはずである．また著しい障害を与える劣性変異も，後代をつくらない可能性が大きいので，遺伝子頻度は［（イ）］するはずである．このような遺伝子の頻度を p とすると，受精卵における遺伝子型は，野生型，ヘテロ接合型，ホモ接合型が，それぞれ，$(1-p)^2$，$2p(1-p)$，［（ウ）］となる．しかしホモ接合型の個体は生まれないとすると，出生児における遺伝子頻度は，野生型が $(1-p)^2+p(1-p)$ に対し，変異型が［（エ）］となる．そこで，次世代における遺伝子頻度は，$p_2=\dfrac{p(1-p)}{1-p^2}=p(1+p)^{-1}$ となる．つまり，$\dfrac{1}{p_2}=1+\dfrac{1}{p}$ である．同様にして，$p_3=p(1+2p)^{-1}$ などとなり，n 世代後には，$p_{n+1}=$［（オ）］となる．初期値が $p=0.01$ だとすると，これが 0.001 まで下がるには，［（カ）］世代（約 18,000 年）必要ということにな

り，集団サイズが大きければ，こうした変異は簡単にはなくならない．さらに1桁下がるには，その［（キ）］倍の時間がかかる．この時間は，現存する人類の起源にまで遡ることになる．言い換えれば，ヒトの集団では，いろいろな劣性変異が0.01～0.1%という低頻度で残存し続ける．

いとこ婚では，1人の祖父母に由来する劣性変異が孫の子供の世代で再結合する確率が［（ク）］である．このような劣性変異が1,700種類知られており，それぞれの頻度 p が0.005である（4万人に1人の発症率，保因率0.01）とすると，平均 $1700 \times 0.005 \times$［（ク）］＝［（ケ）］個の確率で，また，頻度 p が［（コ）］（有効数字1桁）である場合，平均0.14の確率で，どれかの遺伝子がホモ接合型になる．実際には遺伝子ごとに頻度 p は異なるので，その平均で考える必要がある．フェニルケトン尿症では，$p=\frac{1}{120}$ なので，ホモ接合型が生じる確率は，他人婚で［（サ）］に対し，いとこ婚で［（シ）］となる計算になる．逆に，これらの病気をもつ人がいとこ婚の両親をもつ比率はきわめて高く，30～80%にのぼる．一般的に，出生児の先天性異常比率は，他人婚で1%に対し，いとこ婚で1.7%といわれている．

▼**背景となる知識**

遺伝子変異の集団内での伝達については，ハーディ・ワインベルグの法則により，無限サイズの集団においては，遺伝子頻度が世代とともに変化しないことが知られている．優性とは「優れた性質」ではなく，対立遺伝子と対になったときに，その遺伝子の性質が表現型に表れるものを指す．逆に性質が優性遺伝子によって隠されてしまうものを劣性遺伝子という．

発展7　ラクトースオペロンに関する歴史的実験の考察

〈ねらい〉
ラクトースオペロンは，原核生物における遺伝子発現制御のモデルとして，現在でも最もよく解析された系である．ラクトースオペロンの考えが生まれた歴史的実験をたどりながら，シス配列とトランス因子の違いを理解する．

大腸菌の *lac* オペロンは，β-ガラクトシダーゼと透過酵素，アセチル化酵素の遺伝子からなる．それぞれ，*lacZ*，*lacY*，*lacA* と呼ぶ．また，リプレッサーをコードする遺伝子を *lac I* と呼ぶ．誘導剤の有無にかかわらず *lacZ*，*lacY*，*lacA* のすべてが構成的に発現する点突然変異体が得られ，その遺伝子を $lacO^c$ とした．この遺伝子は，*lac I*，*lacZ*，*lacY*，*lacA* のどれとも異なり（相補しない），オペレーターと名付けられた．この転写調節のしくみを解明するために，ジャコブとモノーらは，Fプラスミドを大腸菌に導入して，*lac* オペロンの部分に関して二倍体になった大腸菌を用いた[1]．

実際の実験の結果を，以下の表に示す．分解されない誘導剤を用い，十分に誘導されたのちの酵素量を測定した．なお，変異型遺伝子 $lacZ^-$ は，不活性酵素をコードしている．スペースの都合上，遺伝子名は，I, O, Z, Y とし，野生型遺伝子は＋で，変異型遺伝子は－またはCで示した．なお，IとZの欄では－記号の意味が異なり，前者ではリプレッサーがつくられないことを，後者では不活性酵素がつくられることを示している．酵素量は，ある任意の単位で表され，測定誤差もかなりあることに注意しながら，以下の問に答えよ．なお，透過酵素に関しては100以上の値は測定限界を越えていると見なされる．またアセチル化酵素は測定していない．

実験番号	ゲノム遺伝子型 I O Z Y	プラスミド遺伝子型 I O Z Y	酵素量（誘導なし） ガラクトシダーゼ	不活性酵素	透過酵素	酵素量（誘導後） ガラクトシダーゼ	不活性酵素	透過酵素
1	＋ ＋ ＋ ＋	なし	<1	非測定	0	100	非測定	100
2	− ＋ − ＋	＋ ＋ ＋ ＋	<1	0	0	320	100	100
3	− ＋ − ＋	＋ C ＋ ＋	36	0	33	270	100	100
4	＋ ＋ − ＋	＋ C ＋ ＋	110	0	50	330	100	100
5	＋ ＋ ＋ −	＋ C − ＋	<1	30	非測定	100	400	非測定
6	＋ ＋ − ＋	＋ C ＋ −	60	非測定	0	300	非測定	100

問 1 実験 2 で，不活性酵素の量を説明せよ．Z の欄の−は不活性酵素をつくることに注意．

問 2 実験 3 と実験 4 の結果の違いには意味があるか．また，これらの実験におけるガラクトシダーゼの活性を説明せよ．

問 3 実験 4 と実験 5 における，ガラクトシダーゼと不活性酵素の量を説明せよ．

問 4 実験 6 における「非測定」の欄の値を推定せよ．

発展 8　遺伝暗号表の情報量

遺伝暗号表（パネル 1 参照）に関し以下の問に答えよ．

問 1 遺伝暗号表にあるのは，mRNA 上の配列である．これらの 3 文字配列を，遺伝暗号の単位という意味で何と呼ぶか．また，これらを認識する分子は何と呼ばれ，その認識配列を何というか．

問 2 アミノ酸残基 1 個あたりの平均情報量 $H(P)$ を求めよ．単位はビットとし，$H(P) = -\sum_i p_i \log_2 p_i$ ただし i はアミノ酸を指定する記号，p_i はそれぞれのアミノ酸の出現頻度，P は p_i のセットを指す．またアミノ酸の出現頻度は，遺伝暗号表に出現する数に比例するものとする．なお，$\log_2 3 = 1.58496$，$\log_2 61 = 5.93073$ とする（きちんと式を立てて計算すれば，エクセルを使わなくても簡単に求められる）．

問 3 この情報量は，DNA 3 塩基分の情報量（終止を指定するものを除く）である 5.931 ビットよりも少ないが，それはなぜか．2 つの理由を挙げよ．

発展 9 遺伝子発現ネットワーク

マイクロアレイによって計測した遺伝子発現データから遺伝子間の発現の依存関係，すなわち遺伝子ネットワークを推定することを考える．

遺伝子ネットワークは非巡回有向グラフ（DAG）で表されるとする（**演習 6-3** 参照）．遺伝子ネットワークの推定は以下で定義するスコア $S(G, X)$ を最大化するネットワーク（グラフ）構造を求めることによって行なう．

$$S(G, X) = \sum_{j=1}^{p} s(g_j, Pa(g_j), X)$$

ただしここで G は遺伝子ネットワーク，X は遺伝子発現データ，p はネットワーク中の遺伝子数，g_i は i 番目の遺伝子，$Pa(g_i)$ は遺伝子 g_i のネットワーク中での親遺伝子の集合である．すなわちネットワークのスコアは各遺伝子の局所スコアの和で表される．以下の問に答えよ．

問 1 遺伝子数が 2 のとき，解候補となる DAG の個数は 3 である．遺伝子数が 3 のとき，解候補となる DAG の個数を求めよ．

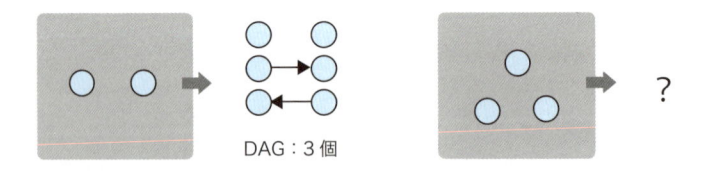

DAG：3 個

問 2 各遺伝子の局所スコアが以下のように与えられている．

$s(g_1, \emptyset) = 1.5, \quad s(g_1, \{g_2\}) = 1.3, \quad s(g_1, \{g_3\}) = 1.7, \quad s(g_1, \{g_2, g_3\}) = 1.8$

$s(g_2, \emptyset) = 2.3, \quad s(g_2, \{g_1\}) = 2.4, \quad s(g_2, \{g_3\}) = 2.9, \quad s(g_2, \{g_1, g_3\}) = 2.1$

$s(g_3, \emptyset) = 4.5, \quad s(g_3, \{g_1\}) = 5.3, \quad s(g_3, \{g_2\}) = 2.1, \quad s(g_3, \{g_1, g_2\}) = 4.3$

ここで $F(g, A)$ は A の中から g に対する最適な親の組み合わせを与える

$$F(g, A) = \max_{B \subseteq A} s(g, B, X)$$

と定義する．$\emptyset$ は空集合である．$F(g_2, \{g_1, g_3\})$ を求めよ．

問 3 $S(G, X)$ の最大値，すなわち，与えられたスコアを最大にする最適グラフ構造におけるスコアを $S_{opt}(G, X)$ とすると，$S_{opt}(G, X) = \max_{g \in V_G} \{F(g, V_G \setminus \{g\}) + S_{opt}(G_{V_G \setminus \{g\}}, X)\}$ で求められることが知られている[*2]．ただし V_G はネットワーク G に含まれる遺伝子集合，G_V は遺伝子集合 V からなるネットワーク，$V_G = \emptyset$ のとき $S_{opt}(G, X) = 0$ である．$S_{opt}(G, X)$ を求めよ．
（ヒント：解候補 25 個すべてのスコアを求めずに問 2 の定義に従い計算するとよい）

[*2] $\max_{B \subset A} f(B)$ は A の部分集合 B のうち $f(B)$ の最大値．$\max_{a \in V} f(a)$ は集合 V の要素 a のうち $f(a)$ の最大値．$A \setminus B$ は集合 A から集合 B の要素を取り除いたもの（集合同士の差）．

付録B 微分方程式の数値計算
ルンゲ-クッタ法

8章で登場するルンゲ-クッタ法（Runge-Kutta，英語発音ではランジェカッタ）を理解するためには，まずオイラー法（Euler）を説明する必要がある．以下のような y の時間発展の微分方程式 (1) を考える．

$$\frac{dy}{dt} = f(y,\ t) \tag{1}$$

これは以下の微分の定義式(2)を利用[*]して

$$\frac{\Delta y}{\Delta t} = \lim_{(\Delta t \to 0)} \frac{y(t+\Delta t) - y(t)}{\Delta t} \tag{2}$$

以下の差分式(3)を得ることで，1つの微分係数（勾配）を逐次計算する方法である．

$$\begin{aligned} y(t+\Delta t) &\approx y(t) + \Delta t \cdot Slope \\ &= y(t) + \Delta t \cdot \frac{\Delta y}{\Delta t} \\ &= y(t) + \Delta y \end{aligned} \tag{3}$$

式 (3) の等号 ≈ は近似を表す．$t=0$ における y の初期値 y_0 からスタートして，Δt を小さく設定することで，初期値 y_0 から式 (3) を利用して再帰的に Δy と $y(t+\Delta t)$ の計算をつないでいく．これを微分方程式の初期値問題という．

ただし，このオイラー法は図1でわかるように，(3) 式を計算するとき誤差が生じ，これが徐々に蓄積する欠点がある．そこで，誤差を解消して正確に数値計算するためにルンゲ-クッタ法が開発さ

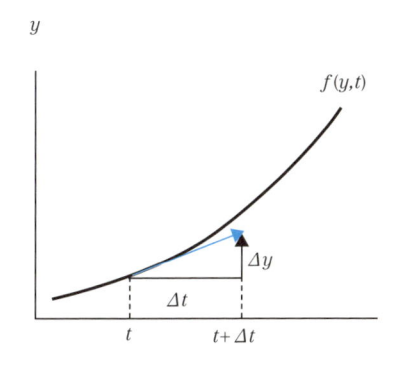

図1 オイラー法の計算法
青矢印は，時刻 t における微分係数（勾配）のまま時間 t が Δt 進んだとして，y が Δy だけ変化したときのグラフの変化である．点 $(y,\ t)$ と新たな点 $(y+\Delta y,\ t+\Delta t)$ を結ぶ．

---

[*] 数学では $y=f(x,\ t)$ の微分は平均値の定理により $\frac{dy}{dt} = \frac{\lim(\Delta t \to 0) \Delta f(x,\ t)}{\Delta t}$ と定義されるが，数値計算では $\lim(\Delta t \to 0)$ の極限はとれないので，計算の刻み幅 Δt を小さくして対応して $\frac{\Delta y}{\Delta t}$ を計算する．ただし，これをそのまま計算するとオイラー法のように誤差が生じるので，誤差をできるだけ解消するルンゲ-クッタ法が開発された．

れた．これは，以下の手順で計算する．

①まず以下の4種類の微分係数を計算する（図2）．

$$k_1 = f(y_i, \ t_i)$$

$$k_2 = f(y_i + \frac{h}{2}k_1, \ t_i + \frac{h}{2})$$

$$k_3 = f(y_i + \frac{h}{2}k_2, \ t_i + \frac{h}{2})$$

$$k_4 = f(y_i + hk_3, \ t_i + h)$$

②これら4種類の勾配のうち，中央の2つに2倍の重み付けを与えて加重平均をとって勾配を決める．

$$Slope = \frac{k_1 + 2k_2 + 2k_3 + k_4}{6}$$

③最後に Δy に時間刻み h を掛けて，次の y_i を計算する．これを y_0 から $i = 0, 1, 2, 3 \cdots$ へと計算をつなげていく．

$$y_{i+1} = y_i + h \cdot Slope$$
$$= y_i + \Delta y$$

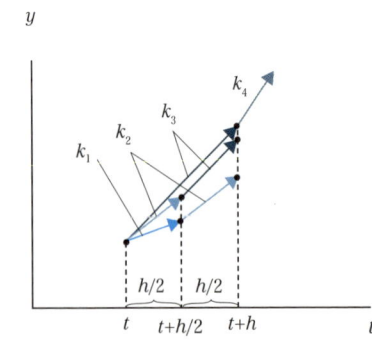

図2　ルンゲ-クッタ法の計算法
$\Delta t = h$ と置き換え，中間に $h/2$ を置き，4種類の勾配を計算する（4種類の勾配の色に注意）．中央の2つ（k_2, k_3）に2倍の重みを与えて加重平均を取り，新たな勾配 Slope から縦軸 y の増分 Δy を計算する．この逐次計算を使って $f(y, \ t)$ の全体像を得る．

両者を比較すると図3のようになる．なお，生命科学分野においてルンゲ-クッタ法は個体数動態のモデル解析の場合などに多く用いられる．この場合常にルンゲ-クッタ法の精度が求められるので導出法を覚えておくとよい．

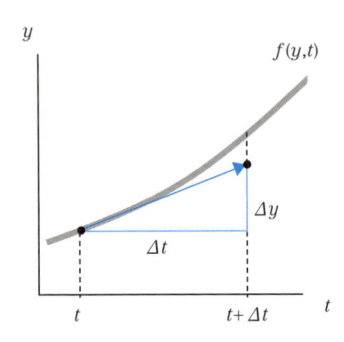

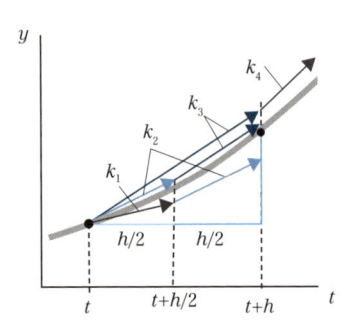

図3　オイラー法の推定とルンゲ-クッタ法の推定

付録C 関連図書・参考文献

文献リストを，章ごと以下に示す．より深く学ぶためのおすすめ書籍の紹介と出典などの参考文献情報である．なお論文については，著者名：論文タイトル，雑誌名，巻数：ページ数，発行年の順に記す．著者については3名以上の場合は et al と省略している．

1章　物理・化学・数理的な生命のみかた
◆おすすめ書籍
- 「生命とは何か　物理的にみた生細胞」（E. シュレーディンガー/著），岩波書店，2008
 （原著は E. Schrödinger："What is Life? The Physical Aspect of the Living Cell"，Cambridge University Press, 1944）
- 「生命を捉えなおす　生きている状態とは何か　増補版」（清水博/著），中央公論社，1990
- 「生命と地球の歴史」（丸山茂徳，磯崎行雄/著），岩波書店，1998

◇参考文献
 1) Bianconi E et al：An estimation of the number of cells in the human body. Annals of Human Biology, 40：463-471, 2013
 2) 「自己組織化と進化の論理　宇宙を貫く複雑系の法則」（S. カウフマン/著），筑摩書房，2008

2章　生体分子
◆おすすめ書籍
- 「生命科学　改訂第3版」第1章，2章，5章

◇参考文献（宿題1）
 1) Abskharon RN et al：Probing the N-terminal beta-sheet conversion in the crystal structure of the human prion protein bound to a nanobody. Journal of the American Chemical Society, 136：937-944, 2013

3章　細胞の構造と増殖
◆おすすめ書籍
- 「理系総合のための生命科学　第3版」第9章，12章，13章，14章，15章，17章

◇参考文献（宿題3）
 1) Gardner TS et al：A theory for controlling cell cycle dynamics using a reversibly binding inhibitor. Proceedings of National Academy of Sciences USA, 95：14190-14195, 1998

4章　生命活動の駆動力

◆おすすめ書籍
・「現代熱力学　熱機関から散逸構造へ」（I. プリゴジン，D. コンデプディ/著），朝倉書店，2001
・「光合成の科学」（東京大学光合成教育研究会/編）東京大学出版会，2007

◇参考文献
1) Marosvolgyi MA & van Gorkom HJ：Cost and color of photosynthesis. Photosynthesis Research, 103：105-109, 2010

5章　遺伝情報

◆おすすめ書籍
・「雑種植物の研究」（G. メンデル/著），岩波書店，1999（原著は1865年）
・「進化する遺伝子概念」（J. ドゥーシュ/著），みすず書房，2015

◇参考文献
1)「よくわかるゲノム医学　改訂第2版」（服部成介，水島-菅野純子/著），羊土社，2015
2) Marri R et al：The effect of chromosome geometry on genetic diversity. Genetics, 179：511-516, 2008

◇参考文献（宿題7）
1)「エピゲノムと生命　DNAだけでない「遺伝」のしくみ」（太田邦史/著），講談社，2013

6章　システムとしての生命の特性

◆おすすめ書籍
・「システム生物学入門　生物回路の設計原理」（U. アロン/著），共立出版，2008

◇参考文献
1) Shen-Orr SS et al：Network motifs in the transcriptional regulation network of Escherichia coli. Nature Genetics, 31：64-68, 2002
2) Tamada Y et al：Identifying drug active pathways from gene networks estimated by gene expression data, Genome Informatics, 16：182-191, 2005
3) Yamaguchi R et al：Predicting differences in gene regulatory systems by state space models, Genome Informatics, 21：101-113, 2008
4) Gardner TS et al：Inferring genetic networks and identifying compound mode of action via expression profiling. Science, 301：102-105, 2003
5) Poelweik FJ et al：Tradeoffs and optimality in the evolution of gene regulation. Cell, 146：462-470, 2011

7章　生命のダイナミクスとパターン形成
◆おすすめ書籍
- 「細胞の物理生物学」（R. フィリップス他/編），共立出版，2011
- "System biology"（E. Klipp et al），Wiley Verlag，2009
- 「東京大学工学教程システム工学　システム工学システム理論 I」（東京大学工学教程編纂委員会/編），丸善出版，2015

◇参考文献（宿題9）
1) Zhang CC et al：Heterocyst differentiation and pattern formation in cyanobacteria：a chorus of signals. Molecular Microbiology, 59：367-375, 2006
2) Torres-Sánchez A et al：An integrative approach for modeling and simulation of heterocyst pattern formation in cyanobacteria filaments. PLOS Computational Biology, 11：e1004129, 2015
3) Oates AC et al：Patterning embryos with oscillations：structure, function and dynamics of the vertebrate segmentation clock. Development, 139：625-639, 2012
4) Nakamasu A et al：Interactions between zebrafish pigment cells responsible for the generation of Turing patterns. Proceedings of National Academy of Sciences USA, 106：8429, 2009
5) Ivanov V & Mizuuchi K：Multiple modes of interconverting dynamic pattern formation by bacterial cell division proteins. Proceedings of National Academy of Sciences USA, 107：8071-8078, 2010
6) Tu BP et al：Logic of the yeast metabolic cycle：Temporal compartmentalization of cellular processes. Science, 310：1152-1158, 2005
7) Doharty CJ & Kay SA：Circadian control of global gene expression patterns. Annual Reviews in Genetics, 44：419-444. 2010
8) Fuhr L et al：Circadian systems biology：When time matters. Computational and Structural Biotechnology Journal, 13：417-426, 2015
9) Hawkins SM & Matzuk MM：Menstrual cycle：basic biology. Annals of New York Academy of Sciences, 1135：10-18, 2008
10) Salz HK：Sex determination in insects：a binary decision based on alternative splicing. Current Opinion in Genetics and Development, 21：395-400, 2011

8章　マクロスケールのダイナミクス
◆おすすめ書籍
- 「分子からみた生物進化　DNAが明かす生物の歴史」（宮田隆/著），講談社，2014
- 「シリーズ現代の生態学 (1) 集団生物学」（日本生態学会/編），共立出版，2015
- 「進化の謎をゲノムで解く」（長谷部光泰/監），学研メディカル秀潤社，2015

◇参考文献
1) 「動物の人口論　過密・過疎の生態をみる」（内田俊郎/著），日本放送出版協会，1972
2) 「Fundamentals of Ecology, 3rd Ed.」（E. Odum），Saunders, 1971

3）「分子進化の中立説」（木村資生 他/著），紀伊國屋書店，1986

9章　生命科学の新しい潮流
◆おすすめ書籍
- 「生命と複雑系」（田中博/著），培風館，2002
- 「生命とは何か　複雑系生命科学へ　第2版」（金子邦彦/著），東京大学出版会，2009
- 「バイオインフォマティクス入門」（日本バイオインフォマティクス学会/編），慶應義塾大学出版会，2015

付録A　発展問題
◇参考文献（発展7）

1) Jacob F et al：L'opéron：groupe de gènes à expression coordonnée par un opérateur. Comptes rendus hebdomadaires des seances de l'Academie des sciences, 250：1727-1729, 1960

索 引

※**太字**は関連問題のあるページを示す

数　字

1塩基多型 …………………… 174
2n ………………………………… 49
2/3乗則 (2乗3乗則) ………… 183
2-デオキシリボース
　………………………38, 見返し (パネル2)
3′末端 …………95, 見返し (パネル2)
5′→3′の方向性 ………………… 84
10％の法則 …………………… 156

欧　文

A

A (アデニン) ……38, 見返し (パネル2)
ALife ………………………… 176
α (1→4) グリコシド結合 …… 37
αヘリックス …………………… 32
Anfinsenの教義 ……………… 45
ATP ………… 22, 38, 46, 64, **65**, 68, 184
ATPの加水分解反応 ……… 23, **65**
ATPの合成 ………………… 65, 68
ATPの構造 …………………… 23
ATPの自由エネルギー ……… **65**
ATPやNADHの濃度が低い状態
　………………………………… 67

B

βアミラーゼ …………………… 70
βシート ………………………… 32
BioModels …………………… 61
BLAST ……………………… 173
bp ……………………………… 82
BSE(ウシ海綿状脳症) ……… 42
B型 ……………………………… 38

C

C (シトシン) ……38, 見返し (パネル2)
Ca^{2+} ………………………………… 53
cAMP ……………………… 38, 53
CDK …………………………… 49
CDK阻害剤 …………………… 49
cDNA ………………………… **94**
CE-MS(キャピラリー電気泳動と質量分析) ………………………… 170
CellDesigner ………………… 61
Chimera …………………… 44, 45

D・E

$\Delta G°$ ………………………………… 63
$\Delta G°'$ ………………………………… 64
DNA ………… 23, 38, 82, 84, 88, **97**, 102, 105, 見返し (パネル2)
DNA結合タンパク質 ……… **105**, 171
DNA合成期 …………………… 49
DNA合成準備期 ……………… 49
DNAコンピューティング …… 175
DNA損傷チェックポイント … 50
DNAと転写因子の結合 ……87, **105**
DNAの構造 ………………… 81, **105**
DNAの情報量 ………………… **87**
DNAポリメラーゼ …………… 84
DNAを使って計算 ………… 175
dNMP ………………………… 84
EBI …………………………… 164
E-値 ………………………… 173

G〜J

G (グアニン) ……38, 見返し (パネル2)
G0期 …………………………… 49
G1期 …………………………… 49
G2期 …………………………… 49
GAP …………………………… 66
GC-MS (ガスクロマトグラフィーと質量分析) …………………… 171
GDP …………………………… 53
GenBank …………………… 101
GTP …………………………… 53
GWAS ……………………… 174
Gタンパク質 ………………… 53
Gタンパク質共役型受容体 … 53
IPTG濃度依存性 …………… 121
Jmol …………………………… 44
JSmol …………………… 44, 104

L

*lac*オペロン ………………… 188
LC-MS (液体クロマトグラフィーと質量分析) ………………… 170
L型 ……………………………… 31

M

Molmo ………………………… 44
mRNA ………………… 54, 83, **89**, 140
mRNA量 ……………………… **94**
M期 …………………………… 49

N・O

NADH ………………… 22, 64, 68
NADPH ………… 22, 64, 68, 184
NCBI ………………………… 102
NMR (核磁気共鳴法) ……… 42
Notch-Delta系 ………… 127, **137**
N末端 ……………………… 31, 42
OMIM ……………………… 102

P

PCR ………………………… **85**, 94
PDB(Protein Data Bank)
　……………………… 42, 102, 173
PGA …………………………… 66
PubMed …………………… 102
PyMOL ……………………… 44

R

R ……………………… 15, 52, 80, 148, 149, 151, 153, 158, 165

RasMol ································· 44
RNA ·············· 38, 82, 83, 88, 91, **94**, **97**
RNA-Seq ······························· 170
RNA プライマー ················ 84, 93
RNA ポリメラーゼ ··················· 88
RT-PCR ································ **94**
RubisCO ···························· 73, 74

S・T

SBML (systems biology markup language) ······························· 61
SDS-PAGE ···························· **33**
SNP ······································· 174
SwissPDBViewer ··················· 44
S 期 ·· 49
T（チミン）··········· 38, 見返し（パネル2）
TATA ボックス ························ **97**

U・X

U（ウラシル）······ 38, 87, 見返し（パネル2）
UniProt ································· 102
X 線結晶構造解析 ···················· 42

和　文

あ行

アイソクライン ········· 139, 150, 153
アインシュタインの式 ··············· 76
アーキア ································· 27
アクチン繊維 ··························· 48
アクチンタンパク質 ·················· 48
アクティベーター ··················· 113
アセチル CoA ······· 70, 見返し（パネル3）
新しい潮流 ···························· 169
アデニル酸シクラーゼ ··············· 53
アデニン ·················· 38, 見返し（パネル2）
アプローチ ······················ 18, 107
アミノ基 ································· 31
アミノ酸 ·············· 30, 31, 見返し（パネル1）
アミノ酸配列 ··················· 163, 172
アミロース ······························ 37
アミロペクチン ······················· 37

アラインメント ············ 163, 172, 173
アルゴリズム ··················· 119, 174
アロステリック酵素 ·················· 71
アロステリック制御 ············ 71, 109
安定化 ································· 108
アンテナ色素 ···················· 77, 184
鋳型 ····································· 84
「生き物らしさ」························ 24
一次構造 ································ 32
一次消費者 ··························· 155
一重の生体膜 ·························· 47
一倍体 ·································· 84
一様性 ··································· 18
一定の基質供給 ······················· 78
遺伝暗号 ································ 83
遺伝暗号表 ···· 161, **189**, 見返し（パネル1）
遺伝子 ··················· 19, 84, 89, 99
遺伝子型 ································ 84
遺伝子数 ································ 88
遺伝子制御ネットワーク ············ 89
遺伝子による種の定義 ··············· 19
遺伝子発現 ··············· 19, 82, 109
遺伝子発現ネットワーク ········· 190
遺伝子発現量の測定 ················· 94
遺伝子頻度 ··························· 100
遺伝情報 ··········· 23, 82, **87**, 101, 172, 194
遺伝情報データベースの利用 ··· 102
遺伝的アルゴリズム ················ 174
遺伝的浮動 ··························· 158
遺伝的浮動のシミュレーション ··· 158
遺伝的プログラミング ············· 175
いとこ婚 ······························· 187
入次数 ································· 116
インコヒーレントなフィードフォワード回路 ·································· 117
インスリン ······················ 54, 110
イントロン ······························ 89
引用文献 ····························· 193
ウシ海綿状脳症（BSE）············ 42
ウラシル ·········· 38, 87, 見返し（パネル2）
栄養段階 ··························· 155,
エキソン ································ 89
液体クロマトグラフィーと質量分析（LC-MS）···························· 170
エクソサイトーシス ················· 54
エタノール産生 ······················· 70

エネルギー源 ················ 22, 37, 155
エネルギースケール ················· **55**
エネルギー変換効率 ·······66, 70, **183**
エピジェネティクス ·········82, **106**, 172
エフェクター ··························· 71
塩基 ····································· 38
塩基組成 ································ 97
塩基対 ··································· 38
塩基配列 ·························· **97**, 102
遠心分離 ······························· **47**
エンタルピー ··························· 63
オイラー法 ··························· 191
黄金角 ································· 185
オキザロ酢酸 ······· 70, 見返し（パネル3）
オーキシン ····················· 128, **134**
オートクリン型 ························ 53
オペレーター ························ 120
オペロン ······················ 111, **120**, 171
オミックス ···························· 170
オリゴ dT プライマー ··············· 94
オルガネラ ······························ 46
オンラインで作業 ············· 42, 102, 106, 123, 143, 163, 177

か行

開始コドン ······························ 83
概日リズム ··························· 145
階層性 ······························ 29, **55**
階段状の増殖曲線 ···················· 52
解糖系 ······· 65, **66**, 70, 見返し（パネル3）
開放定常系 ····························· 63
化学合成細菌 ··························· 21
化学ポテンシャル勾配 ············· 125
核 ······································· 46
核酸 ··············· 30, 37, 81, 見返し（パネル2）
拡散 ······························· **59**, 124
核磁気共鳴法（NMR）·············· 42
核相 ····································· 49
拡張した種の定義 ····················· 19
核内受容体 ······························ 53
核膜 ····································· 46
核膜孔 ··································· 46
確率論的にふるまう ················ 158
隠れマルコフモデル ················ 118

ガスクロマトグラフィーと質量分析 (GC-MS) … 171	グリセロール … 34	酵素反応 … 70, 73, 78, 80, 108
活性 … 72	グルコサミン … 37	高分子 … 20, 30
活性化のしくみ … 53	グルコース … 37, 70, 184, 見返し(パネル3)	孔辺細胞 … 128, 129
活動電位 … 131	クロイツフェルト–ヤコブ病 … 42	酵母の代謝活動リズム … 144
カルビン–ベンソン回路 … 67, 70, 184	クロマチン … 82, 83	枯渇凝集力 … 58
カルボキシ基 … 31	クロロフィル … 64, 77, 184	呼吸鎖 … 65, 68
環境 … 24, 147	計算科学 … 172	黒体輻射の式(黒体放射の式) … 184
還元 … 21	形態形成 … 28, 125, 127, 134	誤差 … 191
還元剤 … 65, 68	系統 … 26, 27, 156	古細菌 … 27
還元力 … 68	系統樹 … 27, 163	互生 … 185
環状DNA … 92	劇的に変化 … 125	個体群 … 50, 147
記憶する … 178	下戸 … 100	個体数の時間変化 … 147
気孔 … 129	結合定数 … 39	五炭糖 … 38
基質特異性 … 71	血糖 … 110	コドン … 83, 見返し(パネル1)
基質レベルでのリン酸化 … 66	血流 … 60	コヒーレントなフィードフォワード回路 … 117
基準値との差 … 108, 125	ゲノム … 84, 87, 170	
キネシン … 48, 54, 59, 66	ゲノム解読 … 18	混み合い … 57
キネティクス … 71, 73	ゲノム地図 … 104	ゴルジ体 … 46, 見返し(パネル4)
ギブス自由エネルギー … 63	ゲノムワイド関連解析 … 174	コレステロール … 35
基本的な代謝系 … 70	原核細胞 … 46, 見返し(パネル4)	コンタミ … 52
木村資生 … 161	原核生物 … 27, 82	根端分裂組織 … 187
逆平行 … 38, 82	原形質分離 … 129	
キャップ構造 … 89	元素の特徴 … 20, 26	## さ行
キャピラリー電気泳動と質量分析 (CE-MS) … 170	元素の分類とは異なる生物の分類 … 26	細菌 … 27
休止期 … 49	高エネルギーリン酸結合 … 22	細菌の細胞分裂位置決定 … 144
共役係数 … 69	光化学系Ⅰ … 64, 184	サイクリン … 49, 62
競合 … 50	光化学系Ⅱ … 64, 184	サイクリン依存性キナーゼ … 49
共進化 … 22	光化学反応 … 65, 184	再生 … 48, 127
共生 … 27, 150	光化学反応中心 … 65, 77	最適成長スケジュール … 156, 165
競争 … 147, 150	光合成 … 22, 64, 68, 70, 77, 155, 183	サイトゾル … 91
競争的排除 … 150	光合成細菌 … 22	サイバネティクス … 171
共有結合 … 33	光子がもつエネルギー … 76	細胞 … 21, 30, 46, 見返し(パネル4)
極性分子 … 20	高次消費者 … 155	細胞骨格 … 32, 48
極性輸送 … 128, 134	恒常性 … 24, 25	細胞周期 … 49, 50, 61, 144
巨大分子 … 58, 91	合成オペロンの進化 … 111, 120	細胞周期のシミュレーション … 61
グアニン … 38, 見返し(パネル2)	校正活性 … 86	細胞小器官 … 46, 47, 65
空間スケール … 55	合成生物学 … 25, 171	細胞数の推定 … 21
空間的なパターン形成 … 143	構成単位 … 30	細胞生物学 … 169
クエン酸 … 70	酵素 … 32, 47, 53, 58, 71	細胞増殖 … 46, 48, 50
クエン酸回路 … 65, 70, 見返し(パネル3)	構造解析 … 174	細胞内共生 … 27, 47
屈性 … 134	構造タンパク質 … 32	細胞内シグナル伝達 … 52
駆動力 … 21, 28	酵素活性制御 … 71	細胞内小器官 … 46
グリコーゲン … 37, 見返し(パネル3)	酵素結合型受容体 … 39, 53	細胞内輸送 … 54, 59
グリセロ脂質 … 34	酵素特異性 … 70	細胞の構造と増殖 … 46, 60, 193
		細胞の分化 … 21

細胞分裂	48, 49, **92**, 186	
細胞壁	見返し(パネル4)	
細胞膜	46	
細胞を利用するとき	27	
雑菌汚染	52	
サボテン	185	
散逸	21	
酸化	21	
酸化還元電位	**69**	
酸化剤	65	
酸化的リン酸化	68, **69**	
酸化力	68	
三次構造	32	
シアノバクテリア	22, **143**	
時間スケール	**55**	
時間的パターン	127, 144	
時間幅	56	
事業性評価	182	
シグナル伝達	24, 37, **39**, 52, 53, 128, **131**	
シグナル伝達経路	24, 53	
シグナル配列	91	
シグナル分子	24, 53	
シグモイド曲線	147	
自己触媒系の進化	26	
自己増殖系	28	
自己組織化	124, 125	
自己複製	23	
自己複製系の進化	26	
脂質	30, 34, **35**	
脂質二重層膜	**35**	
システム	107, 124, 171	
システム生物学	171	
システムとしての生命の特性	107, 122, 194	
ジスルフィド結合	33	
次世代シーケンサ	170	
自然選択	86, 156	
自然選択説	86	
シトシン	38, 見返し(パネル2)	
脂肪酸	30, 34	
シミュレーション	61, 80, 158, 177, 178	
ジャコブ	188	
シャペロン	90	
自由エネルギー	21, 63, **65**, **66**	
自由エネルギー保持物質	68	
周期的な分布	126	
修飾	46	
充填パラメータ	35	
柔軟性	35	
主溝	38, 87	
出次数	115	
シュート頂分裂組織	187	
種の定義	19	
受容体	24, 32, **39**, 53	
条件付き確率	119	
ショウジョウバエ	140, 146, 147	
小胞体	46, 見返し(パネル4)	
情報伝達物質	**39**	
情報分子	81	
情報量	**97**, **189**	
植物	185, 186	
植物ホルモン	134	
食物網	155	
調べてみよう	106, 123, 143, 163	
自律的パターン形成	125	
シロイヌナズナ	186	
進化	26, 86	
真核細胞	46, 見返し(パネル4)	
真核生物	27, 82, 88, 162	
神経	60, 109, 127, **131**	
人工生命	176	
シンシチウム	140, 146	
親水性	34	
身体の運動	65	
振動	108, **144**	
浸透圧	126, **129**	
水素イオン濃度勾配	65, 68	
水素結合	20, 38	
水溶液中とは異なる反応	58	
数値計算	148, 151, 153, 191	
スクレイピー	42	
スケールフリーネットワーク	115	
スズメバチ	158	
ステップ関数	113	
ステロイド	34	
ステロイド骨格	35	
スフィンゴ脂質	34	
スプライシング	89	
スプライシング病	89	
スレオニン	53, 72, 見返し(パネル1)	
生化学	18	
制御系	28, 171	
制御のしくみ	24	
性決定	**146**	
生産者	155	
静止中心	186, 187	
静止膜電位	131	
生殖器官	157	
生体エネルギー通貨	22	
生態系	50, 155	
生態系のエネルギー流	155	
生態系の物質循環	155	
生態効率10%	**163**	
生体触媒	71	
生体成分の定量	170	
生態ピラミッド	156	
生体物質の合成	65	
生体分子	30, 41, 193	
生体分子の拡散と輸送	**59**	
生体膜	34, **35**, 47	
生体膜の構造	35	
成長ホルモン	39	
正の相互作用	151	
正の電荷	31	
正のフィードバック	108, 124, 131	
生物間相互作用	147	
生物群集	147	
生物圏	147	
生物工学	27	
生物時計	**145**	
生物にヒントを得た計算手法	174	
生物の特徴	19, 20, 24, 26	
生物のパターン形成	125	
生物の分類	26	
生物物理学	18	
生命科学の新しい潮流	169, 176, 196	
生命活動の駆動力	63, 79, 194	
生命現象	107, 124	
生命システムの概念図	28	
生命情報学	24	
生命のダイナミクスとパターン形成	124, 142, 195	
生命の理解	18, 29, 176	
生命理解へのアプローチ	18	
生理学	18	

索 引

生理的pH ……………………………… 31
世代交代 ……………………………… 87
世代時間 ……………………………… 52
セリン ………………… 53, 72, 見返し (パネル1)
セルオートマトン ………………… 176, **177**
セルロース …………………………… 22, 37
選択的スプライシング ……………… **89**, 90
想起する ……………………………… 179
相互作用ネットワーク ………………… 21
増殖 …………………………………… **50**
増殖率 ………………………………… 52
壮大なスケール ……………………… 56
相同性検索 …………………………… 172
増幅 …………………………………… 85
相補鎖 ………………………………… 38
相補性 ………………………………… 82
創薬 …………………………………… 174
側方抑制 …………………………… 128, **137**
疎水性 ………………………………… 34
ソフトウエア ………………………… 163
粗面小胞体 …………………………… 46

た 行

大規模計測 …………………………… 169
体節時計 ……………………………… **143**
代謝 ……………………………… 63, 64, **65**
代謝経路 ………………… 109, 見返し (パネル3)
代謝ネットワーク …………………… 115
代謝のエネルギー効率 ……………… 69
大数の法則の崩れ …………………… 158
大腸菌 ……………………………… 21, 188
ダイナミクス ………………………… 124
ダイニン …………………………… 48, 59
耐熱性DNAポリメラーゼ …………… 84
体表 …………………………………… 144
タイプIフィードフォワード回路 … 117
太陽光のエネルギー密度 …………… 77
対立遺伝子 …………………………… 84
ダーウィン進化論 …………………… 87
ターゲット遺伝子 …………………… 118
多細胞生物 ………………………… 21, 29
多糖 ………………………………… 30, 37
多様性 ………………………………… 18
多様性が生じる理由 ………………… 19
単細胞生物 ………………………… 21, 87

誕生, 絶滅のようなシミュレーション
 ……………………………………… 177
炭素固定回路 ………………………… 70
単糖 …………………………………… 37
タンパク質 …………… 30, 31, **33**, 59, 70
タンパク質間相互作用ネットワーク
 ……………………………………… 115
タンパク質合成 ……………………… 90
タンパク質のアミノ酸配列 ………… 101
タンパク質の構造表示 …… **42**, **44**, 105
タンパク質の電気泳動パターン …… 33
タンパク質の分子量 ……………… **32**, **33**
タンパク質の立体構造
 ………………………… 32, **42**, **44**, 173
チェックポイント機構 ……………… 49
チミン ………………………… 38, 見返し (パネル2)
チャネル結合型受容体 ……………… 53
中間径フィラメント ………………… 48
中性脂肪 ……………………………… 35
中立進化 ……………………………… 160
中立説 ………………………………… 160
チューブリンタンパク質 …………… 48
チューリング ………………………… 126
チューリングタイプ ………………… 126
頂芽優勢 ……………………………… 134
頂端分裂組織 ………………………… 187
直鎖状DNA …………………………… 93
チラコイド膜 ………………………… 46
チロシン ……………… 53, 72, 見返し (パネル1)
ツユクサ ……………………………… 128
定向進化 ……………………………… 18
定常状態 …………………………… 72, 77
低分子RNA …………………………… 170
定量 …………………………………… 170
定量的RT-PCR ……………………… **94**
デオキシリボース …………………… 38
デオキシリボ核酸 …………………… 38
デオキシリボヌクレオチド
 ……………………………… 見返し (パネル2)
適応進化 …………………………… 156, 157
データベース ………………………… 102
デトリタス食者 ……………………… 155
テロメア ……………………………… **92**
テロメア短縮 ………………………… 92
電気泳動法 …………………………… **33**
電子伝達系 …………………………… 68

転写 …………………… 82, 87, 110, 113
転写因子 …………………………… 87, 113
転写開始点 …………………………… 87
転写制御 …………………………… 110, **112**
転写制御のベイズ推定 …………… 110, **118**
転写ネットワーク ………………… 113, **114**
点突然変異 …………………………… 86
デンプン …………………………… 22, 37, **182**
糖 …………………………………… 30, 37, **182**
同義置換速度 ………………………… 161
糖新生 …………………………… 65, 67, 70
同調培養法 …………………………… 52
動的計画法 …………………………… 157
動的な理解 …………………………… 176
動的非平衡 …………………………… 30
動的平衡 ……………………………… 18
等電点 ………………………………… **32**
動物の体表の模様 …………………… **144**
糖リン酸化合物 ……………………… 70
ドデシル硫酸ナトリウム－ポリアクリルア
 ミドゲル電気泳動 ……………… **33**
ドメイン ……………………………… 27
トランスクリプトーム解析 ………… 170
トリカルボン酸サイクル …………… 70
トリプレット ………………………… 97

な 行

内分泌系 ……………………………… 60
二次構造 ……………………………… 32
二次消費者 …………………………… 155
二次メッセンジャー ………………… 53
二重の生体膜 ………………………… 47
二重らせん構造 ……………………… 81
二糖類 ………………………………… 37
二倍体 ………………………………… 83
二本鎖 ………………………………… 38
乳酸 …………………………………… 70
乳糖 …………………………………… 37
ニューラルネットワーク …………… 174
ニューラルネットワークのシミュレーショ
 ン …………………………………… **178**
二量体 ……………………………… 39, 40
ヌクレオソーム …………………… 81, 82
ヌクレオチド …… 30, 38, 見返し (パネル2)
ネットワークモチーフ …………… 110, **116**

熱力学的な系	63
根の成長	186
ネルンストの式	130
ネンジュモ	22
能動輸送	65
濃度勾配	124
ノード	116

は行

胚	127, 140
バイオインフォマティクス	24, 172
バイオエタノール	182
バイオテクノロジー	27
バイオマス	156, 182
倍加時間	50, 52
排除体積	58
排除体積効果	58
配列アラインメント	163
博物学	18
パターン形成	7, 140, 143
発生	92, 127
発現	19
発現制御配列	99
発電機	182
発展問題	182
ハーディ–ワインベルグの法則	100, 187
ハブ遺伝子	115
パラクリン型	53
ハワースの式	37
反射	60
半電池反応	69
反応拡散系	125
反応速度論	70
反応特異性	70
反応の標準自由エネルギー変化	64
半保存的複製	84
「光のエネルギーの計算」基礎	76
非極性	34
非巡回有向グラフ	119, 190
非循環的電子伝達	66
微小管	48
被食–捕食系	145, 152
皮層	186
比増殖速度	50

ヒット化合物探索	174
非同義置換速度	161
ヒトゲノム	87, 102
ヒトゲノム解析完了宣言	169
ヒトと地殻の構成元素 (重量%)	20
微分方程式	62, 78, 81, 112, 119, 127, 138, 148, 150, 191
非翻訳RNA (非コードRNA)	84, 171
表現型	83
標準還元電位	68
標準酸化還元電位 $\Delta E^{\circ\prime}$	68, 69
標準自由エネルギー変化 $\Delta G^{\circ\prime}$	68, 70
標準状態	63
ヒル関数	113, 115
ピルビン酸	70, 見返し (パネル3)
ピロリン酸	83
ファントホッフの式	129
フィードバック回路	107, 108
フィードバック制御	109, 110, 111, 114
フィードフォワード回路	108, 117
フィボナッチ数列	185
副溝	38, 88
複製	84, 85, 86
複製のエラー率	87
物質	20, 28, 30
物質循環の概念図	156
物理・化学・数理的な生命のみかた	18, 29, 176, 193
不定形	45
負の自己制御	114
負の相互作用	150
負の電荷	31
負のフィードバック回路	108, 123
部分グラフ	116
プライマー	84, 85
プラスミド	171, 見返し (パネル4)
プランクの熱放射式	184
ブーリアンネットワーク	118
プリオン	42, 44
フルクトース1,6–ビスリン酸	70, 見返し (パネル3)
プロセシング	89
プロテインキナーゼ	53, 71
プロテオミクス	170
プロテオーム解析	170

プロトセル	19
プロトプラスト	129
プロファイル	173
プロモーター	88, 97, 110, 120
分解者	156
分岐	146
分子系統樹	161, 163
分子構造表示ソフトウエア	44
分子進化	161
分子生物学	18, 169
分子時計	161
分子内二本鎖	38
分子メカニズム	49
分子レベルのサイバネティクス	171
分裂期	49
分裂準備期	49
平衡定数	66
ベイジアンネットワーク	119
ベイズ推定	118
ヘイフリック限界	92
ベシクル	36, 47
ヘテロシスト形成	143
ヘテロ接合型	84
ペプチド結合	30
ヘモグロビン	31, 102, 163
変異型遺伝子	84
変異型リプレッサー	121
変性	70
ボイラー	182
紡錘体チェックポイント	50
補欠分子族	70
捕食	150
ポストゲノム研究	169
ホスファターゼ	72
ホスホフルクトキナーゼ	109, 見返し (パネル3)
哺乳類の性周期	145
ホメオスタシス	25, 110, 123
ホメオティック遺伝子	140, 143
ホモ接合型	84
ホモロジーモデリング	174
ポリAシグナル	89
ポリAテイル	95
ポリアクリルアミドゲル	33
ポリメラーゼ連鎖反応	85

ホルモン	25, **39**, 53, 110, 134
翻訳	83

ま行

マーカー	33
膜貫通型受容体	53
膜系	47
膜結合型リボソーム	54
膜骨格	37
マクロスケールのダイナミクス	147, 162, 195
マルサス方程式	147
マルチプルアラインメント	164
マルトース	37
マンノース	37
ミオシン	48
ミカエリス–メンテンの式	71, **73**
ミスマッチ修復機構	86
ミトコンドリア	27, 46, 47, 65, 見返し (パネル4)
無性生殖	23
無生物と生物を分ける特徴	19
娘細胞	49
メタボロミクス	170
メタボローム解析	170
メチオニン	83, 見返し (パネル1)
木質バイオマスチップ	182
モータータンパク質	48, 54
モノー	188
モルフォゲン	127

や行

野生型遺伝子	83
有機化学	18
有機化合物	20, 30
優性	84, **188**
有性生殖	23
油脂	22
輸送	59, 65
ゆらぎ	124
葉序	185
要素の空間内の移動	125
葉緑体	27, 46, 見返し (パネル4)
四次構造	32

ら行

ラギング鎖	84
ラクトース	37
ラクトースオペロン	**120**, 188
ランダムコイル	32
ランダムプライマー	94
リガンド	53
リグノセルロース	182
リシン	32
立体構造	70
立体構造ビューア	44
リーディング鎖	84
リード	170
リプレッサー	105, 111, 113, 115, 120
リブロース 1,5–ビスリン酸カルボキシラーゼ / オキシゲナーゼ	73
リボ核酸	38
リボース	38, 見返し (パネル2)
リボソーム	37, 91
リボヌクレオチド	見返し (パネル2)
流動性	35
両親媒性分子	34
両性イオン	31
両性電解質	31
緑色光	76
リン酸化	53, 72
リン酸無水物	22, 68
リンデマンの10％の法則	156, 163
ルンゲ–クッタ法	151, 154, 191
歴史的実験の考察	**188**
レセプター	24
劣性	84
ローカルで作業	44, 61, 80, 105, 165, 178
ロジスティック方程式	147, **148**
ロトカ–ボルテラの種間競争式	150, **151**, 152
ロトカ–ボルテラの被食–補食式	152, **153**, 154

■ **編集委員会** (五十音順)

佐藤直樹	東京大学大学院総合文化研究科
嶋田正和	東京大学大学院総合文化研究科
杉山宗隆	東京大学大学院理学系研究科
長棟輝行	東京大学大学院工学系研究科
福田裕穂	東京大学大学院理学系研究科
道上達男	東京大学大学院総合文化研究科
矢島潤一郎	東京大学大学院総合文化研究科
吉田奈摘	東京大学生命科学ネットワーク

■ **協力** (問題作成ほか．敬称略)

入江直樹、河田雅圭、菊池康紀、佐藤　薫、高木　周、舘野正樹、田畑　仁、玉田嘉紀、津本浩平、野地博行、平嶋孝志、廣瀬　明

■ **画像提供** (敬称略)

図3-1：片山光徳、寺島一郎、藤原　誠、図6-1：成川-篠崎苗子、演習7-1：藤田貴志、演習7-4：戎家美紀

※本書発行後の更新・追加情報,正誤表を,弊社ホームページにてご覧いただけます.
羊土社ホームページ　http://www.yodosha.co.jp/

※本書内容に関するご意見・ご感想は下記サイトよりお寄せください.今後の参考にさせていただきます.
お問い合わせフォーム　https://www.yodosha.co.jp/textbook/index.html

演習で学ぶ生命科学
物理・化学・数理からみる生命科学入門

2016年3月10日　第1刷発行

編　集	東京大学生命科学教科書編集委員会
発行人	一戸裕子
発行所	株式会社　羊　土　社
	〒101-0052
	東京都千代田区神田小川町2-5-1
	TEL　03（5282）1211
	FAX　03（5282）1212
	E-mail　eigyo@yodosha.co.jp
	URL　http://www.yodosha.co.jp/
印刷所	三報社印刷株式会社

Printed in Japan

ISBN978-4-7581-2067-8

本書の複写にかかる複製,上映,譲渡,公衆送信（送信可能化を含む）の各権利は（株）羊土社が管理の委託を受けています.
本書を無断で複製する行為（コピー,スキャン,デジタルデータ化など）は,著作権法上での限られた例外（「私的使用のための複製」など）を除き禁じられています.研究活動,診療を含み業務上使用する目的で上記の行為を行うことは大学,病院,企業などにおける内部的な利用であっても,私的使用には該当せず,違法です.また私的使用のためであっても,代行業者等の第三者に依頼して上記の行為を行うことは違法となります.

JCOPY　＜（社）出版者著作権管理機構 委託出版物＞
本書の無断複写は著作権法上での例外を除き禁じられています.複写される場合は,そのつど事前に,（社）出版者著作権管理機構（TEL 03-3513-6969, FAX 03-3513-6979, e-mail：info@jcopy.or.jp）の許諾を得てください.

羊土社　発行書籍

生命科学全般

やさしい基礎生物学　第2版
南雲　保/編著　今井一志,大島海一,鈴木秀和,田中次郎/著
定価（本体2,900円+税）　B5判　221頁　ISBN 978-4-7581-2051-7

豊富なカラーイラストと厳選されたスリムな解説で大好評，多くの大学での採用実績をもつ教科書の第2版．自主学習に役立つ章末問題も掲載され，生命の基本が楽しく学べる．大学1〜2年生の基礎固めに最適．

大学で学ぶ 身近な生物学
吉村成弘/著
定価（本体2,800円+税）　B5判　255頁　ISBN 978-4-7581-2060-9

大学生物学と「生活のつながり」を強調した入門テキスト．身近な話題から生物学の基本まで掘り下げるアプローチ，親しみやすさにこだわったカラーイラスト，章末問題，節ごとのまとめで，しっかり学べる．大学1〜2年生の基礎固めに最適．

専門分野

改訂第2版　はじめの一歩のイラスト生化学・分子生物学
前野正夫, 磯川桂太郎/著
定価（本体3,800円+税）　B5判　206頁　ISBN 978-4-7581-0722-8

イメージしやすいイラストと初学者にもわかりやすい文章で，簡単にポイントをつかめる．高校で生物を学んでいなくても，必要な知識が無理なく学べるロングセラー教科書．

はじめの一歩のイラスト生理学　改訂第2版
照井直人/編
定価（本体3,500円+税）　B5判　213頁　ISBN 978-4-7581-2029-6

豊富なイラストと要点を絞った親切な解説で，膨大な生理学の知識がスッキリわかってしっかり身につく．はじめて学ぶ生理学に最適．

はじめの一歩のイラスト薬理学
石井邦雄/著
定価（本体2,900円+税）　B5判　284頁　ISBN 978-4-7581-2045-6

身近な薬が「どうして効くのか」を丁寧に解説した，新しい薬理学の教科書．カラーイラストで作用機序がよくわかり，記憶にも残る．医療系大学で初めて薬理学を学ぶ学生の講義用・自習用教材に最適．

基礎から学ぶ生物学・細胞生物学　第3版
和田　勝/著, 髙田耕司/編集協力
定価（本体3,200円+税）　B5判　334頁　ISBN 978-4-7581-2065-4

全国の大学で抜群の採用実績．紙でαヘリックスを作る等，手を動かして学ぶ「演習」の追加やオールカラー化でいっそう学びやすく．高校で生物を学んでいない人にもわかりやすい定番教科書．

基礎からしっかり学ぶ生化学

山口雄輝／編著　成田 央／著
定価（本体 2,900 円＋税）　B5 判　245 頁　ISBN 978-4-7581-2050-0

翻訳教科書に準じたスタンダードな章構成で，生化学の基礎を丁寧に解説．本文の読みやすさ，図の見やすさにこだわった理工系ではじめて学ぶ生化学として最適な教科書．

基礎から学ぶ遺伝子工学

田村隆明／著
定価（本体 3,400 円＋税）　B5 判　253 頁　ISBN978-4-7581-2035-7

オールカラーで遺伝子工学のしくみを基礎から丁寧に解説．組換え実験に入る前に押さえておきたい知識が無理なく身につく．理解を深める章末問題も収録した"ありそうでなかった"遺伝子工学のスタンダード教科書．

よくわかるゲノム医学　改訂第2版　ヒトゲノムの基本から個別化医療まで

服部成介，水島-菅野純子／著，菅野純夫／監
定価（本体 3,700 円＋税）　B5 判　230 頁　ISBN 978-4-7581-2066-1

ゲノム創薬・バイオ医薬品などが当たり前になりつつある時代に知っておくべき知識を凝縮．オールカラー化し，次世代シークエンサーやゲノム編集技術による新たな潮流も加筆．これからの医療従事者に必要な内容が効率よく学べる．

〔実験医学別冊〕
もっとよくわかる！免疫学

河本 宏／著
定価（本体 4,200 円＋税）　B5 判　222 頁　ISBN 978-4-7581-2200-9

"わかりやすさ"をとことん追求！免疫学を難しくしている複雑な分子メカニズムに迷い込む前に，押さえておきたい基本を丁寧に解説した入門書．最新レビューもみるみる理解できる強力な基礎固めを実現します！

〔実験医学別冊〕
もっとよくわかる！脳神経科学　やっぱり脳はスゴイのだ！

工藤佳久／著・画
定価（本体 4,200 円＋税）　B5 判　255 頁　ISBN 978-4-7581-2201-6

難解？近寄りがたい？そんなイメージを一掃する驚きの入門書！研究の歴史・発見の経緯や身近な例から解説し，複雑な機能もスッキリ理解．ユーモアあふれる著者描きおろしイラストに導かれて，脳研究の魅力を大発見！

驚異のエピジェネティクス　遺伝子がすべてではない⁉生命のプログラムの秘密

中尾光善／著
定価（本体 2,400 円＋税）　四六判　215 頁　ISBN 978-4-7581-2048-7

私たちの運命＜プログラム＞は変わらない？ いえ，経験や食事，ストレスなどによって変化します！その不思議なしくみを解き明かす"エピジェネティクス"研究の世界を，予備知識がなくても堪能できる．

分子生物学講義中継　Part1

教科書だけじゃ足りない絶対必要な生物学的背景から最新の分子生物学まで楽しく学べる名物講義
井出利憲／著
定価（本体 3,800 円＋税）　B5 判　264 頁　ISBN 978-4-89706-280-8

普通の教科書では学べない，大切な生物学的背景から「生物学的ものの見方」や最新の分子生物学まで講義の語り口で楽しくわかる！高校生物を学ばなかった人も含め，学生から教授まで大好評．

東大 生命科学シリーズ

生命科学 改訂第3版

東京大学生命科学教科書編集委員会／編
定価（本体2,800円＋税） B5判 183頁 ISBN 978-4-7581-2000-5

細胞を中心に，生命現象の基本を解説したスタンダードな教科書．幹細胞，エピゲノムなど進展著しい分野を強化し，さらに学びやすく，さらに教えやすく．理系なら必ず知っておきたい基本が身につくテキスト．

理系総合のための生命科学 第3版　分子・細胞・個体から知る"生命"のしくみ

東京大学生命科学教科書編集委員会／編
定価（本体3,800円＋税） B5判 335頁 ISBN 978-4-7581-2039-5

理・農・薬・医など生命科学系の定番書．最新知見をふまえつつ，読んで理解できるぎりぎりまで内容を厳選．凝縮された22分野の基礎に，創薬，生物情報など先端研究につながるAdvanceを追加．専攻するなら必携の，長く使えるテキスト．

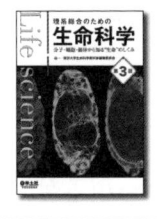

現代生命科学

東京大学生命科学教科書編集委員会／編
定価（本体2,800円＋税） B5判 191頁 ISBN 978-4-7581-2053-1

"生命はどう設計されているか""がんとはどんな現象か""生命や生物の不思議をどう理解するか"等よくある問いかけを軸とした章構成で，生命科学リテラシーが身に付く．カラーイラストと味わい深い本文で生命科学の「いま」がみえてくるテキスト．

演習で学ぶ生命科学　物理・化学・数理からみる生命科学入門

東京大学生命科学教科書編集委員会／編
定価（本体3,200円＋税） B5判 205頁 ISBN978-4-7581-2067-8

理工系に馴染み深い演習形式で生命の面白さを解説する画期的テキスト．計算など，手を動かし原理原則から生命現象への理解を深める．理工系の教養テキスト用に編まれたものの，将来の生命科学を担う学生・研究者にも強くオススメ．

実験医学

バイオサイエンスと医学の最先端総合誌

実験医学
月刊　毎月1日発行　定価（本体2,000円＋税） B5判
増刊　年8冊発行　定価（本体5,400円＋税） B5判

創刊より30余年！進化し続ける誌面から，研究に役立つ確かな情報をお届けします．
実験医学onlineで最新情報を配信中 → www.yodosha.co.jp/jikkenigaku/

Dr.北野のゼロから始めるシステムバイオロジー

北野宏明／企画・執筆
定価（本体3,400円＋税） A5判 191頁 ISBN 978-4-7581-2054-8

実験医学の連載発！注目高まるその方法論は？どんな研究に？誰でもできる？分野の提唱者自らが事例とともにゼロから解説．

みなか先生といっしょに統計学の王国を歩いてみよう　情報の海と推論の山を越える翼をアナタに！

三中信宏／著
定価（本体2,300円＋税） A5判 191頁 ISBN 978-4-7581-2058-6

統計ユーザが陥りやすい疑問を，著者独特の数式外しに成功した語り口で解消．実験系パラメトリック統計学の捉え方がみえる．

パネル3　代謝経路図

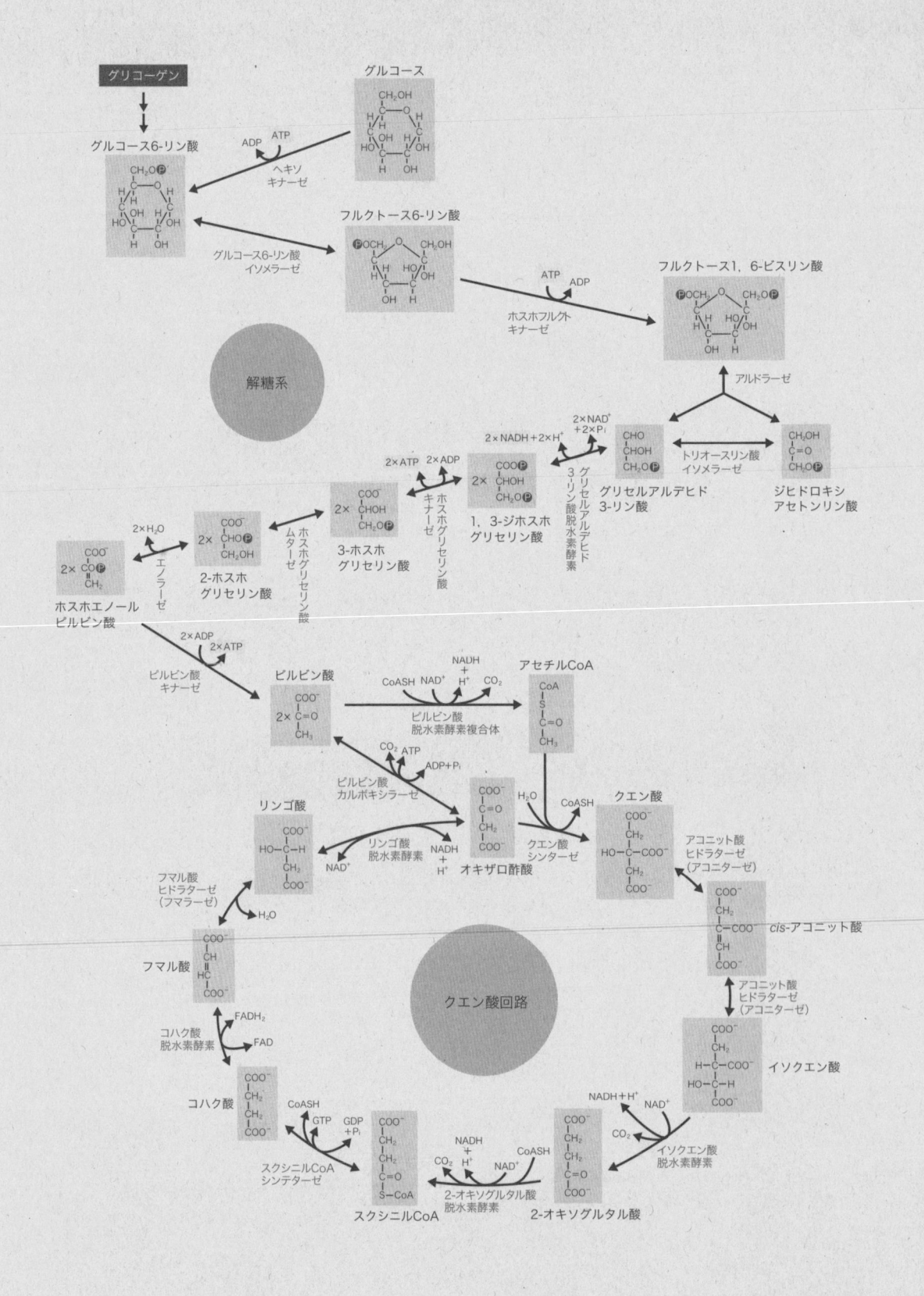